黑龙江省精品图书出版工程
“十三五”国家重点出版物出版规划项目
航天先进技术研究与应用系列

航空发动机
涡轮冷却机理及设计技术

Cooling Mechanism and Design Technology for Turbine in Aeroengines

罗 磊 王松涛 杜 巍 周 逊 编著

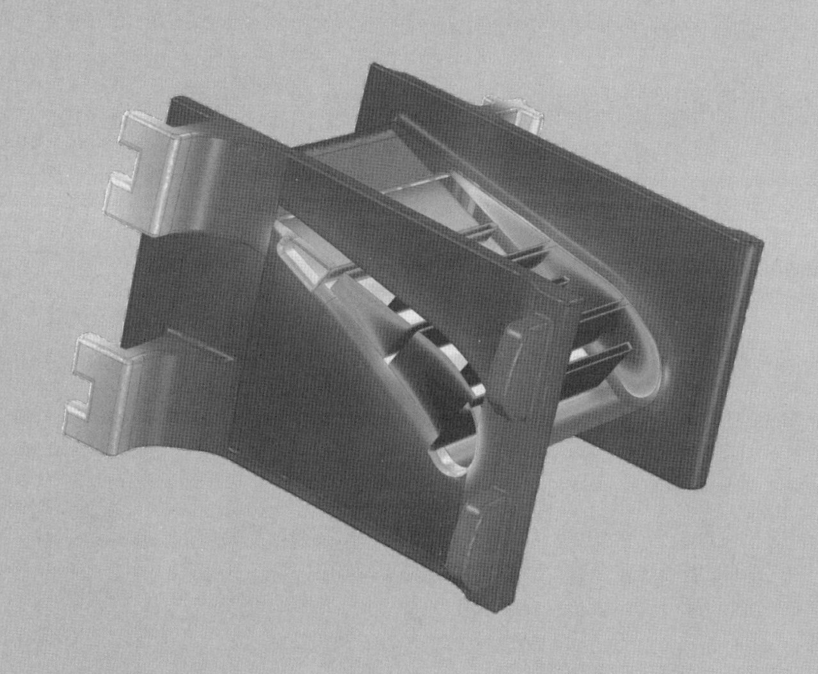

哈爾濱工業大學出版社
HARBIN INSTITUTE OF TECHNOLOGY PRESS

内 容 简 介

航空发动机行业的发展是一个国家工业基础、科技水平和综合国力的集中体现，也是国家安全和大国地位的重要战略保障。以涡轮为代表的热端部件冷却技术是制约我国航空发动机事业发展的瓶颈技术。加强对热端部件冷却技术的认知和研究对我国航空发动机事业具有重要意义。本书以航空发动机涡轮冷却机理和设计技术为主要内容，系统阐述了冷却结构的流动换热机理和设计流程。全书共6章，包括绪论、涡轮叶片外部换热、涡轮叶片气膜冷却、涡轮叶片内部冷却、涡轮冷却叶片设计方法、涡轮冷却叶片设计及其应用。本书系统地总结了前人的研究成果，同时也加入了作者所在研究团队长期的研究积累。

本书可作为能源动力类、工程热物理、航空、船舶等专业的教学参考书，也可供相关工程技术人员和研究人员参考。

图书在版编目(CIP)数据

航空发动机涡轮冷却机理及设计技术 / 罗磊等编著
.—哈尔滨：哈尔滨工业大学出版社，2022.3
ISBN 978-7-5603-9608-8

Ⅰ.①航… Ⅱ.①罗… Ⅲ.①航空发动机-冷却叶片
-研究 Ⅳ.①V233.5

中国版本图书馆CIP数据核字(2021)第149289号

策划编辑 张 荣 鹿 峰
责任编辑 刘 瑶 刘 威
出版发行 哈尔滨工业大学出版社
社 址 哈尔滨市南岗区复华四道街10号 邮编 150006
传 真 0451-86414749
网 址 http://hitpress.hit.edu.cn
印 刷 黑龙江艺德印刷有限责任公司
开 本 787 mm×1 092 mm 1/16 印张 13 字数 308 千字
版 次 2022年3月第1版 2022年3月第1次印刷
书 号 ISBN 978-7-5603-9608-8
定 价 58.00元

前　言

涡轮部件作为航空发动机的动力输出部件，其性能优劣直接影响航空发动机的寿命、效率、功率及推重比等性能参数。增大涡轮入口燃气温度是增大发动机推重比最有效的方法。在保证发动机推重比的前提条件下，要求增大发动机效率，就必须提高涡轮前入口燃气温度。因此增大涡轮前入口燃气温度是提高发动机性能的主要技术措施。随着航空发动机推重比不断提升，涡轮前入口燃气温度逐年升高，现代航空发动机高压涡轮入口燃气温度已经远超金属材料的耐受温度。而且涡轮入口燃气温度每年提高 20 ℃，而金属材料耐受温度以每年 8 ℃的速度增长。金属材料的发展无法完全满足燃气轮机的发展需求，这对涡轮的冷却方面提出了更高要求。因此，燃气轮机涡轮叶片冷却技术显得尤为重要。

涡轮冷却技术是一种通过压气机引入一股冷气，经由空气系统管路流入涡轮叶片，而后进入涡轮叶片内腔，最后经由叶片表面开设的气膜孔或者尾缘劈缝流入主流以冷却叶片的方法。其中冷气温度根据适用范围，一般为 300～900 ℃，冷气在空气系统内温度升高20～40 ℃。该技术是解决航空发动机高温问题的重要手段。

全书共 6 章，主要围绕涡轮叶片外部换热、气膜冷却、内部换热、涡轮叶片传热设计方法及其应用 5 个方面展开。第 1 章从理论角度分析了提高涡轮入口温度对提升航空发动机性能的重要性，以现有公开资料为例介绍了典型的涡轮冷却叶片的结构形式和关键技术，从设计角度及机理方面阐明了涡轮叶片冷却中重要的衡量指标与设计目标。第 2 章围绕涡轮端壁、叶身、叶顶 3 个区域介绍不同的研究人员对于无气膜冷却的涡轮叶片外部换热的实验研究结果。其中涡轮端壁、叶顶换热部分分别描述了流场旋涡的形成过程和潜在高换热区的分布情况，并且介绍了降低端壁、叶顶高换热区域换热的方法；叶身换热部分叙述了湍流度、表面粗糙度等参数对无气膜的涡轮叶片表面流动换热特性的影响。第 3 章介绍了气膜冷却工作原理以及冷却孔型的发展进程，并且进一步围绕叶片前缘气膜冷却、叶身气膜冷却、尾缘气膜冷却及端壁气膜冷却的流动换热特性展开。第 4 章详细论述了扰流柱冷却、扰流肋冷却、冲击冷却、U 型通道冷却等典型的涡轮叶片内部冷却结构、内部流动换热特性及强化换热的原理，并且介绍了如层板冷却技术等近年来出现的新型强化换热结构的流动换热特性。第 5 章介绍了一种分层次的，快速、高效的涡轮冷却叶片传热设计方法。其中重点模块包含冷却结构参数化设计模块、外换热计算模块、管网计算模块、三维导热计算模块及全三维气热耦合计算模块。第 6 章根据第 5 章介绍的设计方法进行某无气膜冷却的直升机用涡轴冷却动叶片冷却结构设计，无气膜、带气膜冷却的航空发动机动叶冷却结构设计，组合发动机涡轮动叶片冷却结构设计，航空发动机涡轮导叶冷却结构设计，以及验证该设计系统。

作者多年来一直从事涡轮传热方面的相关研究，在此期间，得到很多老师的关心、支持与帮助。本书在撰写过程中，得到博士研究生邱丹丹、赵志奇、杜巍、李守祚、闫晗、杨少昀，硕士研究生毕绍康、王春阳、张议丰、杨钦等的帮助，他们在文献资料收集整理、公式及图片编辑处理、数据整理方面做了大量的工作，在此表示感谢。

本书的出版感谢国家自然科学基金青年基金（No. 51706051）以及黑龙江省精品图书出版工程的资助。本书可作为热能动力、热力发动机、飞行器动力等专业本科生和硕士研究生的专业课教材，也可作为相关工程技术人员和研究人员的参考书。

多年来国内的院校、研究所以及企业的科研技术人员在航空发动机涡轮冷却机理和传热设计方面做了大量的工作，取得了丰富的研究成果。由于作者的认知水平以及条件限制，难以将这些成果一一反映在本书中，内容欠缺在所难免，书中的不足或偏颇之处，敬请读者批评指正。

作　者

2022 年 1 月

目　录

第 1 章　绪论……………………………………………………………………………… 1
1.1　概述 …………………………………………………………………………… 1
1.2　涡轮冷却的意义及目的 ……………………………………………………… 2
1.3　典型的涡轮冷却叶片及其关键技术 ………………………………………… 7
1.4　涡轮叶片冷却中的重要指标……………………………………………… 17
1.5　涡轮叶片冷却研究方法…………………………………………………… 20
本章参考文献 ……………………………………………………………………… 21
第 2 章　涡轮叶片外部换热 …………………………………………………………… 23
2.1　概述………………………………………………………………………… 23
2.2　涡轮端壁换热……………………………………………………………… 23
2.3　涡轮叶片叶身换热………………………………………………………… 28
2.4　涡轮叶片叶顶换热………………………………………………………… 33
本章参考文献 ……………………………………………………………………… 38
第 3 章　涡轮叶片气膜冷却 …………………………………………………………… 42
3.1　概述………………………………………………………………………… 42
3.2　气膜冷却孔型的发展……………………………………………………… 43
3.3　涡轮叶片前缘气膜冷却…………………………………………………… 48
3.4　涡轮叶片叶身气膜冷却…………………………………………………… 53
3.5　涡轮叶片尾缘气膜冷却…………………………………………………… 55
3.6　涡轮端壁气膜冷却………………………………………………………… 58
本章参考文献 ……………………………………………………………………… 62
第 4 章　涡轮叶片内部冷却 …………………………………………………………… 66
4.1　概述………………………………………………………………………… 66
4.2　扰流柱冷却………………………………………………………………… 67
4.3　扰流肋冷却………………………………………………………………… 72
4.4　冲击冷却…………………………………………………………………… 75
4.5　U 型通道冷却 …………………………………………………………… 79
4.6　涡轮内部其他冷却技术…………………………………………………… 83
本章参考文献 ……………………………………………………………………… 85

第5章　涡轮冷却叶片设计方法 …… 94
5.1　概述 …… 94
5.2　设计流程 …… 94
5.3　冷却结构参数化设计模块 …… 96
5.4　外换热计算模块 …… 103
5.5　管网计算模块 …… 108
5.6　三维导热计算模块 …… 113
5.7　三维气热耦合计算模块 …… 113
5.8　平台搭建 …… 117
本章参考文献 …… 120
第6章　涡轮冷却叶片设计及其应用 …… 121
6.1　概述 …… 121
6.2　无气膜冷却的直升机用涡轴冷却叶片设计及其应用 …… 121
6.3　无气膜冷却的航空发动机涡轮冷却叶片设计及其应用 …… 128
6.4　带气膜冷却的航空发动机涡轮冷却叶片设计及其应用 …… 146
6.5　组合发动机涡轮冷却叶片设计及其应用 …… 155
6.6　航空发动机涡轮导叶冷却结构设计 …… 165
名词索引 …… 176
附录　部分彩图 …… 179

第1章　绪　　论

1.1　概　　述

自1791年英国人巴伯以燃气轮机的工作过程申请燃气轮机专利开始，燃气轮机研究步入历史舞台。1872年，德国人施托尔策设计出第一台燃气轮机，可惜受制于气动问题而以失败告终。而后经过科技工作者们的不懈努力，以及空气动力学、高温材料的发展，瑞士最终于在1939年成功研制出效率为18%的4 MW发电用燃气轮机，同年，德国研制出喷气式飞机且试飞成功，标志着燃气轮机进入了实际应用阶段。此后，燃气轮机步入飞速发展阶段。

压气机、燃烧室、涡轮是燃气轮机的三大核心机部件，其主要工作过程为：压气机自外界大气吸入空气，并压缩为高温高压的气体，压缩后的高温高压气体被输送至燃烧室并与燃料充分混合后，在燃烧室中等压燃烧提高气体的温度，而后，来自燃烧室的高温高压气体进入涡轮中进行膨胀做功，推动涡轮叶片高速旋转，高速旋转的涡轮通过轴承带动前方压气机及外负荷一起高速旋转，实现化学能转化为机械能的功能。

作为连续转动的热力循环机械，燃气轮机具有体积小、功率大、启动快、噪声低等优点。一般来说，同等功率的柴油机体积为燃气轮机的3～5倍，而同等功率的蒸汽轮机体积为燃气轮机的5～10倍。另外，由于燃气轮机的整个转子系统较为轻巧，在启动后1～2 min即可达到最高转速，这是蒸汽轮机及柴油机所不能比拟的。与柴油机的活塞往复式工作过程相比，燃气轮机连续转动过程使其噪声低频分量较低。鉴于上述优点，燃气轮机被广泛运用于航空、船舶、能源动力等领域，并且已经成为目前世界主要的能源输出装置。图1.1给出了各个应用领域中典型的燃气轮机核心机部件示意图。

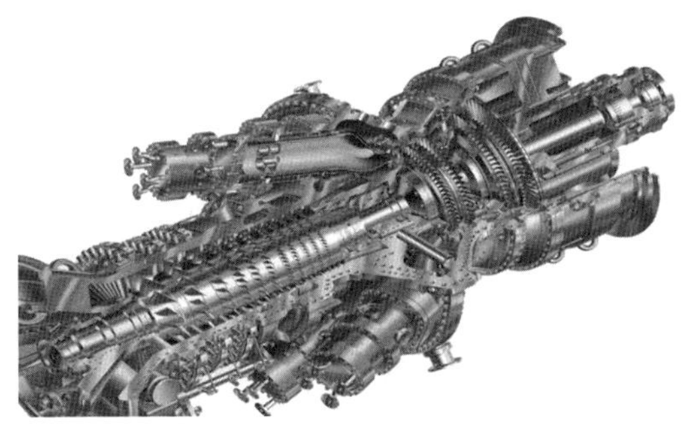

(a) GE公司地面燃气轮机
(资料来源：Handy等,1990)

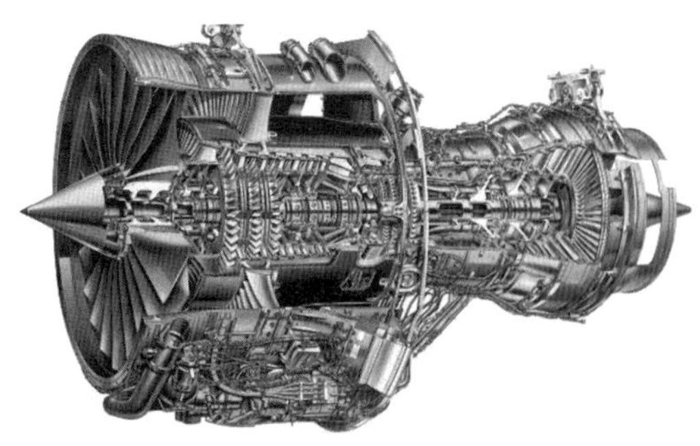

(b) 罗尔斯－罗伊斯RB211涡轮风扇发动机
(资料来源：Smith等,1963)

(c) 普惠公司 PT6A 涡桨发动机
(资料来源：Ramsdal 等,2014)

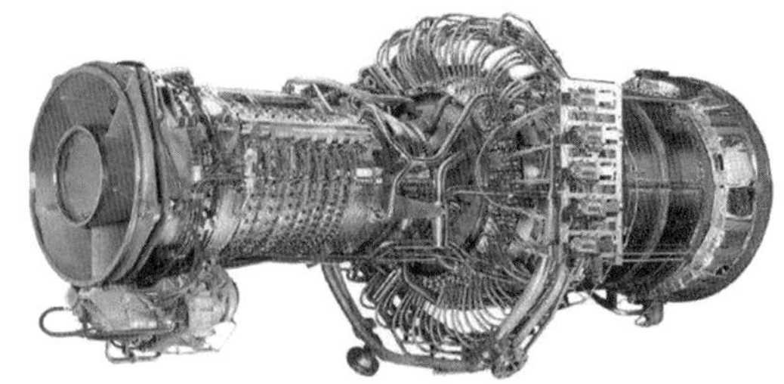

(d) GE 公司 LM2500 舰船燃气轮机
(资料来源：Boyce ,2002)

图 1.1　典型的燃气轮机核心机部件示意图

1.2　涡轮冷却的意义及目的

目前战斗机追求的长寿命、高安全性、高机动性、高效率和航空发动机的性能密切相关。涡轮部件作为动力输出部件,其性能优劣直接影响航空发动机的寿命、效率、功率及推重比等性能参数,因此十分有必要对涡轮部件进行详细研究。随着航空发动机推重比的不断提升,涡轮入口燃气温度逐年升高,这对涡轮冷却方面提出了更高要求。本节将主要围绕航空发动机涡轮部件冷却的意义及目的展开。

1.2.1　涡轮入口燃气温度升高需求来源及影响

为了分析各个参数之间的关联性,对航空发动机热力循环进行分析,航空发动机的理想循环为布雷顿循环,即由两个绝热过程和两个等压过程组成,如图 1.2 所示。

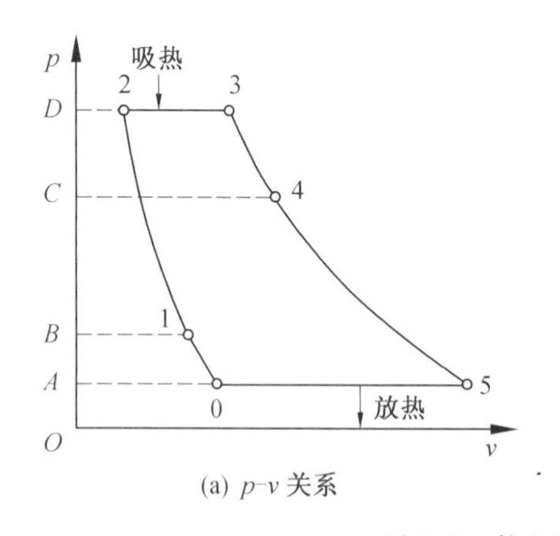

(a) p-v 关系

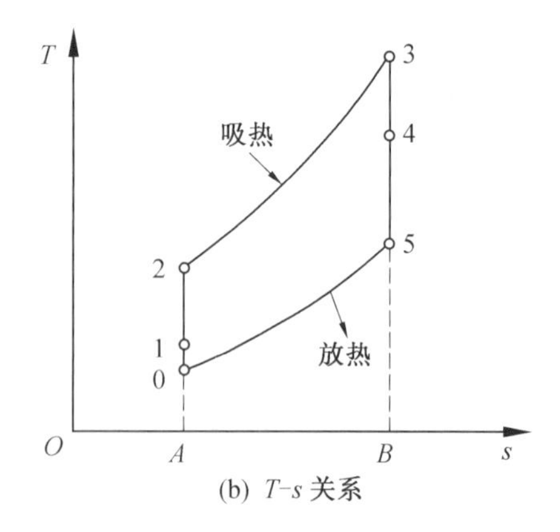

(b) T-s 关系

图 1.2　航空发动机布雷顿循环

循环具体过程为：空气经由进气道进入发动机,在进气道绝热压缩(0－1 过程),压缩后的空气进入压气机中进一步绝热压缩(1－2 过程),压缩后的高温空气进入燃烧室中等压加热(2－3 过程),高温燃气在涡轮中绝热膨胀(3－4 过程),膨胀后的气体进一步在尾喷管中绝热膨胀(4－5 过程)。

对于该循环，单位质量的理想循环功为

$$w_0 = c_p[(T_3^* - T_2^*) - (T_5^* - T_0^*)] \tag{1.1}$$

理想循环热效率 η_0 为

$$\eta_0 = 1 - \frac{1}{\pi_c^{*\frac{k-1}{k}}} \tag{1.2}$$

以上两式中 c_p—— 比热容；

T_n^* —— 各过程对应的总温，$n = 0 \sim 5$；

π_c^* —— 发动机总增压比，即 $\pi_c^* = \dfrac{p_2^*}{p_0^*}$，其中 p_0^*、p_2^* 分别为进气道入口及压气机出口的总压；

k—— 绝热指数。

对理想循环功进行分析，发动机进出口总温随运行工况的变化而变化，且 $T_5^* - T_0^*$ 不易调控，需要增大发动机推重比，第一为提高 T_3^*，第二为降低 T_2^*。但 T_2^* 的降低，势必要降低发动机增压比，造成效率降低。因此，增大发动机推重比(循环功)，最有效的方法则是增大发动机涡轮入口燃气总温，即 T_3^*。

从循环热效率公式中可以看出，发动机理想循环效率与发动机总增压比及绝热指数相关。似乎我们可以给出发动机的涡轮入口燃气温度只与发动机推重比相关，与发动机效率无关，只要增大发动机推重比，效率就可以提高，但是，气体在压气机中进行绝热压缩，提高增压比的同时，压气机进出口温度需要遵循以下公式：

$$\frac{T_2^*}{T_0^*} = \left(\frac{p_2^*}{p_0^*}\right)^{\frac{k-1}{k}} \tag{1.3}$$

从式(1.3)可以看出，提高发动机效率，会导致压气机出口燃气温度 T_2^* 增大，进而导致循环功降低。因此，在保证推力的前提条件下，要求增大发动机效率，就必须提高涡轮入口燃气温度 T_3^*，这是提高发动机性能的主要技术措施。

多年来，科技工作者一直努力在保证发动机寿命的情况下，提高涡轮入口燃气温度。20世纪40年代末，以F－86、F－100为代表的第一代简单涡轮喷气式发动机，其推重比为 3 ～ 4，入口燃气温度为 1 200 ～ 1 300 K(刘大响，1999)。60年代末，以F－4、F－104及幻影－F1为代表的第二代发动机的推重比为 5 ～ 6，相应的涡轮入口燃气温度达到 1 400 ～ 1 500 K。70年代中期，以F－15、F－16、幻影－2000、狂风等为代表的第三代发动机的推重比为 7.5 ～ 8，涡轮入口燃气温度为 1 600 ～ 1 700 K。21世纪初，以F－22、JSF等为代表的第四代战机的推重比高达 9.5 ～ 10，涡轮入口燃气温度为 1 850 ～ 1 950 K。与此同时，很多国家也开始了新一代航空发动机的研制及实验，美国于2006年推出了“VAATE”计划(Friend，2001)，该计划提出研制目标为推重比达到 10 ～ 12，涡轮入口燃气温度达到 2 300 ～ 2 400 K。

图 1.3 给出了第三代到第五代发动机推重比与涡轮入口燃气温度发展趋势。

图 1.4 给出了涡轮入口燃气温度及金属材料耐受温度随年份的变化情况。从图中可以看出，涡轮叶片金属材料耐受温度以每年 8 K 的速度增长，而涡轮入口燃气温度每年提高 20 K。随着涡轮入口燃气温度逐年升高，现代航空发动机高压涡轮入口燃气温度已经

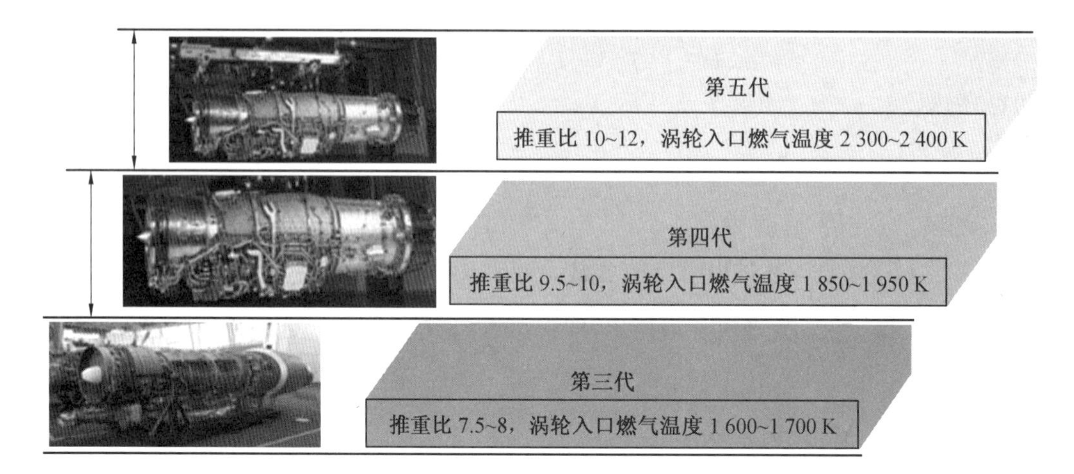

图 1.3　第三代到第五代发动机推重比与涡轮入口燃气温度发展趋势

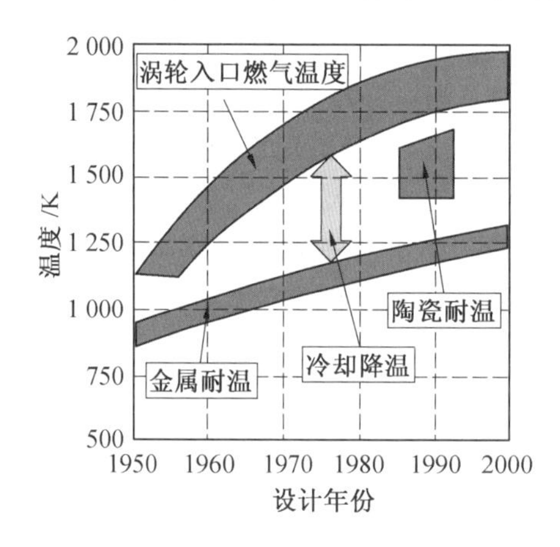

图 1.4　涡轮入口燃气温度及金属材料耐受温度随年份的变化情况

（资料来源：Hennecke，1982）

远超金属材料的耐受温度。金属材料的发展无法完全满足燃气轮机的发展需求，如不采取相应措施，将会导致叶片烧蚀。如图 1.5 所示，高压涡轮叶片尾缘及前缘区域经过高温烧蚀损坏，严重影响了发动机的寿命及安全性。因此，燃气轮机涡轮叶片冷却技术显得尤为重要。

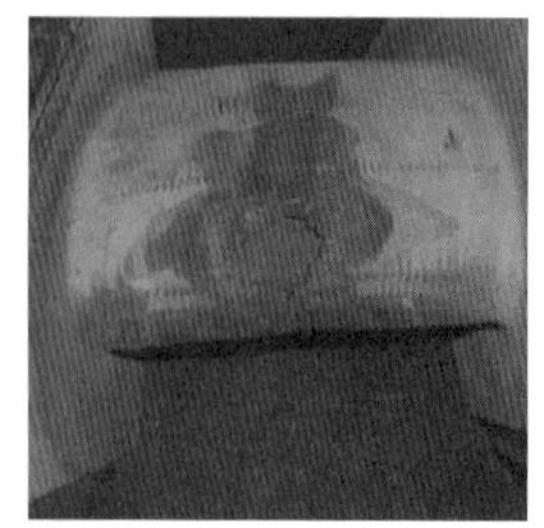

图 1.5　高温烧蚀叶片

1.2.2　解决涡轮叶片温度过高的几种方法

目前，解决航空发动机高温烧蚀问题，主要从材料技术、涂层技术及冷却技术3个方面着手。

对于较高温度的高温涡轮叶片，一般采用单晶高温合金加工。至今为止，美国单晶高温合金材料已经发展了四代，第一代以PWA1480为代表，第二代以PWA1484为代表，第三代以ReneN6为代表，第四代以EPM102为代表。其中第二代合金中加入了Re元素，具有优异的高温蠕变性能、疲劳强度及抗氧化能力。第四代合金中添加了6%的Re和3%的Ru，使其性能与稳定性较第三代有明显的提高。现在，第三、第四代一般用在先进核心机上做性能考核及可靠性实验。我国的单晶合金起步较晚，20世纪80年代，第一代单晶合金（DD3）被应用于国产发动机上，90年代研制出的DD6合金用于制作1 100 ℃等级的复杂内腔的涡轮转子叶片和1 150 ℃的空心涡轮静叶。21世纪初研制出力学性能与外国相当的DD9单晶高温合金，并开始探索第四代单晶高温合金。目前来看，我国现在使用比较多的航空发动机叶片所采用的单晶合金材料一般为DD6，其耐受温度为1 100 ℃。热障涂层（Thermal Barrier Coating，TBC）技术是一种通过在零件表面沉积黏结一层低导热系数的材料，利用该材料的低热传导特性，在其内外表面形成温降，用以降低零件表面工作温度（或提高零件的承温能力）的表面处理技术。选用陶瓷做低导热系数材料的涂层称为陶瓷热障涂层，完整的陶瓷热障涂层一般由陶瓷面层（工作层）和金属黏结层（底层）组成。热障涂层的组成如图1.6所示。高温高速燃气流（图中标注"气体温度"）在流道（叶片外表面）形成热源，热流在表面层（燃流附面层）、陶瓷面层、黏结涂层、基体、内界面层（冷气附面层）上形成温降，直至冷却气体温度。获取陶瓷涂层上的温降是热障涂层技术的主要目标。热障涂层技术已经在国外多个航空发动机型号上得到应用，该技术可以达到50～150 K的隔热效果。

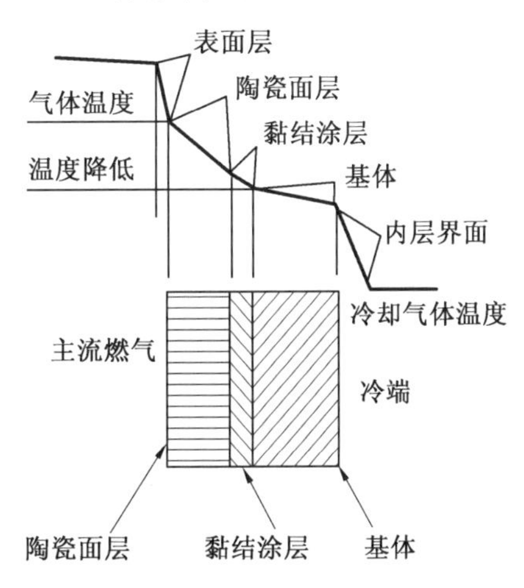

图1.6　热障涂层的组成

涡轮冷却技术是一种通过压气机引入一股冷气，经由空气系统管路流入涡轮叶片，而后进入涡轮叶片内腔，最后经由叶片表面开设的气膜孔或者尾缘劈缝流入主流之中，以此达到冷却叶片的目的。其中冷气温度根据适用范围，一般为 300 ～ 900 ℃，冷气在空气系统内温升 20 ～ 40 K。

涡轮冷却技术在近几十年得到了快速的发展，图 1.7 给出了近几十年来涡轮入口燃气温度及冷却结构随年份的变化。从图中可以看出，在 1960 年之前，涡轮中未采用冷却结构，其入口燃气温度并不高(低于 1 300 K)。随后的十年中，涡轮叶片入口燃气温度上升至 1 350 ～ 1 400 K，采用涡轮叶片冷却技术实现了 50 ～ 100 K 的温降。而随着冲击冷却及多排气膜冷却技术的发展，20 世纪 70 年代中期，涡轮叶片冷却温降超过 300 K，涡轮叶片入口燃气温度超过 1 600 K。近几十年来，随着材料技术及冷却结构的进一步发展，1990 年左右，美国设计的高效节能发动机高温起飞状态涡轮最高入口燃气温度达 2 012 K。然而，新一代航空发动机的研制对涡轮入口燃气温度及相应的涡轮冷却结构提出了更高的挑战。美国于 20 世纪末开始了“IHPTET” 计划 1(Bunker，2006)，计划要求涡轮入口燃气温度提高 500 K，冷却空气的用量减小 60%，涡轮质量减小到现阶段的 50%。同一时期，英国也开展了“ACME” 研究计划，提出 2020 年后发动机推重比增大到 20，涡轮入口燃气温度高于2 400 K。这对涡轮冷却提出了更高的挑战。

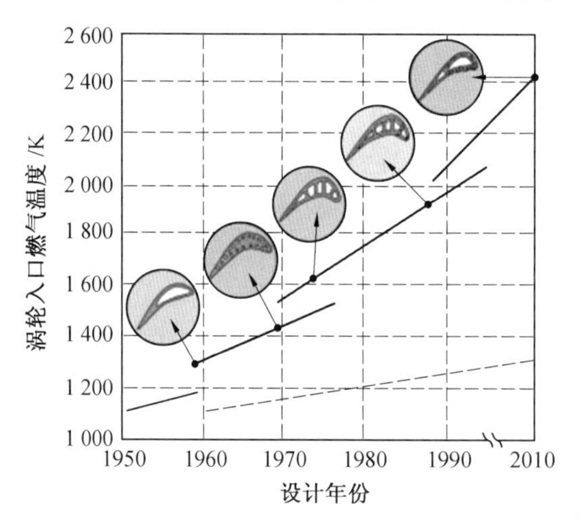

图 1.7　涡轮入口燃气温度及冷却结构随年份的变化
(资料来源：Corman 和 Paul，1995)

一般来说，对流冷却的冷却效率最低，这种冷却结构一般用在涡轮入口燃气温度较低的发动机中，对流加气膜冷却结构的冷却效率稍高。冷却效率最强结构为对流加气膜并在外壁面添加隔热涂层的结构，一般这种结构组合用于涡轮入口燃气温度较高的高压导叶及动叶的结构中。另外，涡轮叶片优化设计方法作为新兴交叉技术，已成功运用于传统涡轮气动设计中，采用这种设计方法进行冷却结构与叶型的耦合优化，成为解决上述问题的一种手段。然而，我国燃气轮机热端部件机理及设计技术的落后是制约我国燃气轮机以及航空发动机发展的主要因素之一，高效冷却结构内部机理和先进设计方法是未来燃气轮机及航空发动机设计的瓶颈问题。

1.3　典型的涡轮冷却叶片及其关键技术

现代航空发动机或燃气轮机高温涡轮部件通常采用对流冷却、冲击冷却、气膜冷却等多种方式结合的复合冷却结构，以保证其高寿命和高效率要求。本节以典型的高效节能发动机(NASA E3 研究计划)高温涡轮部件冷却结构为例介绍涡轮冷却系统的结构及作用。

图1.8所示为GE公司E3发动机总体传热冷却系统示意图。第1级导叶冷却气体来自于燃烧室的内外腔室。导叶内被一个轻微向后倾斜的肋片分成前后两个腔体，倾斜的目的是为两个冲击插入件提供最大的入口流动面积。进气边腔室以及下端壁由内腔冷气供气，后腔室及上端壁由外腔供气。第1级动叶冷却空气抽取自压气机扩压器中径处，该处气体温度较低，并在旋转方向上加速冷气，与压气机密封件组成径向平衡系统，提供转子推力平衡。第2级导叶冷却空气抽取自第7级压气机静子出口处，第2级动叶冷却空气由压气机排气提供。

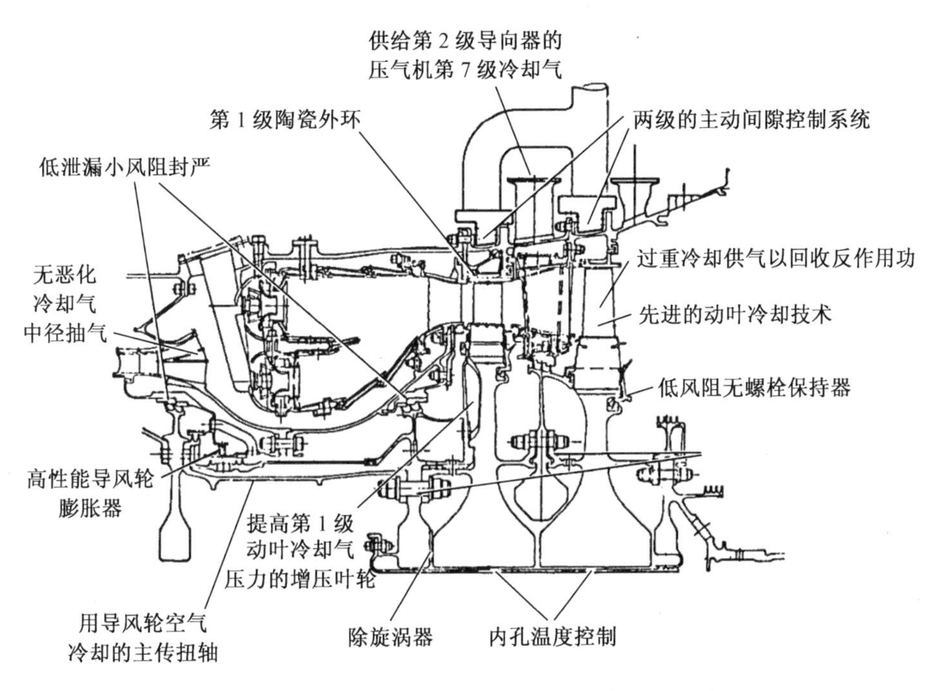

图1.8　GE公司E3发动机总体传热冷却系统示意图
(资料来源：Halila等，1982)

1.3.1 高压涡轮导叶冷却结构

第1级高压涡轮导叶由来自于压气机出口经过燃烧室旁路的冷却气体进行冷却。冷却空气双路供应主要是为了平衡燃烧室内外旁路内的冷气流量。图1.9所示为第1级导叶冷气供应示意图,包括两个冲击套筒及尾缘劈缝。冷却设计综合利用了叶片前缘－中部的叶身气膜冷却、冲击冷却以及叶片尾缘高效的对流长缝。进气边衬套由燃烧室内腔流道供气,出气边衬套由外腔供气。具体冷气压力、温度、流量等参数如图1.9所示,总冷气流量为6.3%W_{25}(W_{25}指核心机入口流量占比),其中3.4%W_{25}用于进气边衬套,2.9%W_{25}用于出气边衬套。

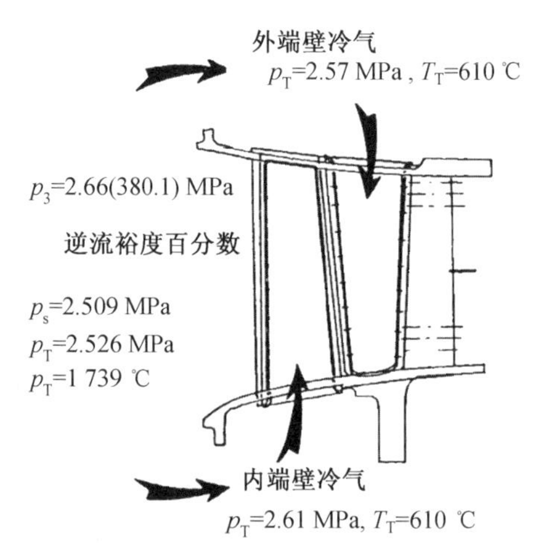

图1.9　第1级导叶冷气供应示意图
(资料来源:Halila等,1982)

图1.10所示为第1级导叶两个冲击套筒示意图,通过这些小孔使得冷却空气可以垂直冲击叶片内表面,达到高效的冷却。进气边套筒的孔间距在4～8倍冲击孔直径之间,出气边套筒孔间距在6～8倍冲击孔直径之间。

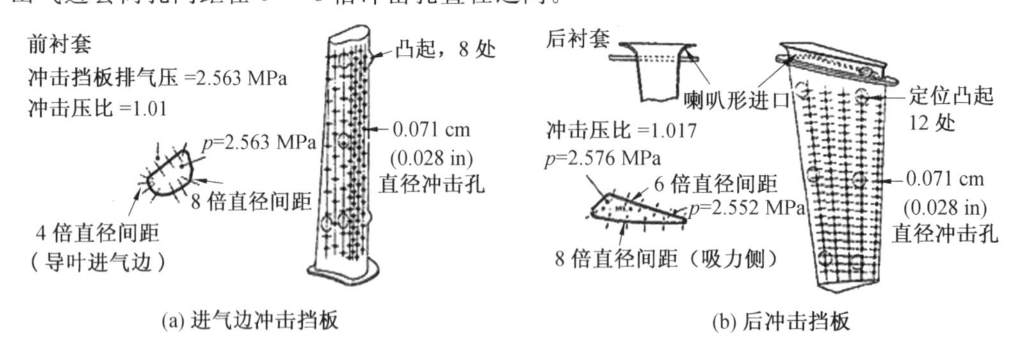

图1.10　第1级导叶两个冲击套筒示意图(1 in = 2.54 cm)
(资料来源:Halila等,1982)

图 1.11 所示为第 1 级导叶气膜孔分布示意图。图中，W_c 是 W_{25} 的 1%。冲击冷却后，通过叶片表面的气膜孔与尾缘劈缝将冷气射入主流中，在叶片表面形成冷却气膜。第 1 级导叶上端壁和下端壁的结构示意图分别如图 1.12 和图 1.13 所示，其中上端壁冷气流量为 1.5%W_{25}，下端壁冷气流量为 1.3%W_{25}，上下端壁均设计成由集气室供气，通过一块焊接在端壁上的挡板射流阵列，对端壁内壁进行冲击冷却。而后，收集冲击后的气体，通过倾斜于主流方向的气膜孔排除，在端壁外壁形成气膜。由于在较低的马赫数区域喷射冷气，可以有效减少冷气与主流的掺混损失，因此该冷却结构设计均在叶栅喉部位置之前布置气膜孔。端壁气膜孔的布置同时考虑了端壁二次流动对冷却气膜覆盖的影响。

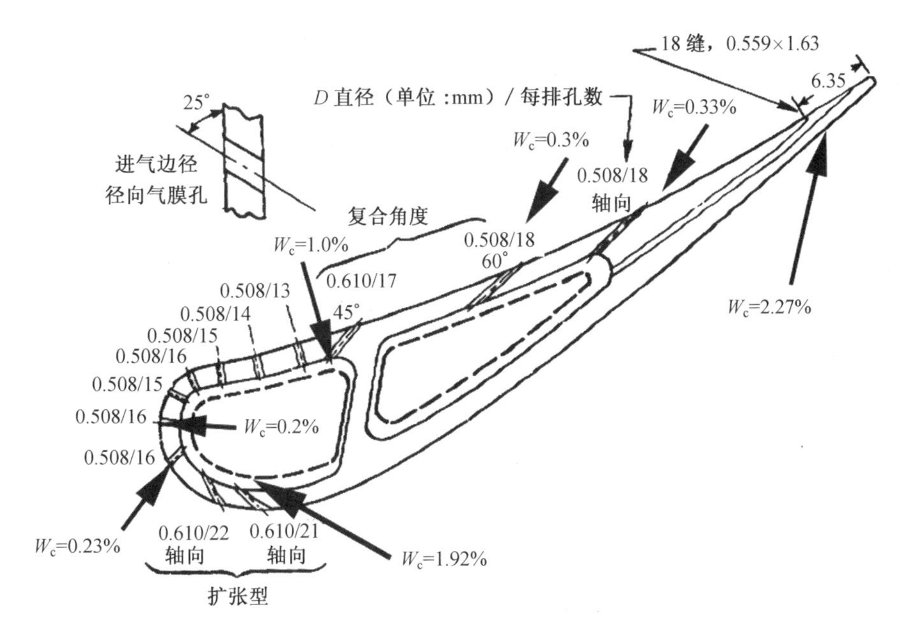

图 1.11　第 1 级导叶气膜孔分布示意图
（资料来源：Halila 等，1982）

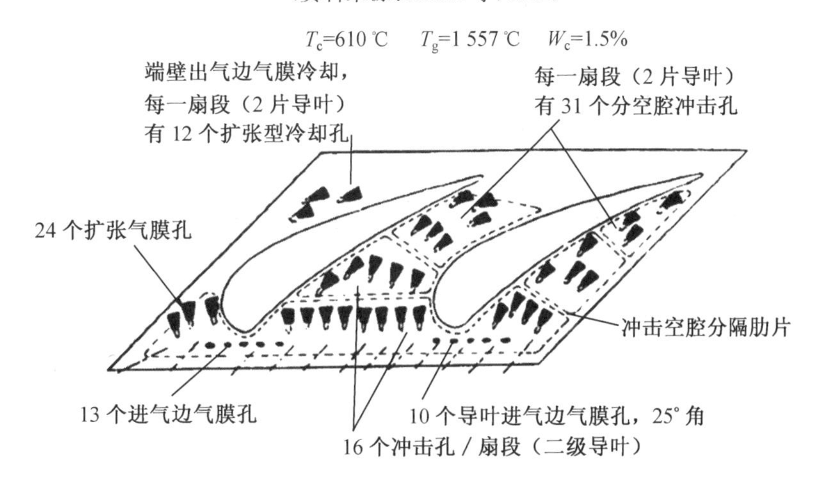

图 1.12　第 1 级导叶上端壁结构示意图
（资料来源：Halila 等，1982）

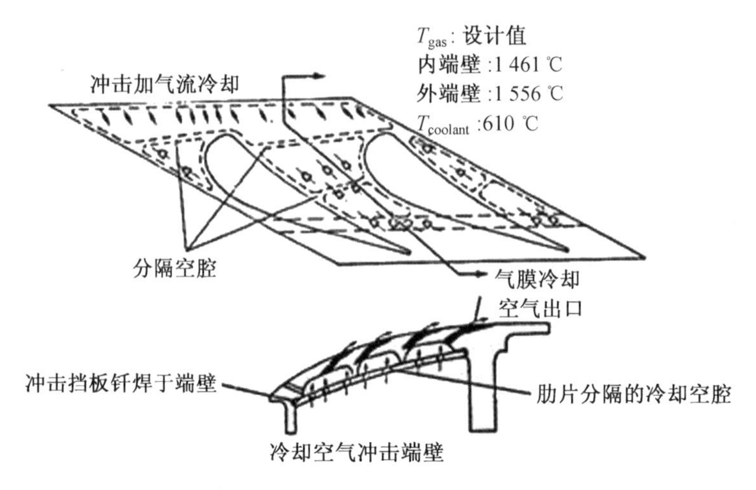

图 1.13　第 1 级导叶下端壁结构示意图

(资料来源:Halila 等,1982)

第 2 级导叶的冷却系统结构示意图如图 1.14 所示。第 2 级导叶冷却空气抽取自压气机第 7 级静子出口处,冷气流量为 1.85%W_{25}。该设计利用对流冷却,在叶片中只有一个冲击套筒,而后利用压力侧劈缝冷却尾缘区域,最终以较低的掺混损失进入主流区。图 1.15 为第 2 级导叶 65% 叶高处温度分布图。

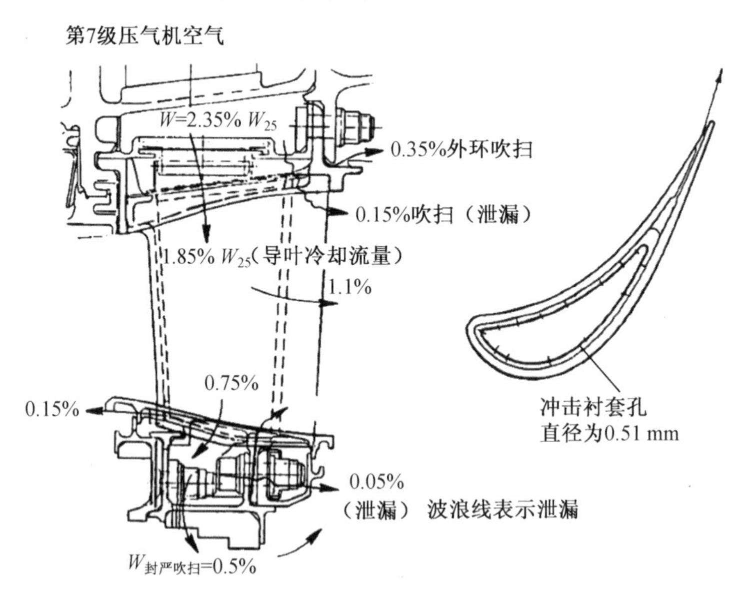

图 1.14　第 2 级导叶冷却系统结构示意图

(资料来源:Halila 等,1982)

图 1.16 所示为 RB211 发动机高压涡轮的第 1 级导叶冷却结构示意图。该结构总体上为减少燃气向缘板的导热量,叶片在缘板的表面涂约 0.6 mm 厚的隔热涂层,同时,该

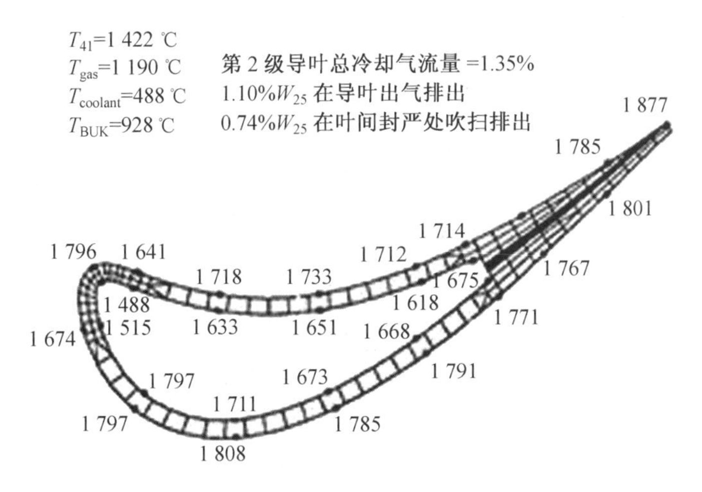

图 1.15　第2级导叶65%叶高处温度分布图

（资料来源：Halila 等，1982）

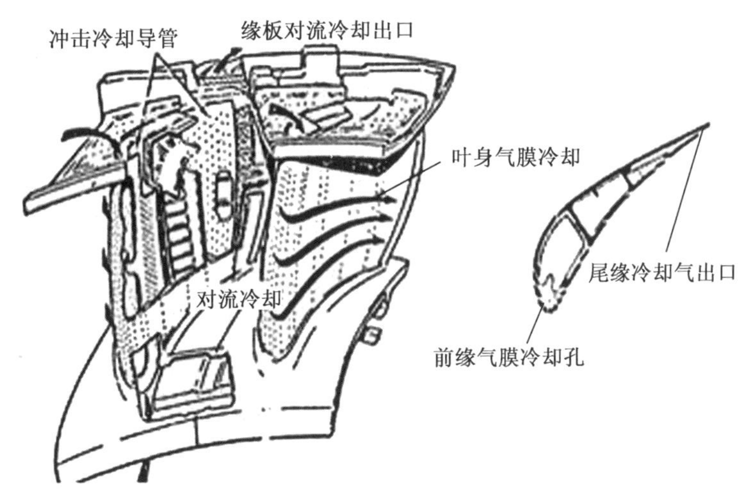

图 1.16　RB211 发动机高压涡轮的第1级导叶冷却结构示意图

（资料来源：《航空发动机设计手册》第16册）

叶片在外缘板上不开气膜孔，这样可以节约冷却空气的用量。叶身设计前、中、后3个腔，冷却空气分别引自外缘一侧和内缘一侧。外缘的冷却空气进入前腔，一部分从叶片前缘“喷淋头”式的多排气膜孔排出，叶身前缘外表面形成气膜；另一部分先从冷却导管的多个冲击孔喷出，对叶身前腔的内壁面实现冲击冷却，再从盆、背部气膜孔排出，对盆、背部实施气膜冷却。引自内缘的冷却空气进入设置横向粗糙肋的中腔，对盆、背部实施对流冷却，小部分冷气经中腔叶盆侧两排气膜孔流出，在盆面形成气膜冷却，大部分转向后腔。后腔内设置有冲击孔板，将后腔分为背、盆两个区，冷却空气先对流冷却盆区，之后经两排气膜孔排出，在盆面后缘形成冷却气膜，剩余的冷却空气穿过孔板，冲击冷却背区，再经带四排扰流柱的尾缝排出，强化对流冷却后腔的背部以及叶身的尾缘区。

图 1.17 所示为 AJI－31φ 导叶冷却结构示意图。

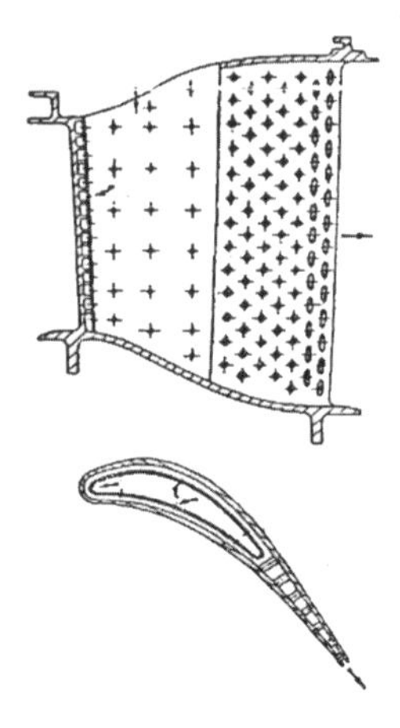

图 1.17　AJI－31φ 导叶冷却结构示意图
（资料来源：《航空发动机设计手册》第 16 册）

图 1.18 所示为三菱重工不同级别的重型燃气轮机第 1 级涡轮导叶冷却结构。为实现更高的效率指标，重型燃气轮机的级别不断提高，涡轮入口燃气温度也随之不断增高，因此发展出了不同的冷却结构。

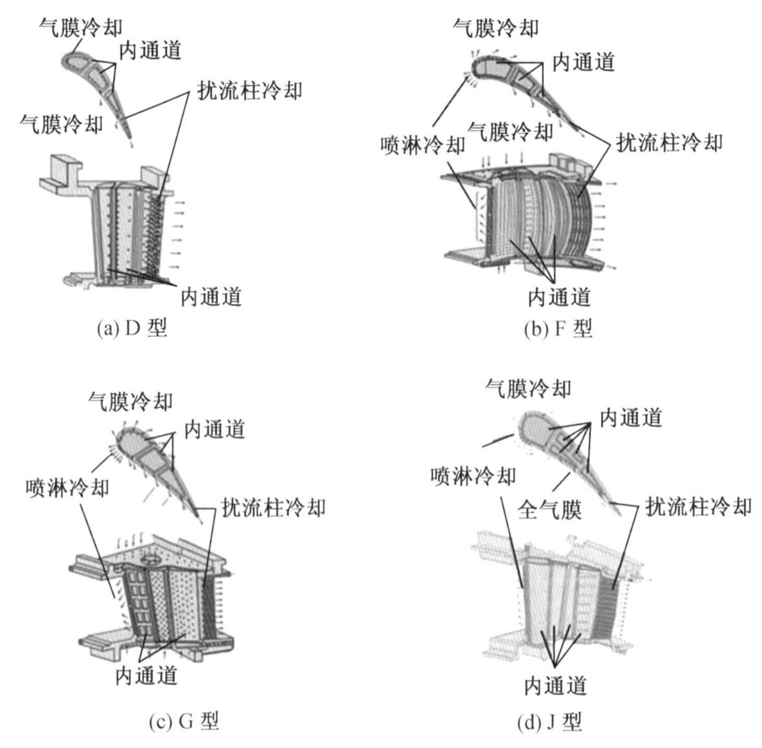

图 1.18　三菱重工不同级别的重型燃气轮机第 1 级涡轮导叶冷却结构
（资料来源：Yuri 等，2013）

1.3.2 高压涡轮动叶冷却结构

GE公司为E3发动机研制的高压涡轮第1级动叶冷却空气从压气机扩压器出口中径处抽取,该位置抽取的冷却空气温度比较低,可以实现在设计压力下用较少的冷却空气量达到要求的温度,同时较少的冷气流量也有利于改善发动机性能,按照设计指标,第1级动叶冷却空气量为压气机入口处流量的6%。

E3发动机第1级动叶冷却系统结构示意图如图1.19所示。第1级叶片冷却系统采用双回路对流——气膜冷却设计。在进气边回路中,前缘冲击冷气由三折转对流蛇型通道提供,蛇型通道内部布置有肋片以强化换热。叶片的前缘通过冲击、对流和气膜冷却的组合方式来冷却,在蛇型通道中加热后,冷却空气冲击前缘。冲击后的冷气通过对流以及外部气膜冷却方式进一步降低叶片表面温度。前缘气膜冷却由三排径向孔提供,压力侧的气膜冷却空气通过单排圆形、轴向出气的气膜孔提供,吸力侧的冷却空气通过单排扇形孔喷射冷气。出气边回路由蛇型通道组成。由于温度-寿命的限制,尾缘冷却空气由蛇型通道的第一通道提供。出气边冷却气体先通过横向肋片上的小孔,然后两次冲击两排等距分布的扰流柱。这种设计减小了通流面积,增大了换热面积,并增大了湍流强度,因此得到了优良的冷却效果。上述冷气最终通过尾缘劈缝排出。

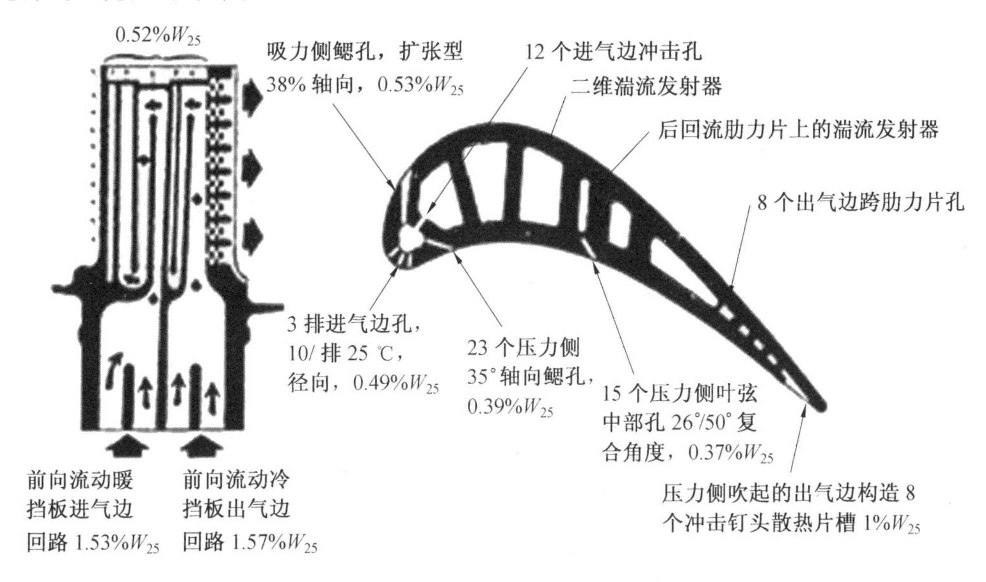

图1.19 E3发动机第1级动叶冷却结构示意图

出气边回路剩余的气体继续经过带有扰流肋的蛇型通道,一部分冷气(0.37%W_{25})由叶片压力侧的单排气膜孔排出,另一部分冷却气体(0.52%W_{25})从叶顶的除尘孔排出,以此来冷却叶顶和端壁区域。图1.20给出了第1级动叶顶部区域冷却结构示意图。

图1.21展示了起飞状态下第1级动叶温度分布图,前缘附近表面最高温度为1 084 ℃,尾缘附近最高温度为1 072 ℃。

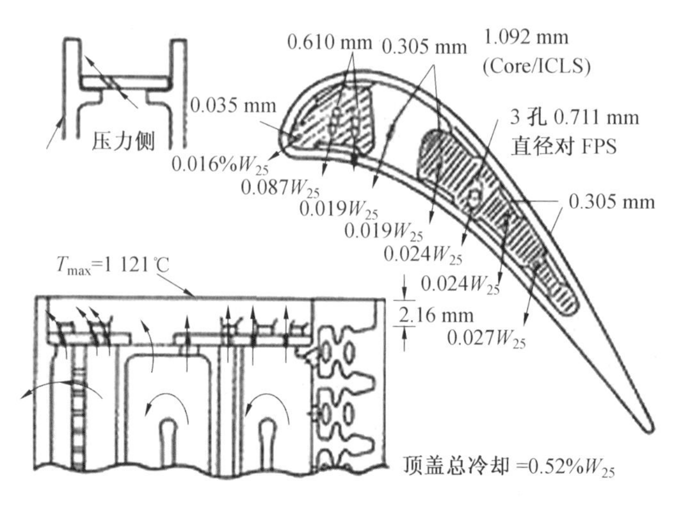

图 1.20　第 1 级动叶顶部区域冷却结构示意图

（Halila 等，1982）

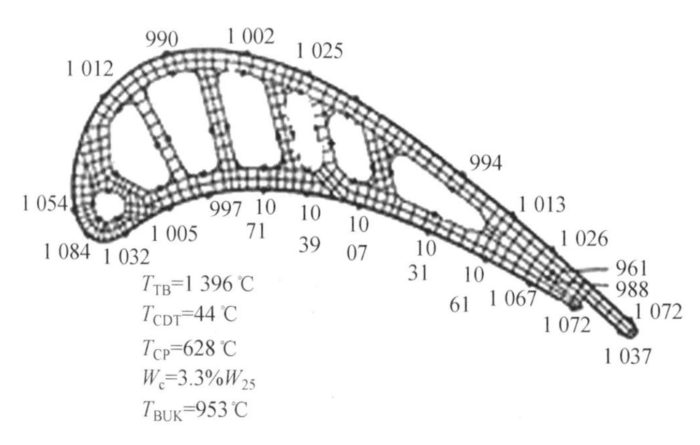

图 1.21　起飞状态下第 1 级动叶温度分布图

（Halila 等，1982）

图 1.22 所示为第 2 级动叶冷却系统。冷气来自于压气机排气，并通过第 1 级转子导向系统供入，经过第 1 级轮盘下方的管道输送入第 2 级动叶冷却系统。第 2 级动叶冷却系统是一个双回路的内部对流设计。对于前侧回路，冷气进入三折蛇型通道内，新鲜的冷却空气流经前缘附近的小截面通道，从而获得较高的前缘冷却效果。扰流肋增加冷气湍流强度，这对蛇型通道的冷却效果有显著影响。后回路与前回路相似，新鲜的冷却空气在尾缘附近进入蛇型通道对叶片进行冷却，并通过位于压力侧靠近叶尖的除尘孔排出。第 2 级动叶温度分布如图 1.23 所示，当冷气进气温度为 593 ℃ 时，中间截面设计温度为 1 038 ℃。

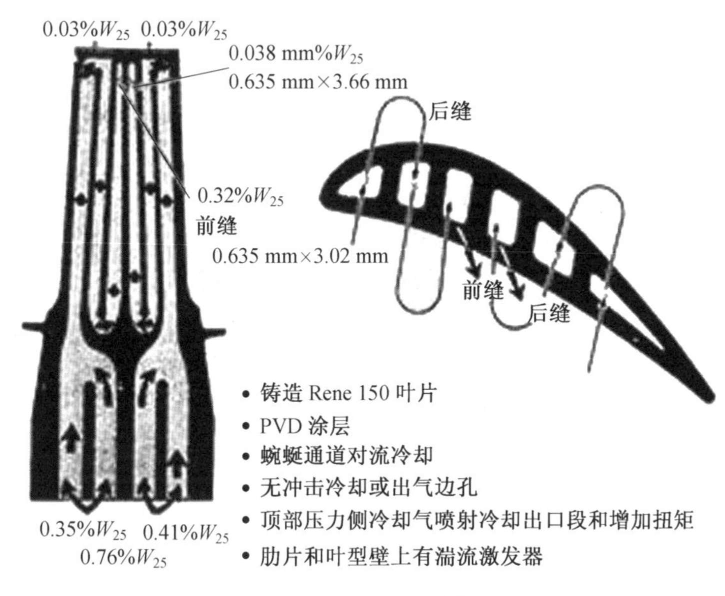

图 1.22　第 2 级动叶冷却系统
（资料来源：Halila 等，1982）

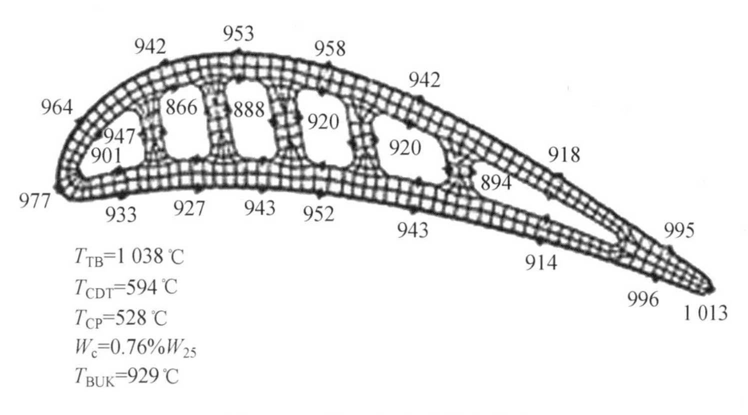

图 1.23　第 2 级动叶温度分布
（资料来源：Halila 等，1982）

图 1.24 所示为 RB211 发动机的高压涡轮转子叶片，其燃气入口温度达 1 530 K。初期高压涡轮叶片寿命只有 800 h，之后设计者引入了多通道冷却结构以及两个靠近叶片尾缘的附加气膜冷却排的形式以加强叶片冷却。这种多回路对流气膜复合冷却结构，以横向粗糙肋壁面强化对流冷却为主，还可以通过空气清洗易积炭的表面来防止积炭，该叶片于 1979 年投入使用，并显示出卓越的性能，其使用寿命超过 20 000 h（Ruffles 和 Philip，1992）。

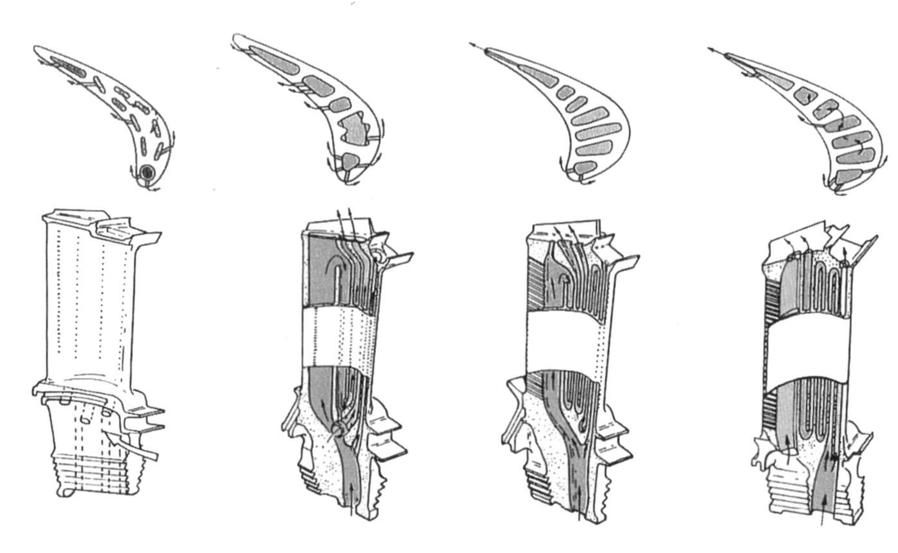

图 1.24　RB211 发动机的高压涡轮转子叶片
（资料来源：Ruffles 和 Philip，1992）

图 1.25 所示为 AJI－31φ 发动机的高压涡轮转子叶片。其前缘为旋流冷却与气膜复合的冷却结构，叶身中部及尾缘采用的冷却形式为壁面布置一系列连续的相互以一定角度斜交的多重肋的高效对流冷却结构（交错肋冷却技术）。

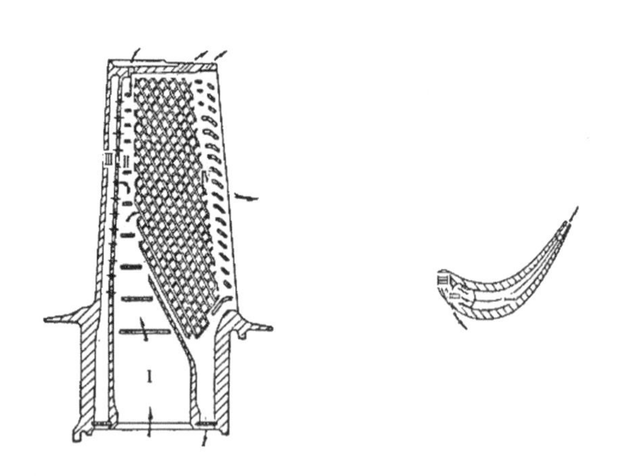

图 1.25　AJI－31φ 发动机的高压涡轮转子叶片
（资料来源：《航空发动机设计手册》第 16 册）

图 1.26 所示为三菱重工重型燃气轮机动叶冷却结构的发展历程。

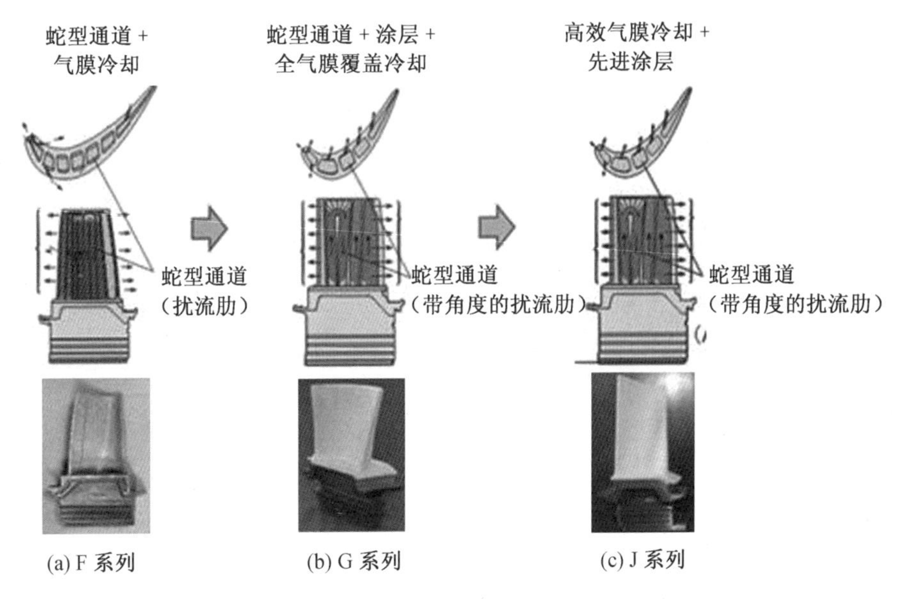

图 1.26 三菱重工重型燃气轮机动叶冷却结构的发展历程
(资料来源:Satoshi 等,2012)

1.4 涡轮叶片冷却中的重要指标

涡轮叶片冷却的关键目标是在保证寿命情况下,获得尽可能高的气动效率。通俗地讲,以最少的冷气量代价,获得更高的冷却效果。因此评价指标有两个方面:① 机理方面:提高冷却结构的综合冷却效果(综合冷却效果为平衡换热与泵功);② 设计角度:提高整体寿命。

从机理方面来说,对于内部冷却特性要考虑流动相似性,必须要保证雷诺数相似。

(1) 雷诺数(Re)的定义。雷诺数的定义为

$$Re=\frac{\rho U_0 D_i}{\mu} \tag{1.4}$$

式中 U_0—— 流量平均速度;

D_i—— 当量直径;

μ—— 动力黏度;

ρ—— 密度。

(2) 努塞尔数(Nu)。对内部冷却效果来说,一般以换热系数或者 Nu 来确定。

换热系数 h 定义为

$$h=\frac{q}{T_{\mathrm{w}}-T_{\mathrm{air}}} \tag{1.5}$$

式中 q—— 热流密度;

T_{w}、T_{air}—— 壁面及气流温度。

努塞尔数定义为

$$Nu = h\frac{D_i}{\lambda} \tag{1.6}$$

式中 λ—— 气体流量的平均导热系数。

(3) 流阻系数。泵功一般以流阻系数作为衡量标准,有时也以压力损失系数作为衡量标准。

压力损失系数定义为

$$k_{\mathrm{p}} = \frac{p_{\mathrm{i}} - p_{\mathrm{o}}}{0.5\rho U_{\mathrm{b}}^2} \tag{1.7}$$

式中 p_{i}、p_{o}—— 进、出口的流量平均总压;

ρ—— 气体的密度;

U_{b}—— 平均速度。

这里需要注意的是,对于整个通道的流阻系数定义为

$$f = k_{\mathrm{p}}\frac{D_i}{L} \tag{1.8}$$

式中 L—— 特征长度。

从冷却角度来说,提高寿命主要体现在两方面:第一,降低叶片表面温度和平均温度,以满足材料持久强度和寿命要求;第二,降低叶片温度梯度和叶片热应力水平。现介绍以下几个重要指标。

1. 冷却效果

冷却效果 ζ 用于说明表面绝对冷却效果接近最大冷却效果的程度,其定义为

$$\zeta = \frac{T_{\mathrm{gr}} - T_{\mathrm{w}}}{T_{\mathrm{gr}} - T_{\mathrm{c}}} \tag{1.9}$$

式中 T_{w}—— 壁面温度;

T_{c}—— 冷气温度;

T_{gr}—— 燃气恢复温度,即

$$T_{\mathrm{gr}} = T_{\mathrm{g}} + r\frac{v_{\mathrm{g}}^2}{2c_p} \tag{1.10}$$

其中,T_{g} 为燃气温度;r 为温度恢复系数,层流时,$r=\sqrt{Pr}$,湍流时,$r=\sqrt[3]{Pr}$;v_{g} 为燃气速度;c_p 为比热容。

一般,当低速时,燃气恢复温度 $T_{\mathrm{gr}} = T_{\mathrm{g}}$。由此冷却效果可以转换为

$$\zeta = \frac{T_{\mathrm{g}} - T_{\mathrm{w}}}{T_{\mathrm{g}} - T_{\mathrm{c}}} \tag{1.11}$$

在工程上,由于不易获得燃气恢复温度,且速度较高,有时采用总温(T_{g}^*、T_{c}^*)代替恢复温度,则冷却效果可以变为

$$\zeta = \frac{T_{\mathrm{g}}^* - T_{\mathrm{w}}}{T_{\mathrm{g}}^* - T_{\mathrm{c}}^*} \tag{1.12}$$

2. 相对温差

相对温差 θ 是表征涡轮叶片温度分布均匀程度的一个指标,其定义为

$$\theta = \frac{T_{\mathrm{w,max}} - T_{\mathrm{w,min}}}{T_{\mathrm{gr}} - T_{\mathrm{c}}} \tag{1.13}$$

当低速流体时，$T_{gr}=T_g$，则有

$$\theta=\frac{T_{w,max}-T_{w,min}}{T_g-T_c} \tag{1.14}$$

在工程上，由于不易获得燃气恢复温度，且速度较高，有时采用总温代替恢复温度，则相对温差可以变为

$$\theta=\frac{T_{w,max}-T_{w,min}}{T_g^*-T_c^*} \tag{1.15}$$

3. 高温函数

为评估表面温度的温度场，提出高温函数概念，其定义为

$$\begin{cases} n_2=\dfrac{T_{max}}{t_R}\dfrac{A_{tb}}{A_B}\dfrac{1}{1-\chi} \\ \chi=\dfrac{t_b}{T_0^*} \end{cases} \tag{1.16}$$

式中　T_{max}—— 叶片表面最高温度；

A_{tb}—— 叶片表面温度高于 t_b 区域的面积；

t_R—— 参考温度；

A_B—— 叶片总面积；

χ—— 温度系数，根据需求取值；

$\dfrac{A_{tb}}{A_B}$—— 叶片表面温度高于某个温度区域面积与叶片表面积的比值；

t_b—— 叶片当地温度；

T_0^*—— 涡轧入口燃气总温。

4. 综合换热性能

在机理研究中，一般综合换热性能定义为

$$\bar{H}=\frac{Nu}{f^{\frac{1}{3}}}=\frac{Nu}{\bar{f}} \tag{1.17}$$

平均 Nu 对于叶片来说，仅仅能够评估平均温度，对于最高温度以及高温区所占面积，并不能够直接评估，因此引入温度综合换热系数，其定义为

$$\bar{T}_H=n_2\bar{f} \tag{1.18}$$

式中　n_2—— 高温函数；

$\bar{f}$—— 流阻函数。

函数中不仅可以评估平均温度，还需考虑最高温度、高温面积和流阻系数，在应用中，温度换热系数越小，综合换热效果越佳。

5. 冷气利用率

冷气利用率是度量冷却气流利用程度的指标，由于冷却气流以较高速度流过被冷却管道，没有充分时间和热表面进行换热，因此流出换热表面或者管道的冷气温度并不高，仍具有冷却能力。在设计中，为了度量冷却气流的利用程度，定义了冷气利用率，即

$$\tau=\frac{T_{c2}-T_{c1}}{T_w-T_{c1}}$$

式中　$T_{c2}-T_{c1}$—— 冷气在通道中进出口温差；

　　　T_{w}—— 冷却壁面温度。

1.5　涡轮叶片冷却研究方法

涡轮冷却结构的设计目标是以较小的循环效率损失取得较大的涡轮冷却效果。冷气在压气机中压缩，通过高压级抽吸进入到涡轮中，在压缩 — 掺混 — 膨胀的热力过程中产生一定的热力损失。冷气自压力机抽吸进入到二次空气系统以及涡轮叶片中会造成相应的流动损失。此外，冷气自叶片表面气膜孔或尾缘劈缝流出，若与涡轮中主流高温燃气相互掺混，会造成掺混损失。在3种损失中，比重最大的为压缩 — 掺混 — 膨胀的热力损失，损失大小与冷却空气量呈正相关。当涡轮冷气量过大时，继续提高燃气轮机循环压比及涡轮入口燃气温度，甚至会导致效率的降低(Horlock，2001；Horlock，2003)。因此，冷气量在涡轮叶片冷却结构设计中应当作为最重要的设计约束。此外，冷气与涡轮主流的掺混会造成气动性能的下降，然而合理的冷气喷射位置、喷射角度及吹风比可以减小损失。另外，由于涡轮叶片内部冷却结构中存在流动损失，因此需要在内部冷却结构设计中考虑流动阻力与换热的均衡。

涡轮叶片冷却技术一般分为外部换热、气膜冷却、内部换热、涡轮叶片传热设计方法及优化设计方法等。涡轮叶片的外部换热，即涡轮的燃气侧表面热负荷的分布，是涡轮叶片冷却结构设计前的主要研究对象。气膜冷却指通过采用某些工质阻隔高温燃气与叶片表面之间直接传热的方法。内部冷却是指采用冷气在涡轮叶片内部进行强化换热，从叶片的内侧吸收热量，从而使涡轮叶片温度降低，主要包含对流冷却、扰流冷却、冲击冷却、气膜冷却、热障涂层等(图 1.27)。对于涡轮叶片，一般需要采用内部冷却和外部冷却来共同降低叶片温度。其内部冷却结构研究的主要目的是获得换热强、流阻小的内部冷却结构形式。研究预期获得的冷却结构一方面需要保证较小的流动阻力，另一方面需要在提高换热的情况下，减小冷气量的使用。由于模型简化，该方面研究一般采用数值与实验研究并重的研究方法。而如何进一步提高现有冷却结构的换热能力，一直是科技工作者努力的方向。

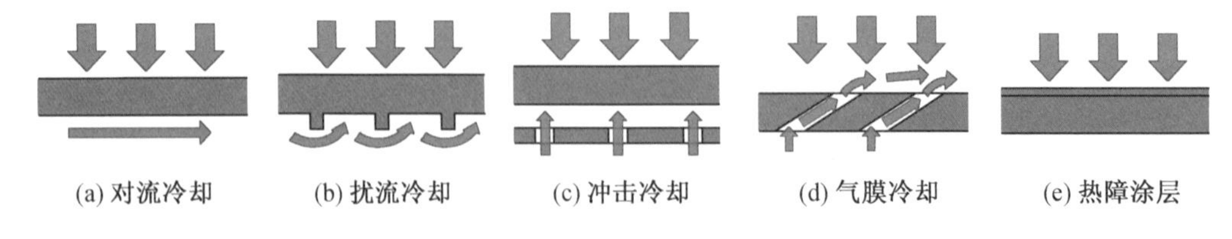

图 1.27　冷却方式

近些年来随着工程设计需求，高效冷却结构设计也得到了快速发展。传统涡轮叶片的设计体系的一般流程为：总体性能部门提出涡轮需达到的性能指标，气动部门进行气动设计，设计后的数据移交至传热设计部门，传热设计完成后移交至强度计算部门进行强度、振动及寿命估算(吴立强等，2005)。若叶片气动及冷却结构设计合格则设计完成，若不合格则需要各个设计部门重新设计，以此循环直至满足设计要求。该设计过程的设计周期长，设计效率不高。一方面，在气动设计中，有可能设计出难以进行冷却结构设计的叶片外形。另一方面，传热设计后也有可能会增大气动的损失，如气膜孔开孔位置及方向等。因此，近几年来，开展气热耦合设计成为涡轮设计研究的一个重点（Duboue 等，2000），也是一个需要迫切解决的难点。为了追求涡轮更好的气动传热性能，冷却结构的设计以及气动型线的设计应当是紧密耦合的，需要综合考虑气动性能、冷却效率及强度等方面问题（Talya 等，2000）。

本章参考文献

[1]《航空发动机设计手册》总编委会. 航空发动机设计手册（第16册）[M]. 北京：航空工业出版社，2000.

[2] 刘大响. 航空发动机技术的发展和建议[J]. 中国工程科学，1999，2：24-29.

[3] 吴立强，尹泽勇，蔡显新. 航空发动机的多学科设计优化[J]. 航空动力学报，2005，20：795-801.

[4] 张志强，宋文兴，陆海鹰. 热障涂层在航空发动机涡轮叶片上的应用研究[J]. 航空发动机，2011，37(2)：38-42.

[5]BOYCE M P. Gas turbine engineering handbook[M]. 2nd ed. Oxford：Elsevier，2002.

[6]BUNKER R S. Gas turbine heat transfer：10 remaining hot gas path challenges[N]. ASME Paper，No. GT2006－90002，2006.

[7]CORMAN J C，PAUL T C. Power systems for the 21st Century[C]. New York：Gas Turbine Combined Cycles，GE Power Systems，Schenectady，GER－3935，1995.

[8]HENNECKE D K. 1982. Turbine cooling in aeroengines[C]. Belgium：Von Karman Inst，1982.

[9]DUBOUE J M，LIAMIS N. Recent advances in aerothermal turbine design and analysis[C]. Atlanta：AIAA，2000.

[10] FRIEND R. Turbine engine research in the united states air force[C]. Big Sky：Aerospace Conference，Proceedings，2001.

[11]HANDY P J，COOKE L A，PETHRICK D J. RB211 development and experience with trans Canada pipelines[C]. Brussels：Proceedings of ASME Turbo Expo. ，1990.

[12]HORLOCK J H，WATSON D T，JONES T V. Limitations on gas turbine performance imposed by large turbine cooling flows[J]. ASME J. Eng. Gas Turbines Power，2001，123：487-494.

[13]HORLOCK J H. Advanced gas turbine cycles[M]. Oxford：Elsevier，2003.

[14]YURI M，MASADA J，TSUKAGOSHI K，et al. Development of 1 600 ℃-class high-efficiency gas turbine for power generation applying j-type technology[J]. Mitsubishi Heavy Industries Technical Review，2013，50(3)：1-10.

[15]TALYA S S, RAJADAS J N. Multidisciplinary analysis and design optimization procedure for cooled gas turbine blades[C]. Atlanta:AIAA, 2000.
[16]SMITH E. Development of the T－74 (PT6) turboprop/turboshaft engine[R]. SAE Technical Paper,1963.(地址不详)

第2章　涡轮叶片外部换热

2.1　概　　述

涡轮叶片外部换热是影响涡轮叶片冷却结构换热特性的重要因素，也是工程中进行涡轮叶片冷却结构设计的重要设计依据。因此，对无气膜冷却的涡轮叶片表面流动换热进行深入研究，是进行涡轮叶片冷却结构设计的重要基础。

在对涡轮叶片进行换热分析时，涡轮叶片端壁、叶身、叶顶的换热是换热分析中的重点区域。对于涡轮叶片外部换热特性的研究，大部分是基于涡轮换热的实验研究。因此，本章将着重介绍不同的研究人员对于无气膜冷却的涡轮叶片外部换热的实验研究结果。

2.2　涡轮端壁换热

在叶轮机械中，黏性流体流动的主要特征为分离和旋涡结构。涡轮叶栅内部的旋涡主要有马蹄涡、通道涡、壁角涡及尾缘脱落涡，其中通道涡在涡轮叶栅中占主导地位。涡轮叶片端壁区域存在强烈的三维二次流动和复杂的涡系结构，该区域的换热由于受到叶片前缘根部马蹄涡及通道涡的影响，换热较为复杂。在典型的现代涡轮设计中，第1级导叶端壁附近流动造成的损失占涡轮级总压损失的30%以上，导致涡轮效率降低约3%。因此，了解叶栅内的流动特点以及端壁区域换热特性，对现代燃气轮机涡轮设计有重要的意义。

2.2.1　端壁流场描述

为了解二次流结构及其端壁区域的相关换热特性，科技工作者对涡轮叶栅内以及端壁区域流场进行了大量研究（Klein，1966；Marchal和Sieverding，1977；Langston，1980；Moore和Smith，1983；Sharma和Butler，1987；陈忠良等，2015；张华良等，2006；Lakshminarayana和Horlock，1963；Goldstein和Spores，1988；Goldstein和Spores，1988；Goldstein等，1994；Sonoda，1985）。

图2.1对马蹄涡的典型形成过程加以描述。流体接近钝体时，在钝体的阻碍作用下，流速降低，产生一个下游压力大、上游压力小的逆压梯度。在该逆压梯度的作用下，来流附面层发生分离，围绕钝体根部形成马蹄铁状的涡系，即为马蹄涡。马蹄涡绕涡轮叶片，在压力侧和吸力侧通道中分别形成压力侧分支和吸力侧分支。

关于通道涡有多种解释，目前没有统一的定论。Marchal和Sieverding(1977)发现通道涡与马蹄涡压力侧分支旋向相同，且二者最终相互合并。Langston(1980)也得出类似结论，认为马蹄涡压力侧分支与通道涡结合，并成为通道涡的组成部分，马蹄涡吸力面分支和端壁角区分支发展成为反向涡(图 2.2)。Moore 和 Smith(1983) 通过流动显示测量实验,提出马蹄涡与通道涡同步演变的理论:在横向压力梯度的作用下,同一叶栅流道内的马蹄涡吸力侧分支及压力侧分支与端壁新生附面层共同在叶片吸力侧形成通道涡。Sharma 和 Butler(1987) 指出,通道涡由压力侧马蹄涡分支演变而成,并且逐渐向吸力侧马蹄涡分支靠近。吸力面的马蹄涡分支围绕通道涡盘旋,而不是黏附在吸力面上(图 2.3)。

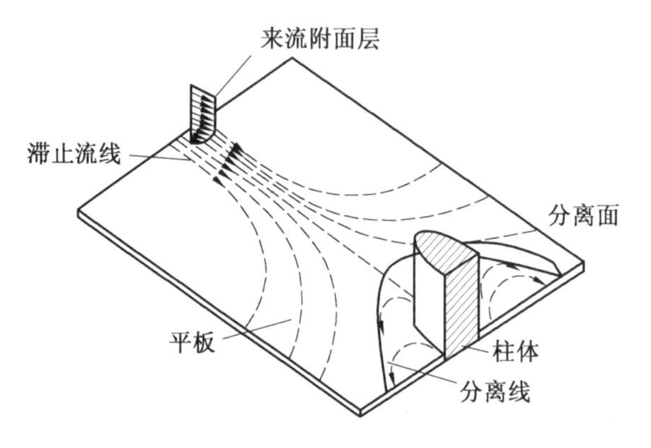

图 2.1　马蹄涡模型

(资料来源:Klein,1996)

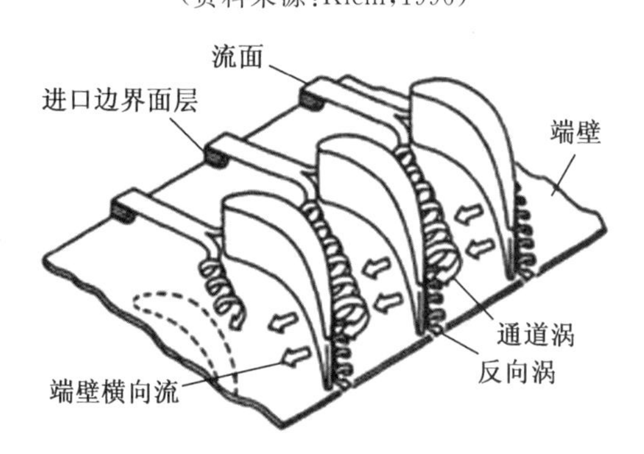

图 2.2　涡轮叶片通道的经典二次流(通道涡)型

(资料来源:Langston,1980)

壁角涡旋转方向和通道涡相反,位于端壁和吸力面壁角处。张华良等(2006) 从涡量分布的角度推断:在通道涡的诱导下,端壁附面层的自由涡层开式分离,即为壁角涡(图 2.4)。陈忠良等(2015) 认为,壁角涡形成是由马蹄涡压力侧分支在尾缘后折转形成的回流与叶片吸力侧流体相互作用下,从尾缘处向下游流动造成的。尾缘涡指的是与通道涡旋向相反,从叶栅尾缘脱落并发展的一系列小尺度涡,根据产生原因可进一步分为尾缘脱落涡和尾缘片状层涡。

Wang 等(1997) 根据已经发表的透平静叶端壁附近流场的各种二次流模型,通过实验方法进一步对流道叶栅内旋涡发展做了详细阐述(图 2.5):来流端壁附面层决定马蹄涡在叶栅流道内的发展。马蹄涡压力侧分支 V_{ph} 进入叶栅流道后,在横向压力梯度的作用下卷吸主流及端壁附面层,并且逐渐向相邻叶片的吸力侧靠近,成为通道涡的主要部分

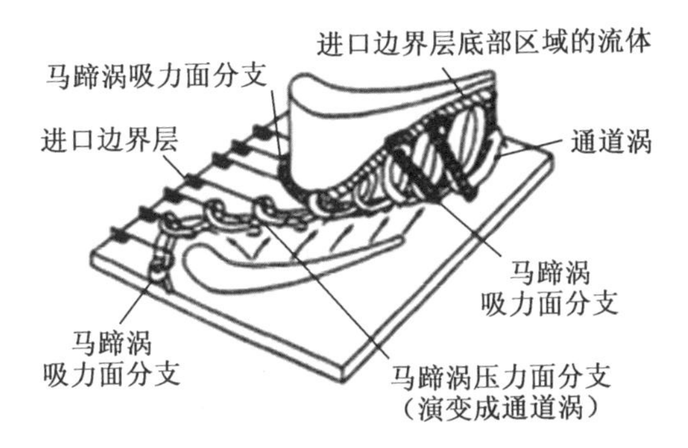

图 2.3　Sharma 和 Butler 发现的流场图

(资料来源：Sharma 和 Butler，1987)

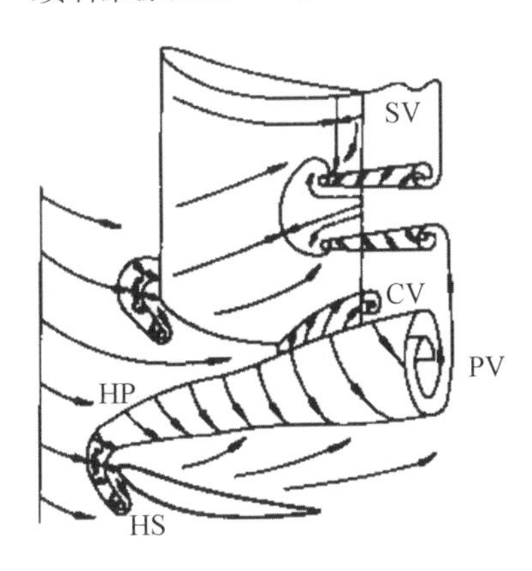

图 2.4　壁角涡模型

(资料来源：张华良等，2006)

PV— 通道涡；SV— 尾缘脱落涡；CV— 壁角涡；

HS— 马蹄涡吸力面分支；HP— 马蹄涡压力面分支

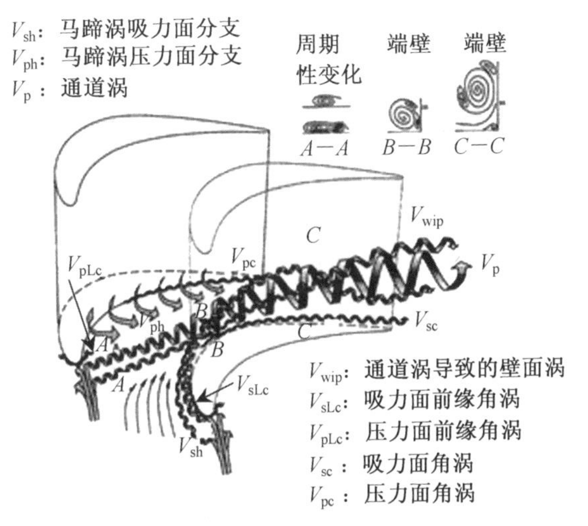

图 2.5　流道叶栅内旋涡理论

(资料来源：Wang 等，1997)

V_p。在距叶片前缘 1/4 展向位置处，通道涡与叶栅流道内的马蹄涡吸力侧分支汇合，在向下游进一步传播的过程中，尺度逐渐增大，整体逐渐向叶片吸力侧靠近，且远离端壁。对于马蹄涡吸力侧分支来说，其围绕着通道涡运动，而非成为通道涡的一部分。在通道涡上方存在一个紧靠吸力面的小尺度、高强度、与通道涡旋方向相反的旋涡，称为壁面涡 V_{wip}。

2.2.2 端壁换热

在进行涡轮叶片换热分析时，端壁区域的分析是重要的组成部分，端壁区域的换热受到叶片前缘根部马蹄涡及发展的通道涡的影响，换热特性较为复杂。图 2.6 中给出了斯坦顿数（*St*）分布。在叶片上游区域，在驻点和叶片吸力面气流的再附着之间存在一个高换热区域，该区域气流速度增长较快。当气体通过流道时，斯坦顿数峰值（峰值换热）位置从外部压力面向叶片中心的吸力面移动。

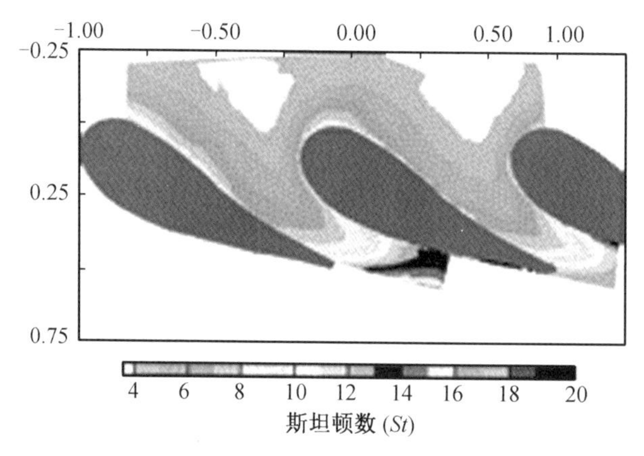

图 2.6 无量纲斯坦顿数（*St*）的等值线

（资料来源：Kang 等，1990）

Friedrichs（1997）总结已有研究成果，将端壁换热分布分为 7 个高换热区域（图 2.7）。① 前缘区：位于马蹄涡分离线与端壁前缘之间，主要由于前缘区域马蹄涡卷吸高温燃气，冲击端壁实现局部高换热。该高换热区域不受入口雷诺数以及入口边界层厚度影响。② 吸力面肩部区（图 2.7 中未标出）：位于马蹄涡吸力面分支的分离线和通道涡到达叶片吸力面之间，该区域高换热主要与涡系的涡量和速度值有关。③ 压力面角区：主要由端壁边界层变薄及高速二次流动形成。④ 尾缘尾迹区：位于叶栅端壁尾缘尾迹区，该区域高换热主要与叶栅通道出口的高温燃气向下冲击有关，并且与主流燃气湍流强度呈正相关。⑤ 分离线下游区：该区域位于通道涡分离线下游附近，主要与通道涡冲击运动及变薄的边界层有关。⑥ 喉部下游区：该区域在主流为高雷诺数的情况下换热较高，主要与来流高速有关。⑦ 吸力面角区：位于吸力面角涡下方，主要与吸力侧角涡冲击有关，换热强度大小受吸力侧角涡的位置、旋涡强度影响。

针对端壁换热，科技工作者希望通过一些方法来降低端壁区域的换热。Gaugler 等（1984）尝试通过在叶片前缘区域吹出一股冷气的方式来控制端壁旋涡。结果表明，在靠近鞍点位置注入一股高能流体的方法可以达到控制二次流发展的目的。为了深入研究这种方法的可行性，科学家采用了大量的实验以及数值模拟研究喷射冷气控制二次流的方

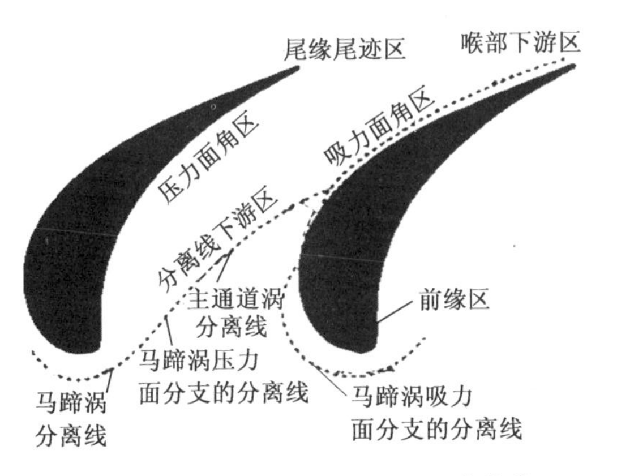

图2.7　端壁上的分离线以及潜在的高换热区
（资料来源：Friedrichs，1997）

法（Garg和Gaugler，1996；Lakehal等，2001）。然而，高能流体的注入将会导致燃气轮机气动效率降低，特别是为了注入高能流体，需要从高压压气机引气，这将对整机的热力循环造成较大损失。而后，科技工作者为了控制涡轮叶片通道中的二次流动，相继提出了非对称端壁（Gao等，2007；Germain等，2010）及弯扭叶片等概念。Lynch等（2011）采用实验方法研究了常规端壁及非对称端壁对端壁区域换热的影响。结果表明，采用非对称端壁能够明显减小通道涡的强度，通过对比常规及非对称端壁发现，非对称端壁技术使得前缘区的换热降低了20%。Winkler等（2014）设计了不同的非对称端壁，并用数值模拟方法研究了非对称端壁对换热的影响。结果表明，非对称端壁能够降低大约7%的端壁平均斯坦顿数。另一种二次流控制技术，即弯叶片技术，于1960年左右由王仲奇院士与苏联专家Deich共同提出（Deich等，1962）。提出弯叶片的初衷是通过改变叶片横向二次压力梯度控制二次流进，从而减小二次流的损失。该技术提出之后，王仲奇等采用实验手段研究了低展弦比静叶在采用弯叶片技术后气动特性的变化（Wenyuan和Guilin，1990）。结果表明，采用弯叶片后，总的气动损失降低30%～40%。Wanjin等（1994）研究了倾斜弯扭叶片对大折转角直列叶栅内旋涡的影响。结果表明，采用负弯角的涡轮叶片能够显著减小通道涡大小，从而提高气动效率。而后，Wang等（1992）发现弯叶片降低了横向压力梯度，进而降低了横向二次流和气动损失。Tan等（2004）研究了不同弯角弯曲方向对静叶内流体流动的影响。结果表明，对于该叶片，弯曲方向对通道涡的影响不大，但对尾缘旋涡影响较大。此外，研究还发现正弯叶片能够显著影响叶栅出口的落后角。近几年，Tan等（2010）采用实验手段研究了折转角为113°及160°叶片的高负荷涡轮采用弯叶片后的流动特点。弯叶片弯角分别为0°（直叶片）、±10°、±20°及±30°。结果表明，对于折转角为113°的叶片，合理的正弯削弱了通道涡与端壁角区附面层的掺混，有利于提高气动效果。而对于160°折转角的叶片，负弯叶片能够分开叶片中部两个交汇的通道涡，进而提高气动效率。

如上所述，采用弯扭叶片技术能够控制端壁二次流动，提高气动效率。事实上，由于改变了端壁二次流动，弯叶片同样能够影响端壁换热，但其影响机制尚不清晰，有待进一步深入研究。

2.3 涡轮叶片叶身换热

2.3.1 概　　述

涡轮叶片外壁的换热是影响涡轮叶片冷却结构换热特性的重要因素，也是工程中进行涡轮叶片冷却结构设计的重要设计依据。图 2.8 给出了由 Daniel 和 Schultz(1982) 总结得到的无气膜的涡轮叶片表面换热比的变化情况。在同一流动条件下，无气膜冷却的涡轮叶片的换热比有气膜冷却的涡轮叶片换热高，且其换热分布情况会随着流动条件的改变而发生相应的变化。因此，对无气膜的涡轮叶片表面流动换热特性进行深入研究，是进行涡轮叶片冷却结构设计的重要基础。

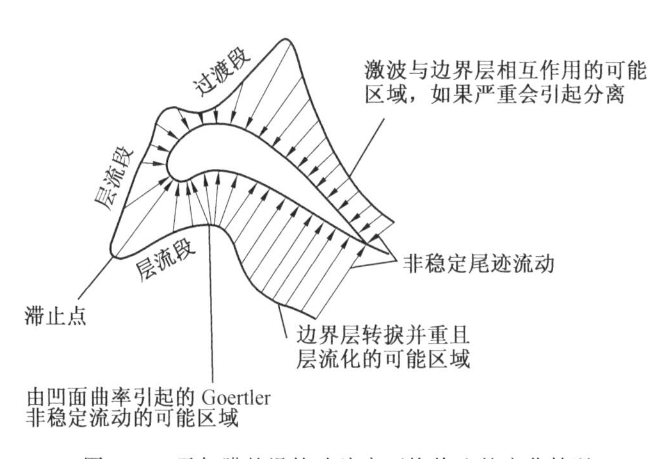

图 2.8　无气膜的涡轮叶片表面换热比的变化情况
(资料来源：Daniel 和 Schultz,1982)

2.3.2 湍流强度的影响

科研工作者对涡轮叶片外壁面换热特性的研究较多，大部分研究是基于涡轮换热实验台的研究。Ames(1997) 发现由于湍流强度的增大，导致叶片吸力面湍流附面层转捩提前。他于 2003 年又研究了不同湍流尺度、不同湍流强度下的涡轮叶片表面的换热特性。其研究的雷诺数为 50 000 和 80 000，湍流强度从 1% 到 12% 逐渐增加，湍流尺度也在不同范围内变化。结果发现，湍流尺度对压力面、吸力面滞止区的换热影响较大。此外，湍流尺度也将影响叶片表面的换热，特别是在压力面上，随着湍流尺度的增大，换热也随之增大。在针对涡轮表面换热的研究中，Choi 等(2004) 也得了类似的结果。

Nasir 等(2009) 采用实验及数值模拟方法研究了在实际出口马赫数的情况下，湍流尺度、湍流强度及出口雷诺数对涡轮叶片表面换热分布的影响。如图 2.9 和图2.10 所示，正如预期的那样，雷诺数的增加会使换热总体上有所增加。当雷诺数最大、马赫数为1.01 时，换热增加最为明显。高的雷诺数对换热的另一个影响是促进吸力面上($s/C=0.40$)

的早期边界层转捩。在两个湍流水平下均能观察到吸力面上的早期边界层转捩。在压力侧最高雷诺数处，可以观察沿流向更大的努塞尔数梯度。这些努塞尔数梯度在低自由流湍流中更为明显，表明压力侧后端存在着边界层转捩。研究表明，随着湍流强度的增大，压力侧、吸力侧平均换热分别增加了 52% 及 25%。出口雷诺数的增大会导致吸力侧附面层提前转捩，并增大了叶片吸力面和压力面的换热。Nealy 等（1984）采用实验手段研究了 C3X 及 Mark Ⅱ 叶片表面的换热系数分布。该研究中出口马赫数由 0.75 逐渐增大到 1.04，研究表明，在不同马赫数情况下型面压力分布变化不大。出口马赫数的变化并未影响到压力面的换热，而吸力面转捩点的位置随着出口马赫数的增大逐渐向叶片前缘位置移动。此外，前缘层流区域的换热对马赫数的变化不敏感。

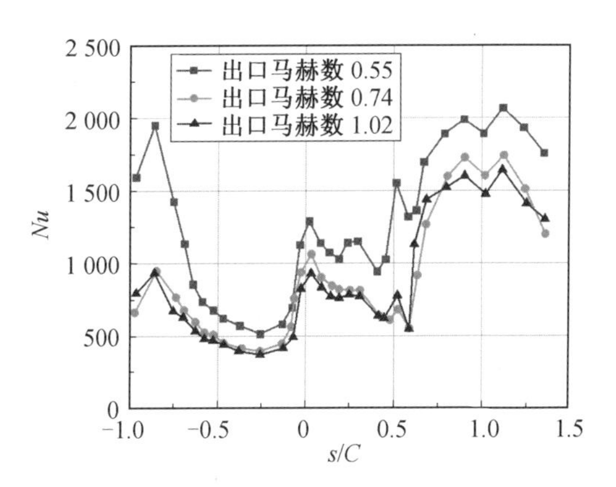

图 2.9　湍流强度为 2% 时的换热分布

（资料来源：Nasir 等，2009）

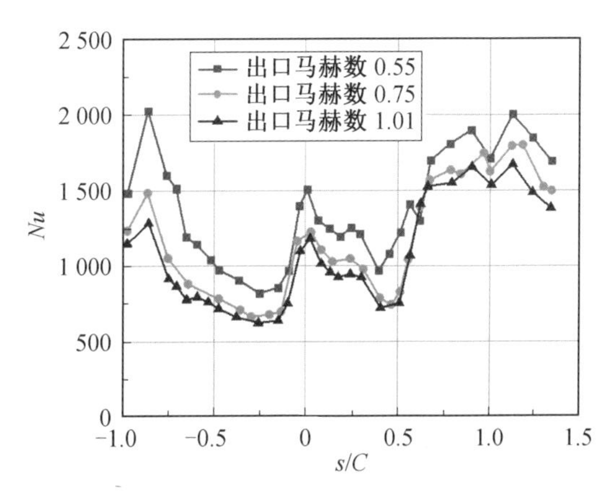

图 2.10　湍流强度为 16% 时的换热分布

（资料来源：Nasir 等，2009）

2.3.3 表面粗糙度的影响

涡轮叶片表面粗糙度随着整机运行时间的变化会产生一定变化，进而影响叶片表面的换热特性。因此不少学者针对表面粗糙度对涡轮换热的影响进行了较为细致的研究。

最开始对表面粗糙度的研究主要集中于不同的表面粗糙度对叶片气动性能的影响(Dalili 等，2009；Forster，1966)。研究发现，粗糙壁面的涡轮气动效率较光滑壁面减小5%～10%。在换热方面，Turner 等(1997)及 Abuaf 等(2008)采用实验的方法研究了叶片表面粗糙度对叶片表面换热的影响。研究表明，随着表面粗糙度的增大，换热系数也增大。此外，随着表面粗糙度的增大，吸力面转捩点的位置向上游移动。Bunker(2002)对跨声速静叶的直列叶栅不同表面粗糙度、不同湍流强度的换热特性进行了研究，结果如图2.11 所示。研究表明，在绝大部分区域内，较大的表面粗糙度将会使转捩提前发生。

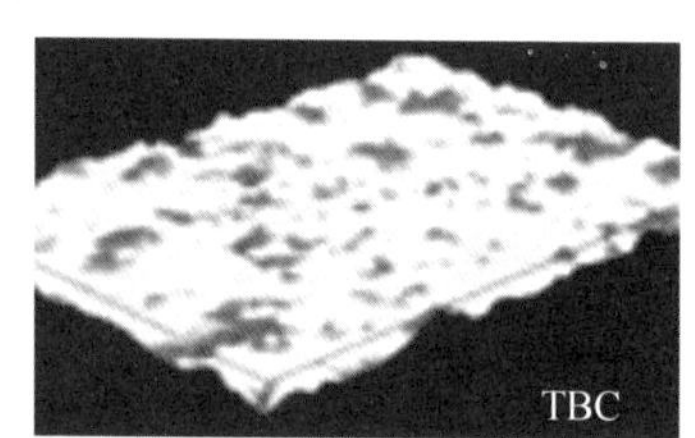

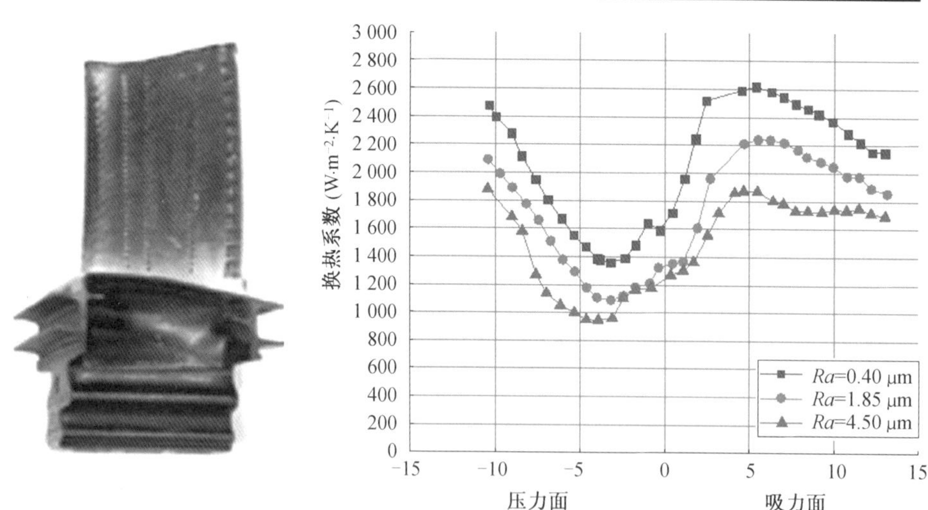

图 2.11　表面粗糙度对换热的影响

(资料来源：Bunker，2002)

图 2.12 给出了采用实验方式研究直列叶栅壁面表面粗糙度为 111 μm 时 $s/C_x=2.5$ 位置处的斯坦顿数分布，此位置正好处于转捩点后方。无栅格时，最小雷诺数的换热系数和层流状态保持一致，较小雷诺数与湍光滑湍流非常接近。在这个雷诺数以及更高的雷诺数下，逐渐过渡到和有栅格换热系数保持一致。在无栅格的条件下，斯坦顿数先随着雷诺数的增加迅速增加，随后斯坦顿数减少，最终接近高雷诺数下的 $h_E Q/C_x=0.005$ 曲线。随着湍流栅格的使用，低雷诺数时斯坦顿数变大，随着雷诺数的增加，斯坦顿数不断减小。在高雷诺数时，有栅格的斯坦顿数接近无栅格条件下的值。在 10% 湍流强度条件

下，粗糙壁面换热系数是光滑壁面换热系数的 2 倍；而在低湍流强度下，粗糙壁面换热系数的增大并不明显。以上针对表面粗糙度的研究均基于叶片中截面位置，而表面粗糙度对叶片其余区域换热的影响同等重要。

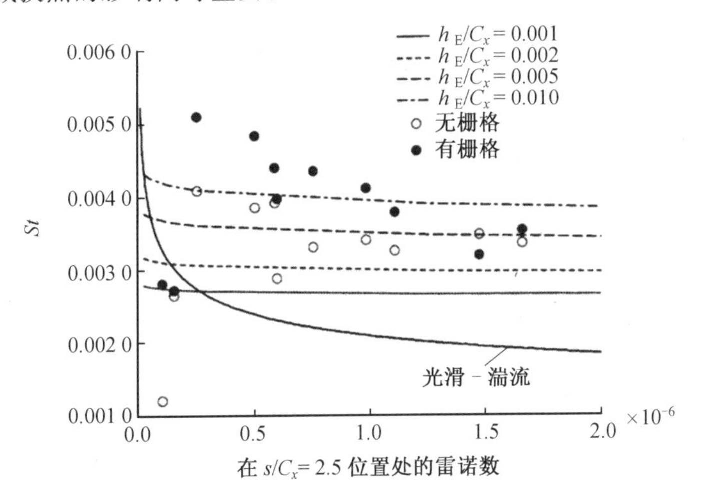

图 2.12　$s/C_x = 2.5$ 位置处的斯坦顿数分布

（资料来源：Boyle 等，2001）

Blair(1994) 研究了表面粗糙度对全尺寸叶片的换热特性的影响。结果表明，在压力面上，对于较低的两个雷诺数，二维预测值与两组实验数据有较好的一致性。在表面相对弧长$s/C_x = 0.5$ 左右，测出光滑壁面的换热向全湍流预测方向增加，换热速率减小。这种转捩位置的差异可能是由光滑和近光滑模型之间的表面粗糙度差异引起的，而表面粗糙度的差异会导致壁面换热率的不同，如图 2.13 所示，光滑叶片的换热率比近似光滑模型的换热率低 25%。另外，相对于光滑壁面和近光滑壁面条件，粗糙壁面条件对换热速率的影响非常大。表面粗糙度的作用主要在于增加叶片表面各处的换热，且其在吸力面的前缘区域增加幅度最大(约为 100%)。

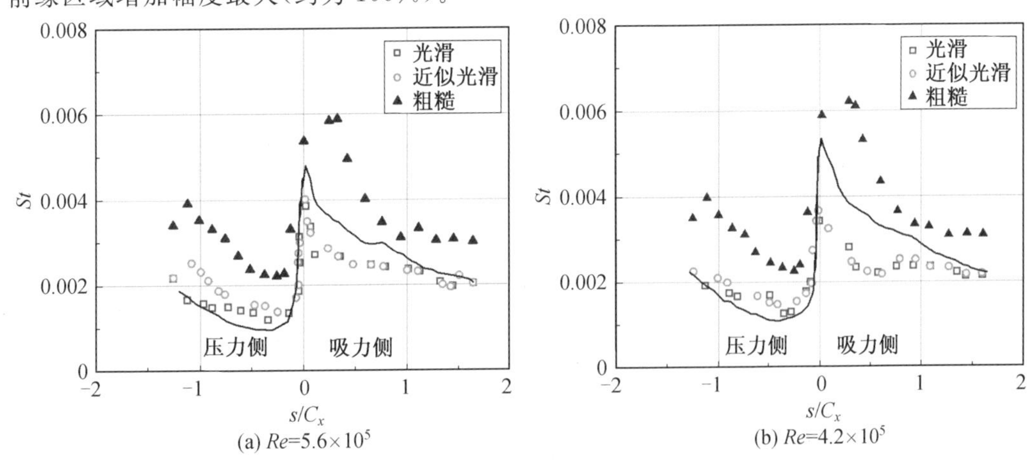

图 2.13　$\beta_1 = 40°$ 时两种雷诺数情况下转子叶片中段换热分布

（资料来源：Blair，1994）

Bogard 等(1998) 研究了在实际航空发动机中,两种不同表面粗糙度叶片的换热特性。该研究基于涡轮叶片流道内流体的流动状态,设计并加工了两种不同表面粗糙度的平板。其中,沙地纹理粗糙高度采用了粗糙形状与密度的比值。结果表明,沙地纹理粗糙高度大约为中心线平均粗糙高度的 4 倍。图 2.14 显示了光滑表面和粗糙表面的换热测量结果。从图中可以看出,两种粗糙表面的换热均有约 50% 的增长。高自由流湍流水平条件下表面粗糙度对叶片表面换热的影响如图 2.15 所示,其中 St_0 作为参考斯坦顿数,由低湍流的光滑表面($Tu < 0.3\%$) 测量所得。该实验中测量的高自由流湍流强度为 $Tu = 10\%$ 和 17%。对于 $Tu = 17\%$ 的情况,湍流水平在热流板末端衰减约至 $Tu = 9\%$;对于 $Tu = 10\%$ 的情况,湍流水平在热流板末端衰减约至 $Tu = 6\%$。在高自由流湍流水平 $Tu = 10\%$ 和 17% 情况下的换热率增加最大值分别为 15%、30%。由于表面粗糙度的原因,这一增幅明显小于低湍流强度的情况。图 2.15 表明,当表面粗糙度和高自由流湍流水平结合起来时,由表面粗糙度和高自由流湍流水平引起的换热的增加效果基本上是叠加的。对于粗糙表面 1,在 $Tu = 17\%$ 的自由流湍流水平情况下,其换热增加了 100%。

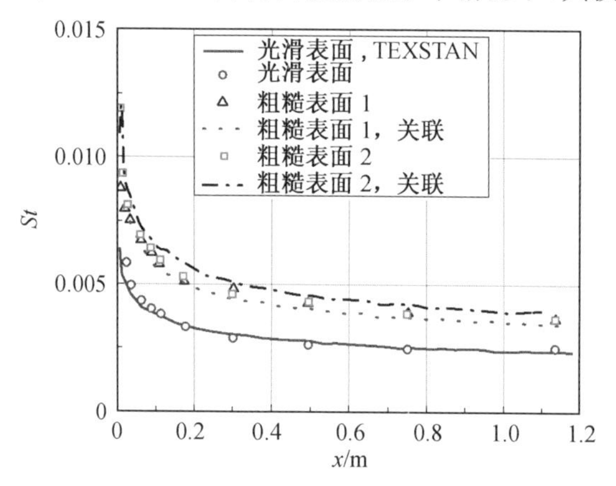

图 2.14　光滑表面和粗糙表面的换热测量结果
(资料来源:Bogard 等,1998)

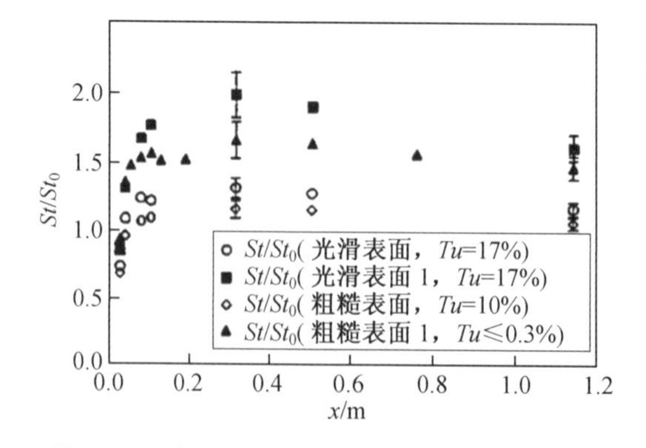

图 2.15　高自由流湍流水平条件下表面粗糙度对叶片表面换热的影响
(资料来源:Bogard 等,1998)

2.4　涡轮叶片叶顶换热

2.4.1　概　　述

涡轮动叶叶顶与外部机匣之间存在的缝隙，称为叶顶间隙。当高温燃气流经叶顶间隙时（泄漏流）会产生气动损失。此外，高温泄漏流导致叶顶区域热负荷极大、换热较高，是涡轮叶片中最易损坏的部位之一，因此研究叶顶传热换分布显得十分重要。图2.16 展示了 3 种常见的叶顶冷却结构（平顶叶顶、凹槽状叶顶、带冠叶顶等）。

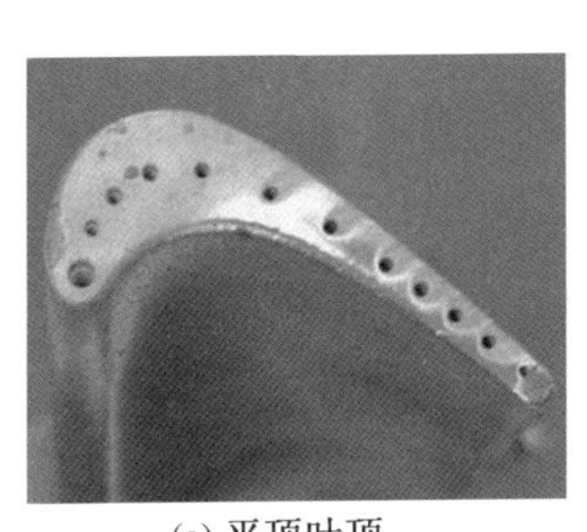
(a) 平顶叶顶

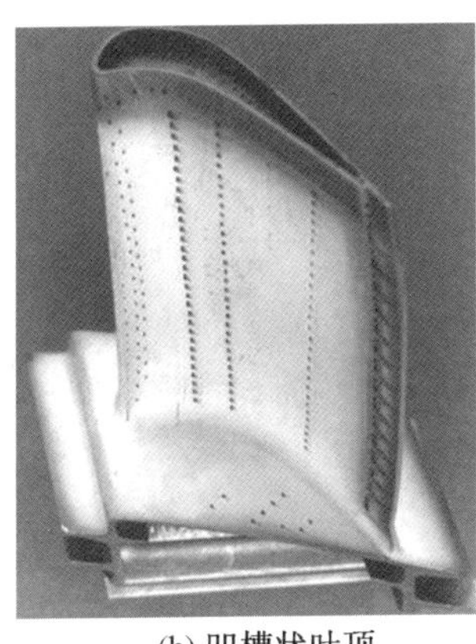
(b) 凹槽状叶顶

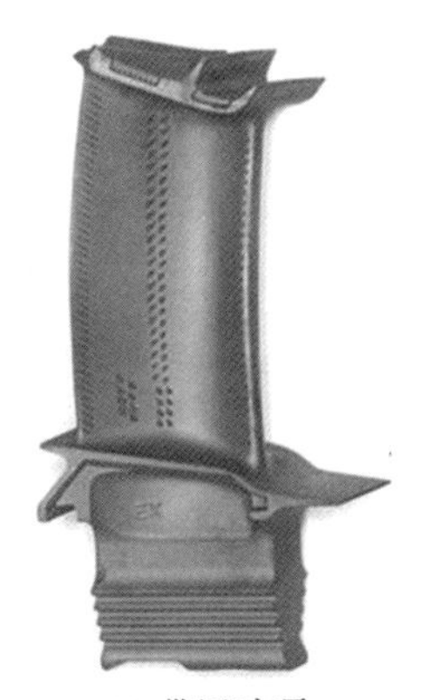
(c) 带冠叶顶

图 2.16　常见的叶顶冷却结构

（(a)(b)，资料来源：Bunker，2006；(c) 资料来源：Fowler，1989）

2.4.2　叶顶区域流场

图 2.17 为平顶叶顶间隙流动示意图。叶顶间隙中流体在压差驱动下，从叶片的压力面向吸力面流动，在黏性作用下最终在叶片吸力侧分离形成泄漏涡，沿着流动方向该泄漏涡逐渐增大。Bindon(1989) 在其直叶片叶栅实验中同样捕捉到了这种旋涡增长的现象。在叶片中部区域，流体从压力侧向吸力侧流动，在叶顶间隙产生分离泡并且和主流发生掺混；对于叶片后部区域，流体从压力侧向吸力侧流动的过程中，在叶顶间隙产生分离泡，在吸力侧出口出现泄漏涡。图 2.18 进一步说明分离泡主要由进入平顶叶顶间隙的径向流组成（浅灰色线），泄漏涡主要由间隙流（深灰色线）与分离后的流体混合而成。图 2.19 所示为典型的平顶叶顶气膜布置形式下的流动示意图。射流能够对叶顶间隙流动产生一定扰动，并且随着气膜孔位置排布的变化，其流动形式会有不同的变化，但是不会对整体的叶顶泄漏流动特性产生重大影响。同图 2.17 中叶片中弦区域的流动相比，射流的加入减弱了流体掺混。

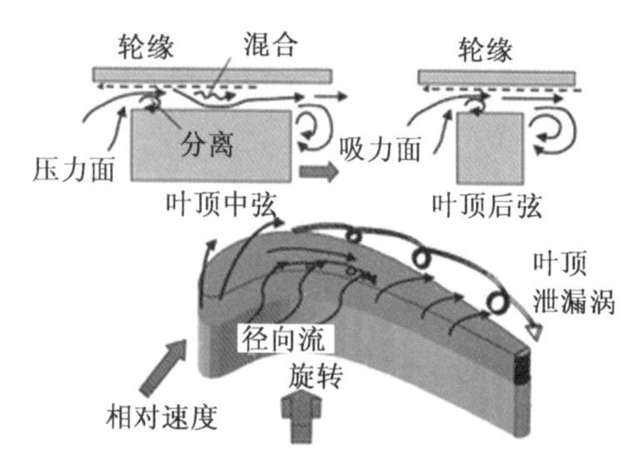

图 2.17　平顶叶顶间隙流动示意图
（资料来源：Bunker，2006）

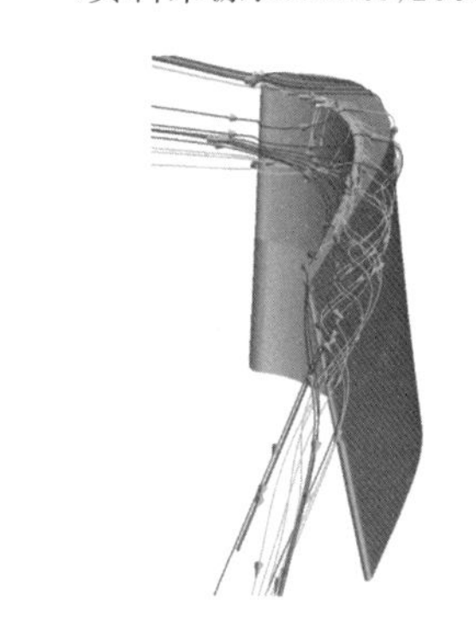

图 2.18　平顶叶顶流线
（资料来源：Ameri 和 Steinthorrson，1995）

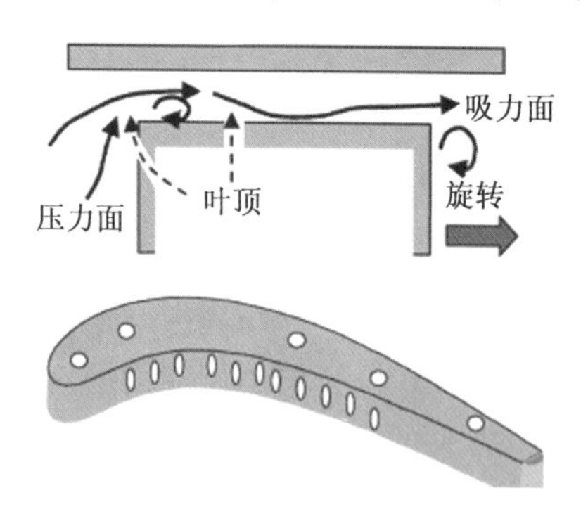

图 2.19　典型的平顶叶顶气膜布置形式下的流动示意图
（资料来源：Bunker，2006）

图 2.20(a) ～ (c) 为凹槽状叶顶间隙区域 3 个不同截面的流动示意图。如图 2.20(a)、(b) 所示，流体首先受到压力侧槽间隙的收缩作用，进而膨胀流入凹槽空腔并再附至空腔壁面，然后从吸力侧槽间隙流出空腔。在凹槽空腔内可以清楚地观察到两个不同的旋涡：一个旋涡在来流流经压力面侧槽内壁面时产生，该旋涡紧靠压力侧槽壁并从叶片尾缘附近的凹槽处流出；另外一个旋涡位于凹槽空腔内靠近叶片吸力侧槽内壁。然而，对于叶片尾缘截面来说（图 2.20(c)），间隙流体可能直接从压力侧流入，从吸力侧流出，此时流体的冲击再附作用很小或者消失。对于带冠叶顶来说，其流动示意图如图2.20(d)

所示。流体自压力侧流入顶部间隙，在密封齿处通道减小，间隙内流体的流动受到巨大阻力；流体流过密封齿之后沿着压力侧向吸力侧方向从吸力侧流出。同凹槽状叶顶不同，旋涡在带冠叶顶两侧均出现。

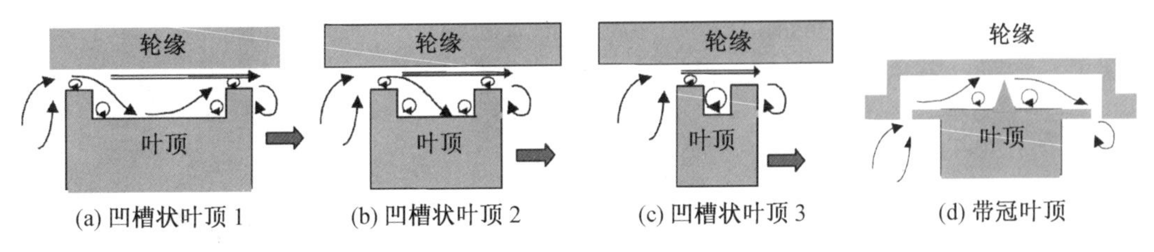

图 2.20　凹槽状叶顶及带冠叶顶流动示意图

（资料来源：Bunker，2006）

2.4.3　叶顶换热

对于叶顶换热，间隙尺寸、旋转效应、叶片形式和来流情况都对换热系数有很大影响。Rhee 等(2006) 通过实验方法研究了低速环形叶栅中叶片平顶叶顶局部换热特性，给出了静止情况下雷诺数为 1.5×10^5 时平顶叶片的局部斯坦顿数分布图，如图 2.21 所示。在平顶叶顶中，叶片压力侧边缘分离后的气流再附对叶顶的换热起主导作用。斯坦顿数在压力侧分离泡再附区域出现峰值，然后随着流动的发展呈单调下降。在上游区域，靠近吸力侧附近换热较低。该结论与 Bunker 等(2000) 所给出的“最佳位置”一致。

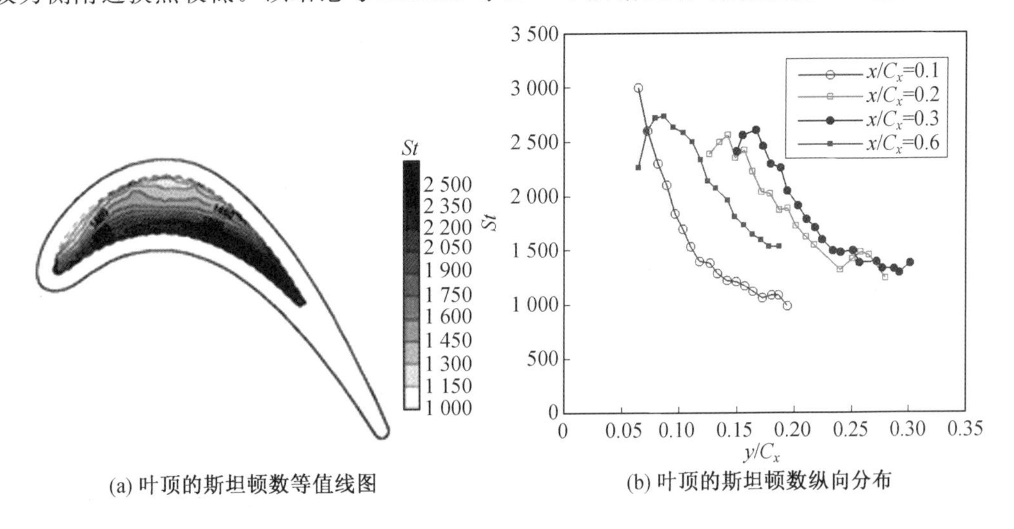

图 2.21　雷诺数为 1.5×10^5 时平顶叶片的局部斯坦顿数分布图

（资料来源：Rhee 等，2006）

通常情况下，涡轮叶片顶部沿弦向做成凹槽形状可以减少流动损失和换热(Kwak 等，2003；Azad 等，2002)。图 2.22 对比了凹槽状叶顶以及平顶叶顶的换热特性。可以看出，平顶叶顶的低传热区域在吸力侧前缘区域，而凹槽状叶顶的低换热区移向后缘腔室处，并且凹槽状叶顶的整体换热系数较低。对于凹槽状叶顶，空腔底部前缘中心区域的换热系数较高，中弦区域靠近压力侧以及尾缘区域的换热系数较低，Azad 等(2002) 在其相关的研究中同样发现该现象，即叶顶间隙对局部换热系数具有显著的影响：叶顶间隙越大，换热系数越高；叶顶间隙越小，换热系数越低(Kwak 等，2003；Azad 等，2000)。

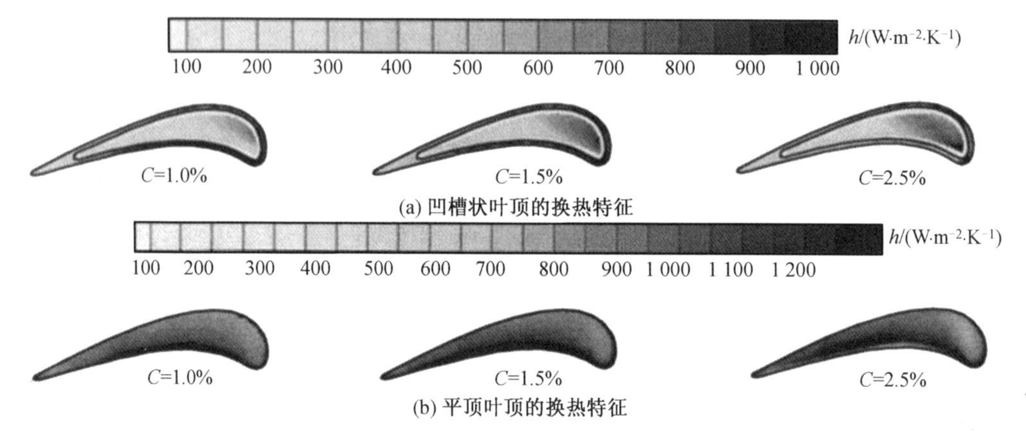

图 2.22　凹槽状叶顶以及平顶叶顶的换热特性
(资料来源：Kwak 等，2003)

叶顶气膜冷却旨在以尽可能少的冷气量达到减少叶顶表面换热的目的。根据布置形式以及冷气气动参数的变化，气膜孔流出的冷气可能会对叶顶间隙的泄漏流产生非常小的阻碍效应(Kwak 等，2002)。Cheng 等(2007) 对比了 6 种不同的气膜孔布置形式(图 2.23)，发现周向平均气膜冷却效率从前缘到中弦逐渐提高至最大值，然后从中弦到尾缘区域逐渐减小。与其他膜孔布置相比，标号为 F 的气膜孔布置对应的最大周向平均气膜冷却效率的轴向位置向前缘靠近(图 2.24)。叶顶表面的气膜冷却效率随吹风比的增大而增大，随着相对叶尖间隙的增大而减小。

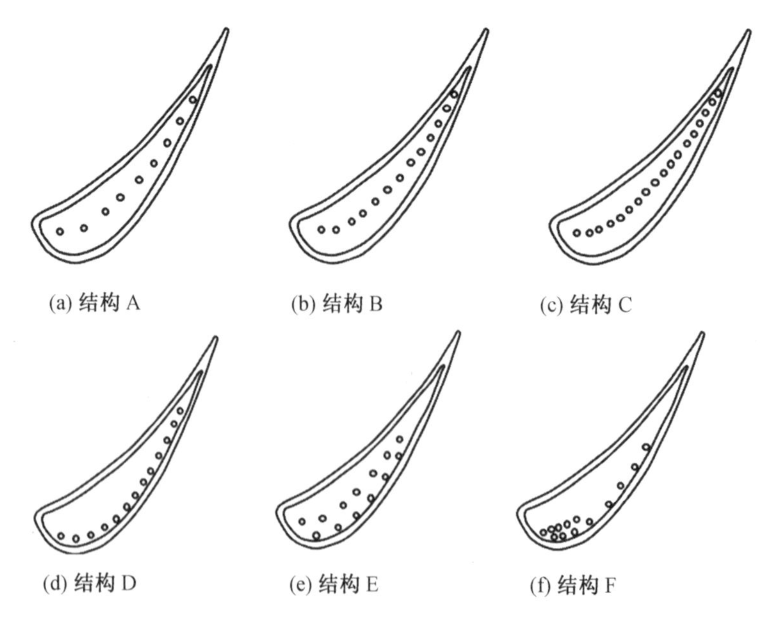

图 2.23　六种不同形式的气膜孔布置形式
(资料来源：Cheng 等，2007)

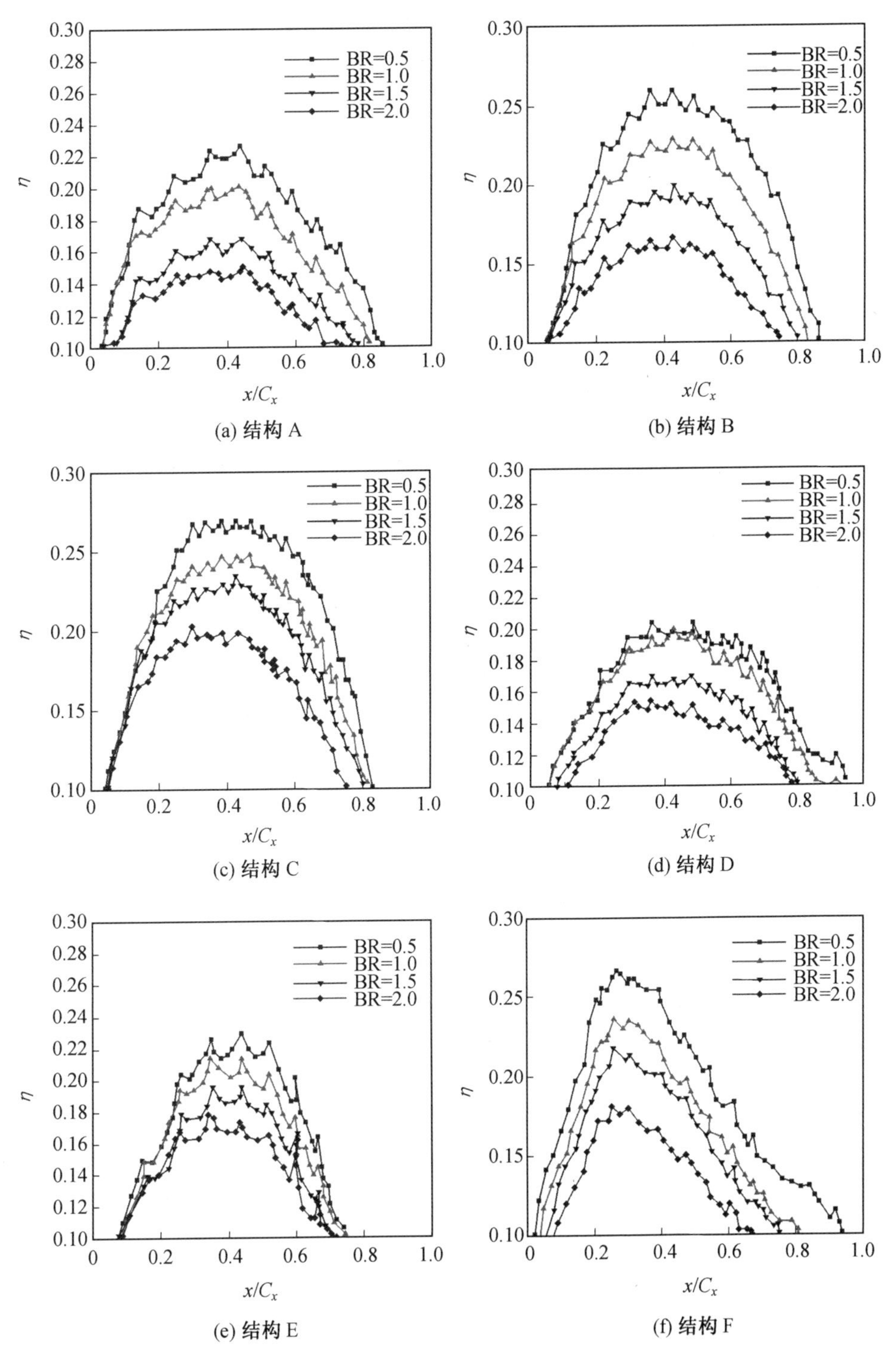

图 2.24　节距平均气膜冷却效率

（资料来源：Cheng 等，2007）

本章参考文献

[1] 陈忠良，郑群，姜斌，等. 高负荷氦气压气机矩形叶栅流动分离特性[J]. 哈尔滨工程大学学报，2015,36(3):343-347.

[2] 张华良,王松涛,王仲奇. 冲角对压气机叶栅内二次涡的影响[J]. 航空动力学报，2006(1):150-155.

[3] ABUAF N, BUNKER R S, LEE C P. Effects of surface roughness on heat transfer and aerodynamic performance of turbine airfoils[J]. Journal of Turbomachinery, 1998, 120(3): 522-529.

[4] AMES F E. The Influence of large-scale high-intensity turbulence on vane heat transfer[J]. Journal of Turbomachinery,1997,119(1):23-30.

[5] AMES F E,WANG C,BARBOT P A. Measurement and prediction of the influence of catalytic and dry low nox combustor turbulence on vane surface heat transfer[J]. Journal of Turbomachinery,2003,125(2):221-231.

[6] AZAD G S,HAN J C,BOYLE R J. Heat transfer and flow on the squealer tip of a gas turbine blade[J]. Journal of Turbomachinery,2000,122(4): 725-732.

[7] AZAD G S,HAN J C,BUNKER R S,et al. Effect of squealer geometry arrangement on a gas turbine blade tip heat transfer[J]. Journal of Heat Transfer,2002,124(3): 452-459.

[8] BINDON J P. The measurement and formation of tip clearance loss[J]. Journal of Turbomachinery,1989,111(3): 257-263.

[9] BLAIR M F. An experimental study heat transfer in a large-scale turbine rotor passage[J]. Journal of Turbomachinery,1994,116(1): 1-13.

[10] BOGARD D G,SCHMIDT D L,TABBITA M. Characterization and laboratory simulation of turbine airfoil surface roughness and associated heat transfer[J]. Journal of Turbomachinery,1998,120(2): 337-342.

[11] BOYLE R J, RUSSELL L M. Experimental determination of stator endwall heat transfer[J]. Journal of Turbomachinery, 1989, 112(3): 547-558.

[12] BOYLE R J,SPUCKLER C M,LUCCI B L,et al. Infrared low-temperature turbine vane rough surface heat transfer measurements[J]. Journal of Turbomachinery,2001,123(1): 168-177.

[13] BUNKER R S. Axial turbine blade tip: function, design, and durability[J]. Journal of Propulsion and Power, 2006, 22(2): 271-285.

[14] BUNKER R S, BAILEY J C, AMERI A A. Heat transfer and flow on the first stage blade tip of a power generation gas turbine—part 1: experimental results[J]. ASME Journal of Turbomachinery, 2000, 122: 263-271.

[15] 成锋娜,常海萍,张镜洋,等. 气膜孔位置对突肩叶尖气膜冷却效率的影响[J]. 航空

动力学报,2017,32(8):1844-1852.

[16] CHOI J, TENG S, HAN J C, et al. Effect of free-stream turbulence on turbine blade heat transfer and pressure coefficients in low reynolds number flows[J]. International Journal of Heat and Mass Transfer,2004,47(14): 3441-3452.

[17] COLBAN W, THOLE K. Influence of hole shape on the performance of a turbine vane endwall film-cooling scheme[J]. International Journal of Heat and Fluid Flow,2006,28(3): 341-356.

[18] DALILI N, EDRISY A, CARRIVEAU R. A review of surface engineering issues critical to wind turbine performance[J]. Renewable and Sustainable Energy Reviews,2007,13(2): 428-438.

[19] DEICH M E , GUBALEV A B , FILIPPOV G A. A new method of profiling the guide vane cascades of turbine stages with small diameter-span ratio[J]. Teploenergetika, 1962, 8(8):42-46.

[20] FORSTER V T. Performance loss of modern steam-turbine plant due to surface roughness[J]. Proceedings of the Institution of Mechanical Engineers, 1966, 181(1): 391-422.

[21] FRIEDRICHS S. Endwall film-cooling in axial flow turbines[D]. Cambridge: University of Cambridge, 1997.

[22] GARG V K, GAUGLER R E. Leading edge film-cooling effects on turbine blade heat transfer[J]. Numerical Heat Transfer, Part A: Applications,1996,30(2): 165-187.

[23] 高增珣,高学林,袁新.透平叶栅非轴对称端壁的气动最优化设计[J].工程热物理学报,2007, 28(4):589-591.

[24] GAUGLER R E, RUSSELL L M. Flow visualization study of the horseshoe vortex in a turbine stator cascade[J]. NASA STI/Report Technical Report N, 1982,82:30498.

[25] GERMAIN T, NAGEL M, RAAB I, et al. Improving efficiency of a high work turbine using nonaxisymmetric endwalls—part Ⅰ: endwall design and performance [J].Journal of Turbomachinery, 2010, 132(2): 021007.

[26] GOLDSTEIN R J, SPORES R A. Turbulent transport on the endwall in the region between adjacent turbine blades[J]. Journal of Heat Transfer, 1988, 110(4a):862-869.

[27] GOLDSTEIN R J, WANG H P, JABBARI M Y. The influence of secondary flows near the endwall and boundary layer disturbance on convective transport from a turbine blade[J]. Journal of Turbomachinery, 1995, 117(4):657-665.

[28] GRAZIANI R A, BLAIR M F, TAYLOR J R, et al. An experimental study of endwall and airfoil surface heat transfer in a large scale turbine blade cascade[J]. Journal of Engineering for Gas Turbines & Power, 1980, 102(2):602.

[29] KANG M B, KOHLI A, THOLE K A. Heat transfer and flowfield measurements in the leading edge region of a stator vane endwall[J]. Journal of Turbomachinery, 1998, 121(3): 558-568.

[30] KWAK J S, HAN J C. Heat transfer coefficients and film cooling effectiveness on the squealer tip of a gas turbine blade[J]. Journal of Turbomachinery,2003, 125(4): 648-657.

[31] KWAK J S, AHN J, HAN J C, et al. Heat transfer coefficients on the squealer tip and near-tip regions of a gas turbine blade with single or double squealer[J]. Journal of Turbomachinery, 2003, 125(4): 778-787.

[32] LAKEHAL D, THEODORIDIS G S, RODI W. Three-dimensional flow and heat transfer calculations of film cooling at the leading edge of a symmetrical turbine blade model[J]. International Journal of Heat & Fluid Flow, 2001, 22(2):113-122.

[33] LANGSTON L S. Crossflows in a turbine cascade passage[J]. Journal of Engineering for Gas Turbines & Power, 1980, 102(4): 866-874.

[34] LYNCH S P, SUNDARAM N, THOLE K A, et al. Heat transfer for a turbine blade with nonaxisymmetric endwall contouring[J]. Journal of Turbomachinery, 2011, 133(1):011019.

[35] MARCHAL P, SIEVERDING C H. Secondary flows within turbomachinery bladings[C]. AGARD Secondary Flows in Turbomachines 20 p(SEE N 78-11083 02-07), 1977.(地址不详)

[36] MOORE J,SMITH B L. Flow in a turbine cascade—part 2: measurement of flow trajectories by ethylene detection[J]. Journal of Engineering for Gas Turbines and Power,1984,106(2): 409-443.

[37] NASIR S, CARULLO J S, NG W F, et al. Effects of large scale high freestream turbulence and exit reynolds number on turbine vane heat transfer in a transonic cascade[J]. Journal of Turbomachinery,2009,131(2): 021021.

[38] NEALY D A,MIHELC M S,HYLTON L D,et al. Measurements of heat transfer distribution over the surfaces of highly loaded turbine nozzle guide vanes[J]. Journal of Engineering for Gas Turbines and Power,1984,106(1): 149-158.

[39] RHEE D H, CHO H H. Local heat/mass transfer characteristics on a rotating blade with flat tip in a low-speed annular cascade—part Ⅱ: tip and shroud[J]. Journal of Turbomachinery,2006,128(1): 110-119.

[40] SHARMA O P,BUTLER T L. Predictions of endwall losses and secondary flows in axial flow turbine cascades[J]. Journal of Turbomachinery,1987,109(2): 229-236.

[41] SONODA T. Experimental investigation on spatial development of streamwise

vortices in a turbine inlet guide vane cascade[J]. International Journal of Turbo and Jet Engines,1987,4(1-2): 85-96.

[42] TAKEISHI K, MATSUURA M,AOKI S, et al. An experimental study of heat transfer and film cooling on low aspect ratio turbine nozzles[J]. Journal of Turbomachinery,1990,112(3): 488-496.

[43] TAN C, YAMAMOTO A, CHEN H, et al. Flowfield and aerodynamic performance of a turbine stator cascade with bowed blades[J]. AIAA Journal, 2004, 42:2170-2171.

[44] TAN C, ZHANG H, CHEN H, et al. Blade bowing effect on aerodynamic performance of a highly loaded turbine cascade[J]. Journal of Propulsion and Power, 2010, 26(3):604-608.

[45] TURNER A B, TARADA F, BAYLEY F J. Effects of surface roughness on heat transfer to gas turbine blades[C]. In AGARD Heat Transfer and Cooling in Gas Turbines 10 p (SEE N86 — 29823 21 — 07), 1985.(地址不详)

[46] WANG H P, OLSON S J, GOLDSTEIN R J, et al. Flow visualization in a linear turbine cascade of high performance turbine blades[J]. Journal of Turbomachinery, 1997, 119(1):1-8.

[47] WANG Z, HAN W, XU W. Experimental studies on the mechanism and control of secondary flow losses in turbine cascades[J]. Journal of Thermal Science, 1992, 1(3):149-159.

[48] HAN W J,WANG Z Q, TAN C Q, et al. Effects of leaning and curving of blades with high turning angles on the aerodynamic characteristics of turbine rectangular cascades[J]. Journal of Turbomachinery, 1994, 116(3): 417-424.

[49] 王仲奇,韩万今,徐文远,等. 在低展弦比透平静叶栅中叶片的弯曲作用[J]. 工程热物理学报,1990(3):255-262.

[50] WINKLER S, HAASE K, BRUCKER J, et al. Turbine endwall contouring for the reduction of endwall heat transfer using the ice formation method along with computational fluid dynamics[C]. Düsseldorf:ASME Turbo Expo: Turbine Technical Conference & Exposition,2014.

第3章　涡轮叶片气膜冷却

3.1　概　　述

先进的发动机涡轮叶片常采用气膜冷却技术。所谓气膜冷却是指在叶片壁面上开有许多排小孔(气膜孔),冷却空气从空心叶片的小孔或缝隙顺着燃气流动的方向流出,在叶片表面形成一层薄膜,把叶片表面与燃气隔开,减少燃气对叶片表面的热交换,既对叶片起保护作用,同时又冷却叶片。

气膜冷却技术是解决现代高性能燃气轮机涡轮高温问题的重要方法之一。20世纪40年代,Weghardt(1946)首次将二维槽缝引入机翼防护中,气膜冷却逐渐受到研究者的关注。随着航空燃机的发展,气膜冷却技术首先被应用于燃烧室中,进而被应用于涡轮叶片前缘、叶身、尾缘、端壁等区域的冷却中(图3.1)。气膜冷却流动以及换热机理的研究对于高效冷却结构设计有着重要的参考价值。自20世纪90年代起,其流动及换热特性吸引了大量学者的注意。

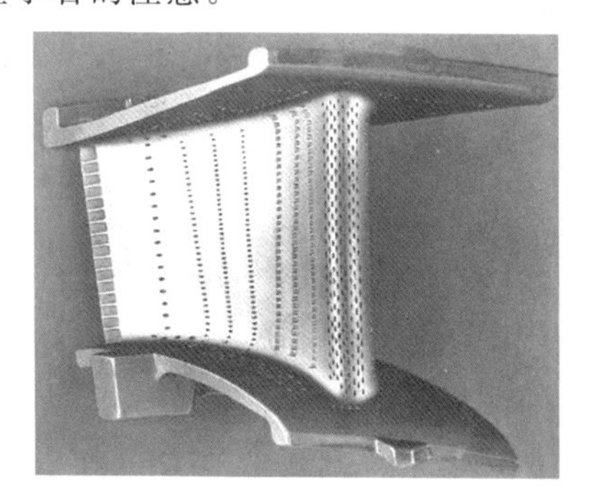

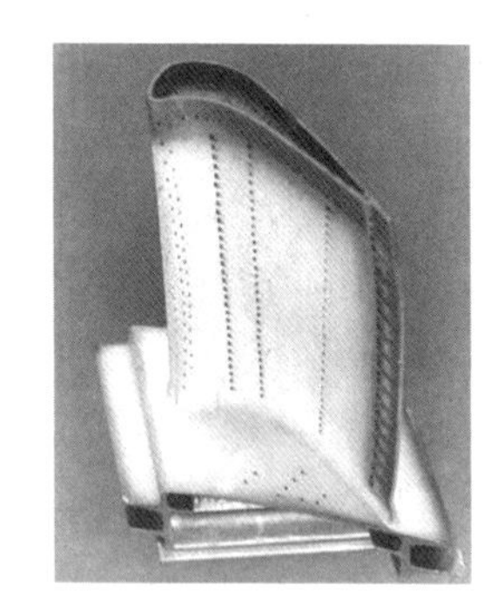

图3.1　先进涡轮叶片的形式

(资料来源:Dennis,2006)

其工作原理为:低温冷气通过一个或多个气膜孔,并且沿一定角度从叶片表面射入高温主流中,通过主流的裹挟以及与叶片表面之间的摩擦作用,在叶片表面贴附形成一层气膜,一方面带走叶片表面热量,另一方面能够隔绝高温燃气,从而起到冷却叶片表面的作用(Goldstein,1971)。其二维结构示意图如图3.2所示。

气膜冷却效率(Film Cooling Effectiveness)是评价气膜冷却性能的主要指标,定义为

$$\eta=\frac{T_{\mathrm{m}}-T_{\mathrm{f}}}{T_{\mathrm{m}}-T_{\mathrm{c}}} \tag{3.1}$$

式中　T_{m}——主流温度;

T_{c}——冷却射流温度;

T_{f}——壁面当地温度。

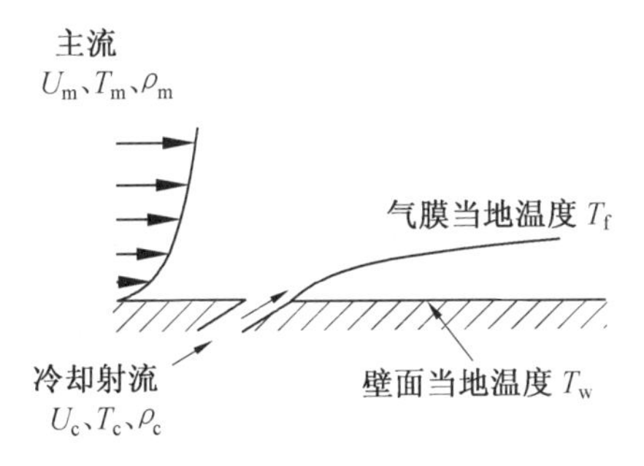

图 3.2　气膜冷却技术流动参数以及二维结构示意图

（资料来源：Han 和 Ekkad，2001）

在实验和数值计算中，主流区域的气膜温度 T_f 难以与主流精确区分和测量，因而采用壁面温度 T_w 代替主流区域的冷气温度 T_f。考虑到固体传热，壁面的实际温度 T_w 将受到壁面材料的热传导率和叶片厚度等因素的影响。目前的气膜冷却研究中通常使用绝热壁面温度 T_{aw}。因此通常采用绝热气膜冷却效率 η_{aw} 作为衡量气膜冷却性能的指标，其定义为

$$\eta_{aw}=\frac{T_m-T_{aw}}{T_m-T_c} \tag{3.2}$$

影响气膜冷却效率的参数：① 流动参数，包括主流及冷气的出流速度、温度、密度、湍流强度及主流马赫数等；② 气膜孔几何参数（孔型、孔排布方式等），包括膜孔直径 D、射流角 α、复合角 β、展向间距 H、流向间距 S、气膜孔的长径比 L/D 等。

式(3.3) ~ (3.6) 为常见的主流、冷气无量纲流动参数。

吹风比 BR 定义为

$$\mathrm{BR}=\frac{\rho_c U_c}{\rho_m U_m} \tag{3.3}$$

式中　ρ_c、ρ_m——冷气和主流密度。

动量比 I 定义为

$$I=\frac{\rho_c U_c^2}{\rho_m U_m^2} \tag{3.4}$$

动能比 K 定义为

$$K=\frac{\rho_c U_c^3}{\rho_m U_m^3} \tag{3.5}$$

密度比 DR 定义为

$$\mathrm{DR}=\frac{\rho_c}{\rho_m} \tag{3.6}$$

3.2　气膜冷却孔型的发展

气膜冷却孔型经历了圆形孔至成型孔（非圆形孔）的发展历程。孔型变化能够改变冷气出流的涡系结构，通过控制孔型来获得有利的涡系结构，进而提高气膜冷却效果。根据这一原理，各国研究人员不断提出并研究各种新型孔型。气膜冷却孔型的发展历史如图3.3 所示。

关于圆形气膜孔流动及换热机理的研究最多，且得到了大量可靠的研究成果(Leylek和Zerkle,1994;Wilfert和Fottner,1996;Fric和Roshko,1994;Sinha等,1991;Goldstein等,1999;Baldauf等,2001)。Leylek和Zerkle(1994)通过实验以及数值方法，详细论述了气膜外部流场特征：冷气经过圆形气膜孔进入主流之后，形成反向旋转涡对，称为肾形涡对(图3.4)。并且通过对比吹风比为0.5和2.0的情况，发现在高吹风比的条件下，肾形涡被抬离壁面，气膜覆盖效果降低，气膜冷却效率降低。针对肾形涡对以及吹风比对冷却效率的影响，Wilfert和Fottner(1996)在实验中也得出同样的结论。

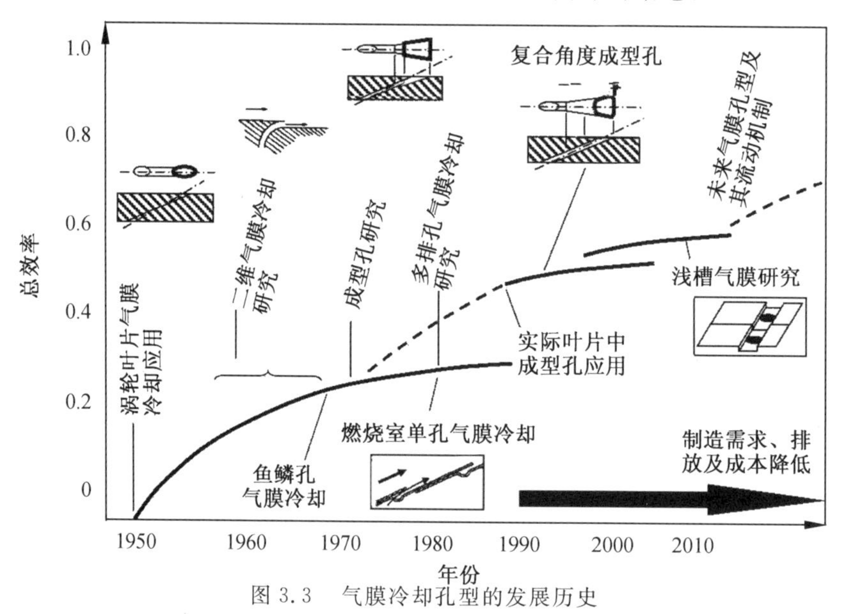

图3.3 气膜冷却孔型的发展历史

(资料来源：Bunker,2009)

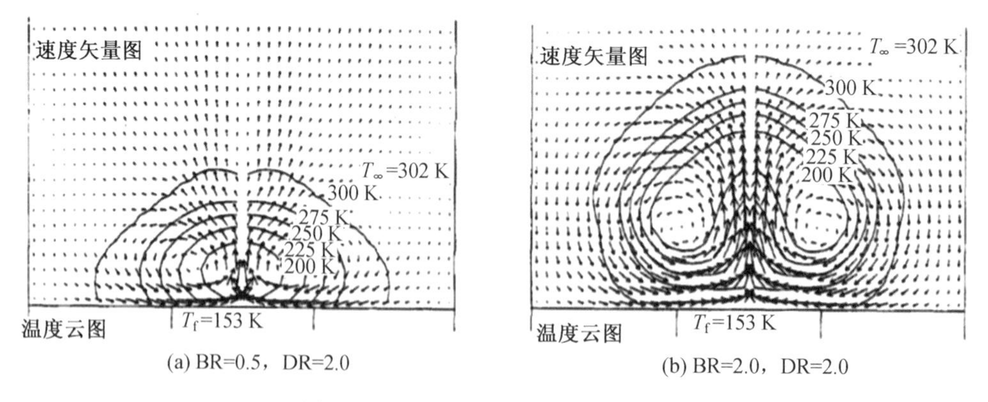

图3.4 气膜出流下游的肾形涡对

(资料来源：Leylek和Zerkle,1994)

高吹风比时肾形涡对抬升现象在 Fric 和 Roshiko(1994) 给出的肾形涡对的三维示意图(图 3.5) 中也再次被观察到。关于单排圆形气膜孔形式，大量研究表明(Fric 和 Roshiko，1994；Sinha 等，1991；Goldstein 等，1999；Baldauf 等，2001)：BR＜0.5 时，气膜冷却效率与吹风比呈正相关；当 BR＝0.5 时，达到最大；当 BR＞0.5 时，气膜冷却效率与吹风比呈负相关。这主要可以归因于：吹风比大于 0.5 时，较高动量的冷气出流能够穿透边界层进入主流，从而降低壁面气膜覆盖，因此气膜冷却效率随着吹风比的增大而逐渐下降。

由于圆形孔并不足以满足燃机高温部件的冷却需求，在圆形孔的基础上，成型孔被提出。Bunker(2005) 将成型孔归纳为扇形后倾成型孔、扇形孔、后倾孔和锥形孔 4 类，同一类型的成型孔具有同类型的几何控制参数，如图 3.6 所示。

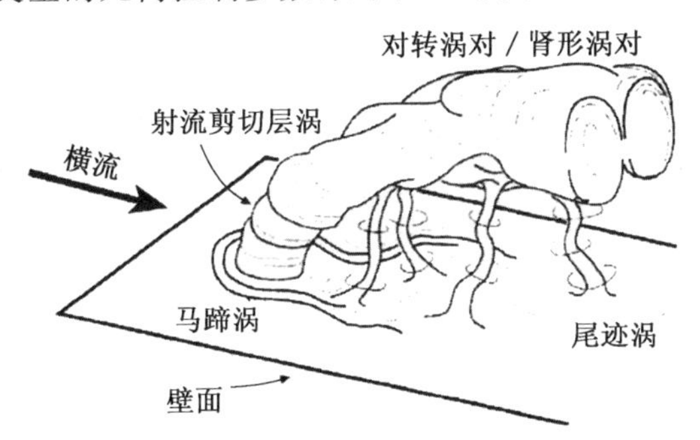

图 3.5　气膜出流下游的肾形涡对三维示意图
(资料来源：Fric 和 Roshiko，1994)

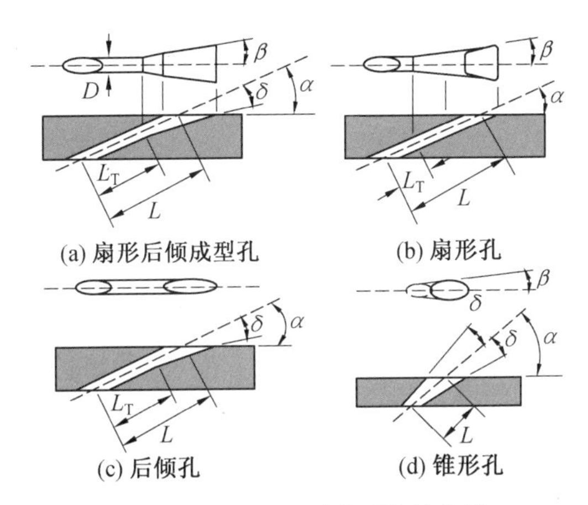

图 3.6　Bunker 对成型孔的分类
(资料来源：Bunker，2005)

基于圆柱孔的设计，Goldstein 等(1974) 最早提出了一种具有 10° 侧向扩张角的扇形孔，并且对比了吹风比为 0.5～2.0 时圆形孔和该 10° 侧向扩张角的扇形孔的气膜冷却效率。结果发现，在吹风比一定的情况下，扇形孔的气膜冷却效率均高于圆形孔。并且不同于圆形孔在吹风比为 0.5 时达到最大值然后降低的特性，扇形孔气膜冷却效率随着吹风比的增大而增大到一定程度后保持基本不变。针对扇形孔气膜冷却特性，作者提出两种可能原因：① 扩张的扇形出口减小了冷气出流动量，从而导致气膜孔出口射流进入主流的穿透力减小;② 扩张的扇形出口近似产生了二维槽缝射流的康达效应(Coanda Effect),使得低温气流向壁面贴近,提高了气膜覆盖性。

Saumweber和Schulz(2012)针对圆形孔及扇形孔气膜冷却的研究发现,冷气出流进入扇形孔圆柱端时,冷气在入口处发生分离,即射流效应(Jetting Effect);在扇形段时,在逆压梯度作用下冷气发生流动分离(图3.7)。圆形气膜孔与扇形气膜孔气膜冷却效率分布对比如图3.8所示。在射流效应及扇形部分的流动分离作用下,冷气从扇形孔喷射出后,冷却效率具有不同于圆形孔的典型双峰状分布特性,并且扩大了冷气的展向覆盖区域,进一步提高了气膜的冷却效率。

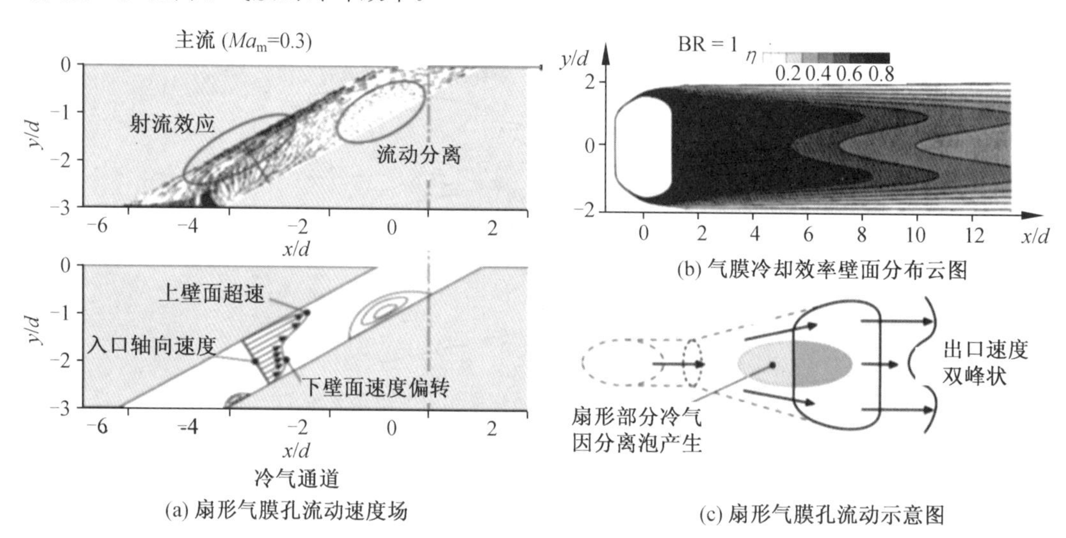

图3.7 扇形气膜孔内流动速度场

(资料来源:Saumweber和Schulz,2012)

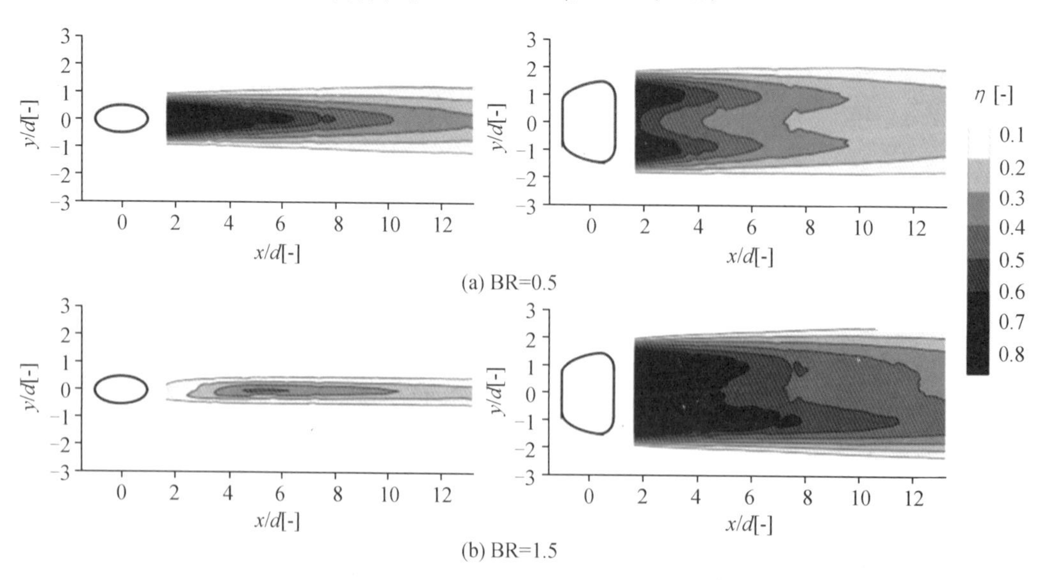

图3.8 圆形气膜孔与扇形气膜孔气膜冷却效率分布对比

(资料来源:Saumweber和Schulz,2012)

Thole 等(1998) 对 3 种不同形状的气膜孔进行了流场测量。实验中所采用的 3 种气膜孔分别为圆形孔、扇形孔和前倾扇形孔。测量结果表明：与圆形孔相比，扇形孔减小了冷却气体对主流的穿透作用，使得强剪切作用区域缩小。Gritsch 等(2005) 通过实验方法研究了变几何参数(气膜孔进出口的面积比、气膜孔的扩张比、节圆直径比、孔径长度及孔的复合角) 的后倾扇形气膜孔冷却特性。研究发现，在研究参数范围内，孔径长度比对冷却效率的影响较小，孔间距对冷却气膜在展向的分布影响较大，如图 3.9 所示。孔的扩张比和进出口面积比对冷却效率的影响基本可以忽略不计。

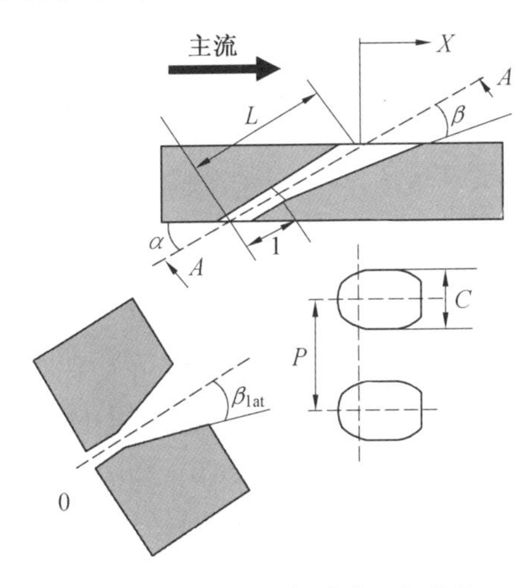

图 3.9　后倾扇形气膜孔几何结构

(资料来源：Gritsch 等，2005)

Kusterer 等提出了由一对上下游布置的具有相反复合角的圆形气膜冷却孔组成的双射流气膜冷却孔(图 3.10)，并且研究了吹风比以及组成该结构的两个圆形气膜孔排布方式对流动气膜冷却特性的影响。其主要研究结果可分为三点：

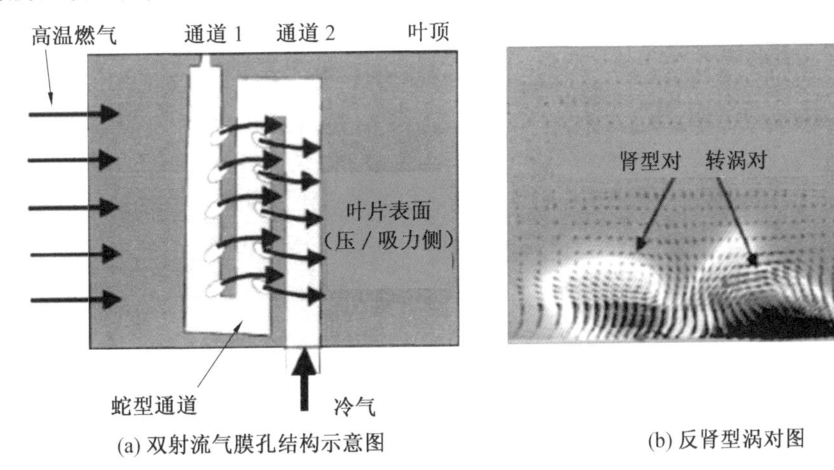

图 3.10　双射流气膜冷却孔

(资料来源：Kusterer 等，2007)

(1) 由于结构特性,双射流气膜孔出流形成与传统肾型涡对旋转方向相反的反肾型涡对,使冷却气体更好地附着在被冷却表面上。

(2) 当吹风比在 1.5 ～ 2 之间时,该气膜孔冷却效果较好;当吹风比大于 2 时,气膜覆盖区域受限。

(3) 在低吹风比条件下,两孔的展向距离适当增大可以形成更加合理的反肾型涡对;在高吹风比条件下,反肾形涡对的两个分支随着两孔的展向距离增大,彼此分离,随着吹风比的增大,气膜冷却效率下降。

对于气膜孔出口位置,学者们尝试在该位置增加简单结构以达到增强气膜冷却效率的目的。Bunker(2002) 对圆形气膜孔排出口处开横向槽的气膜孔特性进行了实验研究。其来流参数:密度比为 1.8,主流的自由流瑞流度为 4.5%;气膜孔几何参数:孔的长径比为 5.7,无量纲参数(与气膜孔直径相比) 孔间距为 3.75,槽深分别为 0.43、3,槽宽分别为 1.13、1.5,吹风比为 0.75 ～ 4.0。研究发现,在横向槽的阻塞作用下,吹风比对带槽的气膜冷却效率影响不大,在高吹风比下没有明显的吹离现象。当槽宽为 1、槽深为 0.43 时,在当前参数范围内,带槽结构的气膜冷却效率最高。Lu 等(2009) 通过实验和数值方法对比了有槽及无槽气膜冷却效率,并且研究了槽的几何尺寸对气膜特性的影响。研究表明:与无槽结构相比,有槽结构能够降低射流动量,进而增强气膜在表面上的覆盖性,提高整体冷却效率。于锦禄等(2010) 及李佳等(2010) 研究了槽型出口的气膜冷却结构几何参数对其气膜冷却效率的影响。Ekkad 等(2000) 通过在圆形气膜孔出口添加不同的突片结构的方式提高气膜冷却效率。研究发现,突片可以有效地抑制肾形涡对的强度,减小冷气对主流的穿透作用,从而更好地贴附壁面,提高气膜覆盖性。通过对比不同的突片结构发现,当突片位于气膜孔的上游边缘时,气膜冷却效率较高。

3.3 涡轮叶片前缘气膜冷却

前缘位置由于主流流动滞止,叶片表面热负荷较高。另外,受主流滞止、强压力梯度、叶片前缘曲率以及气膜孔排之间的相互作用等诸多因素的影响,前缘区域的流动极为复杂。许多科研工作者对叶片前缘区域气膜冷却的特性进行研究,结果表明:叶片前缘区域附近因为影响因素众多,导致流场不确定性高。因此,实际的叶片前缘区域的几何特征、气膜冷却孔的结构及流动条件对准确地预测气膜冷却特性极其重要。前缘冷却结构通常在前缘周围布置多排气膜孔(图 3.11),另外,由于前缘曲率较大,较小的射流角气膜孔难以加工,前缘气膜孔常采用径向对齐的方式,即垂直于主流方向,其相对于壁面入射角一般在 20° ～ 50° 范围内。

Ekkad 等(1998) 利用瞬态液晶技术测量了不同冷气工质(空气、二氧化碳)、吹风比(0.4、0.8、1.2) 和来流湍流强度对圆柱形前缘单列气膜冷却结构换热的影响。如图 3.12 所示,气膜冷却效率在吹风比为 0.4 时较大,并且随着吹风比的增大,冷却效率逐渐减小。在二氧化碳作为工质、吹风比为 0.8 的条件下,其冷却效率最好。通过对比不同工质气膜冷却效果情况发现,密度比对气膜冷却效率分布影响甚微。对比图 3.13 可以发现,在小吹风比的条件下(BR＝0.4),来流湍流强度的增加能够极大地减小气膜冷却效率,而对于大吹风比条件，BR＝1.2，来流湍流强度对气膜冷却效率的影响较小。

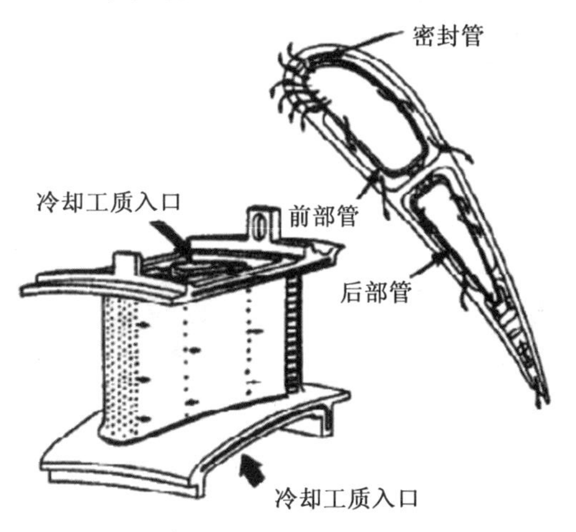

图 3.11　典型叶片气膜冷却结构

（资料来源：Dennis，2006）

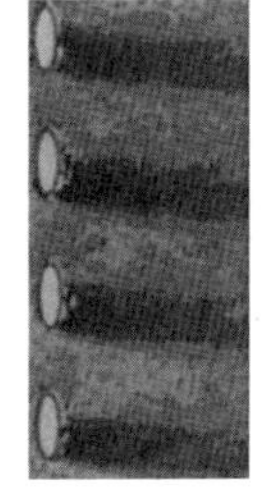
BR=0.4

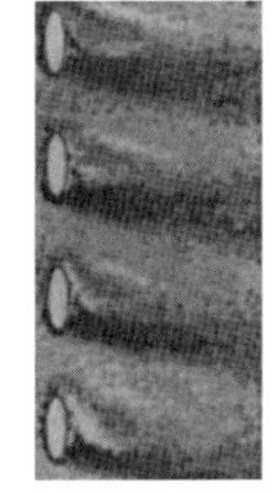
BR=0.8

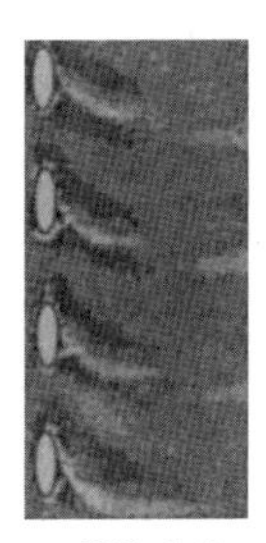
BR=1.2

(a) 空气，DR=1.0

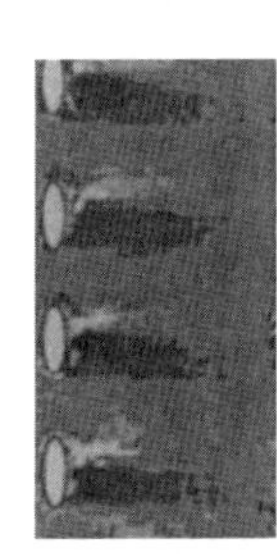
BR=0.4

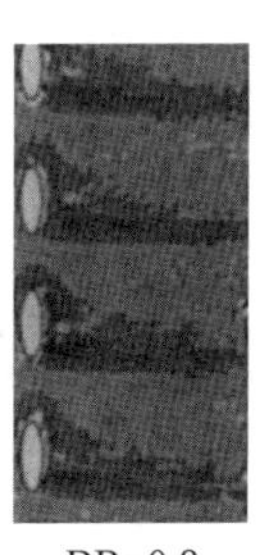
BR=0.8

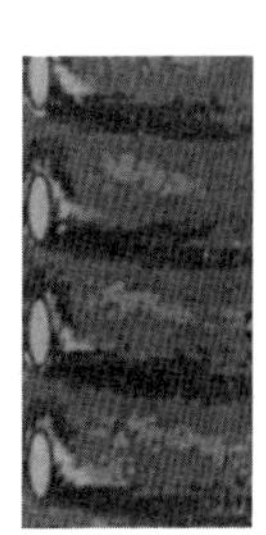
BR=1.2

(b) CO_2，DR=1.5

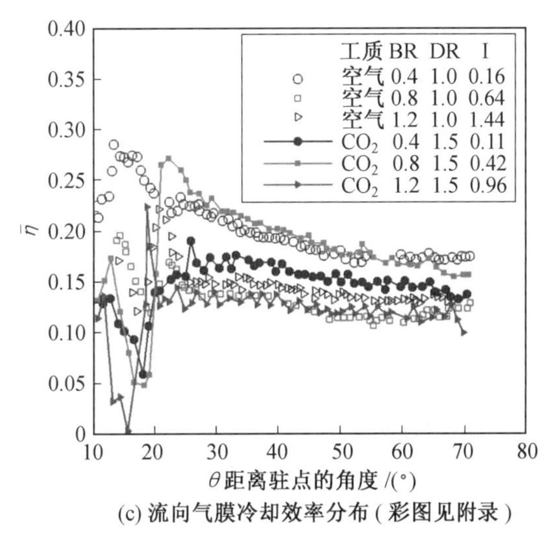

(c) 流向气膜冷却效率分布（彩图见附录）

图 3.12　不同参数对气膜冷却效率的影响

（资料来源：Ekkad 等，1998）

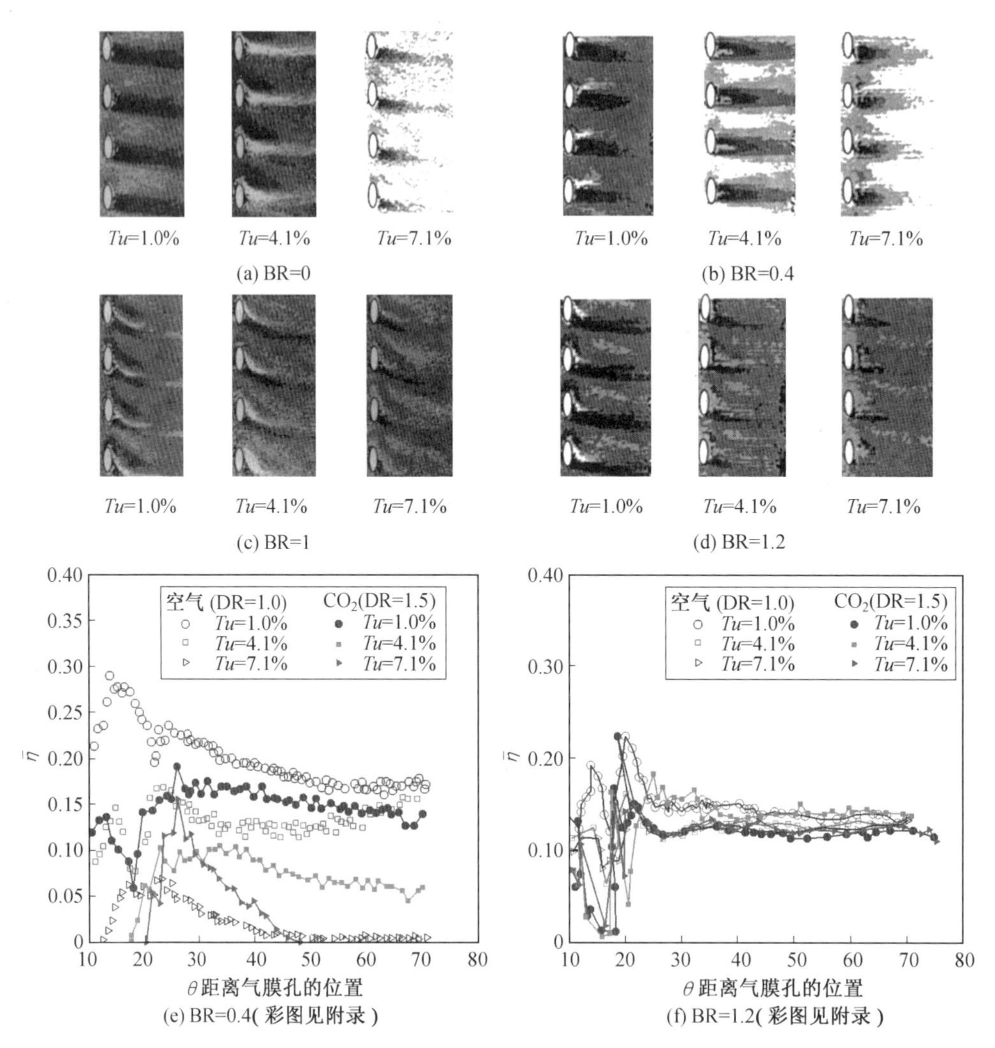

图 3.13　来流湍流强度对气膜冷却效率的影响

（资料来源：Ekkad 等，1998）

Rozati 和 Tafti(2008) 通过大涡模拟方法，分析气膜射流和主流相互作用的机理(图 3.14) 得出类似的结论：当吹风比较小时，气膜孔出流形成高能非对称的对转涡对以发夹涡的形式向下游输送；由于低温射流的横向速度与主流之间的相互作用，气膜孔迎风侧边缘形成涡流管，在主流作用下，涡流管向对转涡弯曲。当吹风比较大时，涡流管靠近气膜孔下游的主涡并且与之合并。针对气膜冷却特性，Rozati 和 Tafti(2008) 指出随着吹风比的增加，湍流剪切层越多，主流夹带越强，这种组合效应导致绝热效率较低。

对于前缘多列气膜孔的研究，很多研究(Mouzon 等，2005；Yuki 等，1998；Chernobrovkin 和 Lakshminarayana，1998；Cruse 等，1997；York 和 Leylek，2002) 就带有三列气膜孔的半圆柱形前缘气膜冷却特性做了很多工作。

Mouzon 等(2005) 通过实验方法研究了三列气膜孔前缘气膜冷却特性。其中一列气膜孔位于滞止线，另外两列气膜孔分别位于滞止线 25° 位置。如图 3.15 所示，气膜冷却效率随着吹风比的增加而增加，并且壁面换热系数有 10% ~ 35% 的增幅，另外，净热通量的降低反映了气膜的有效性，较高净热通量的降低可归因于较高的气膜冷却效率。

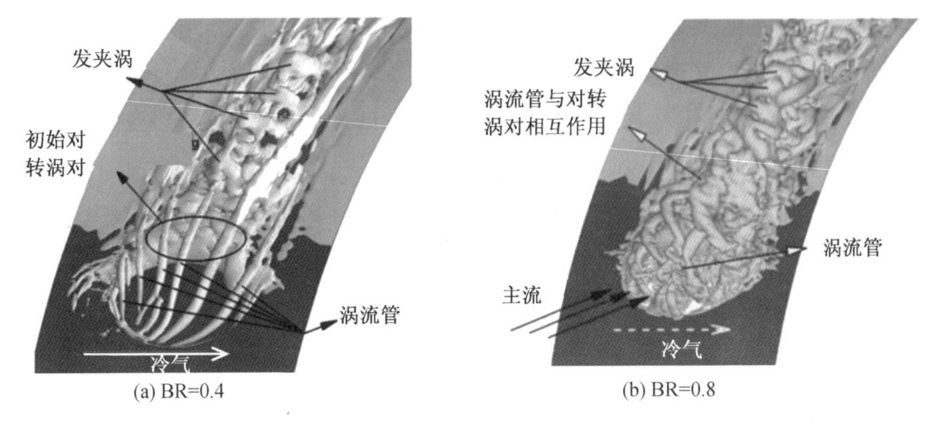

图 3.14　气膜射流和主流相互作用的机理

（资料来源：Rozati 和 Tafti，2008）

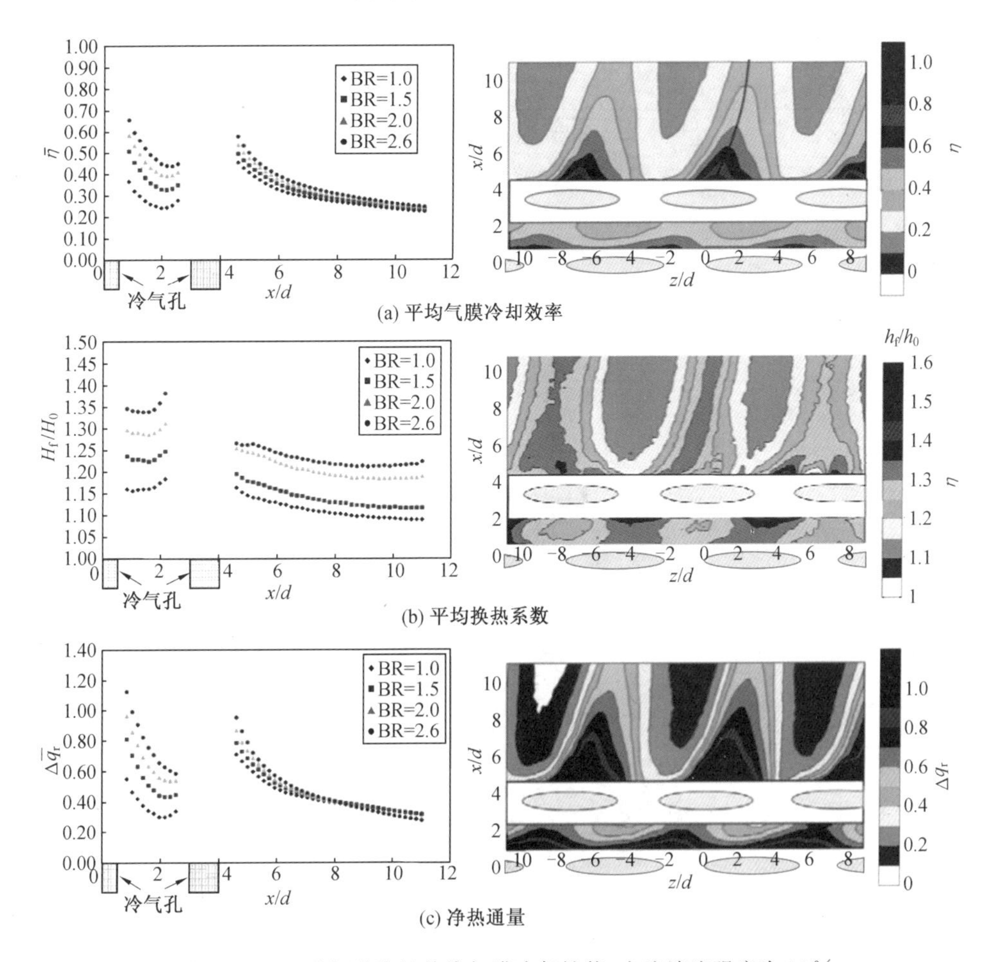

图 3.15　三列气膜孔的前缘气膜冷却性能，主流湍流强度为 10%

（资料来源：Mouzon 等，2005）

Chernobrovkin 和 Lakshminarayana(1998) 通过数值方法，以 Cruse 等(1997) 的实验为基础，研究了带有气膜冷却的半圆形叶片前缘附近的流动特性，并且分析了由主流和气膜射流相互作用下的旋涡的结构。York 和 Leylek(2002) 对椭圆形叶片前缘的三列形式气膜冷却模型进行了数值研究。其中中间的一列气膜孔位于前缘的滞止线上，其他两排气膜孔关于滞止线对称，且与中间气膜孔错列排布。如图 3.16 所示，平均气膜冷却效率随着吹风比的增加而增加。在中间列气膜射流与两侧气膜射流的相互作用下，传播至两侧射流量减小，使得中间气膜孔下游的冷却气膜覆盖不均匀。

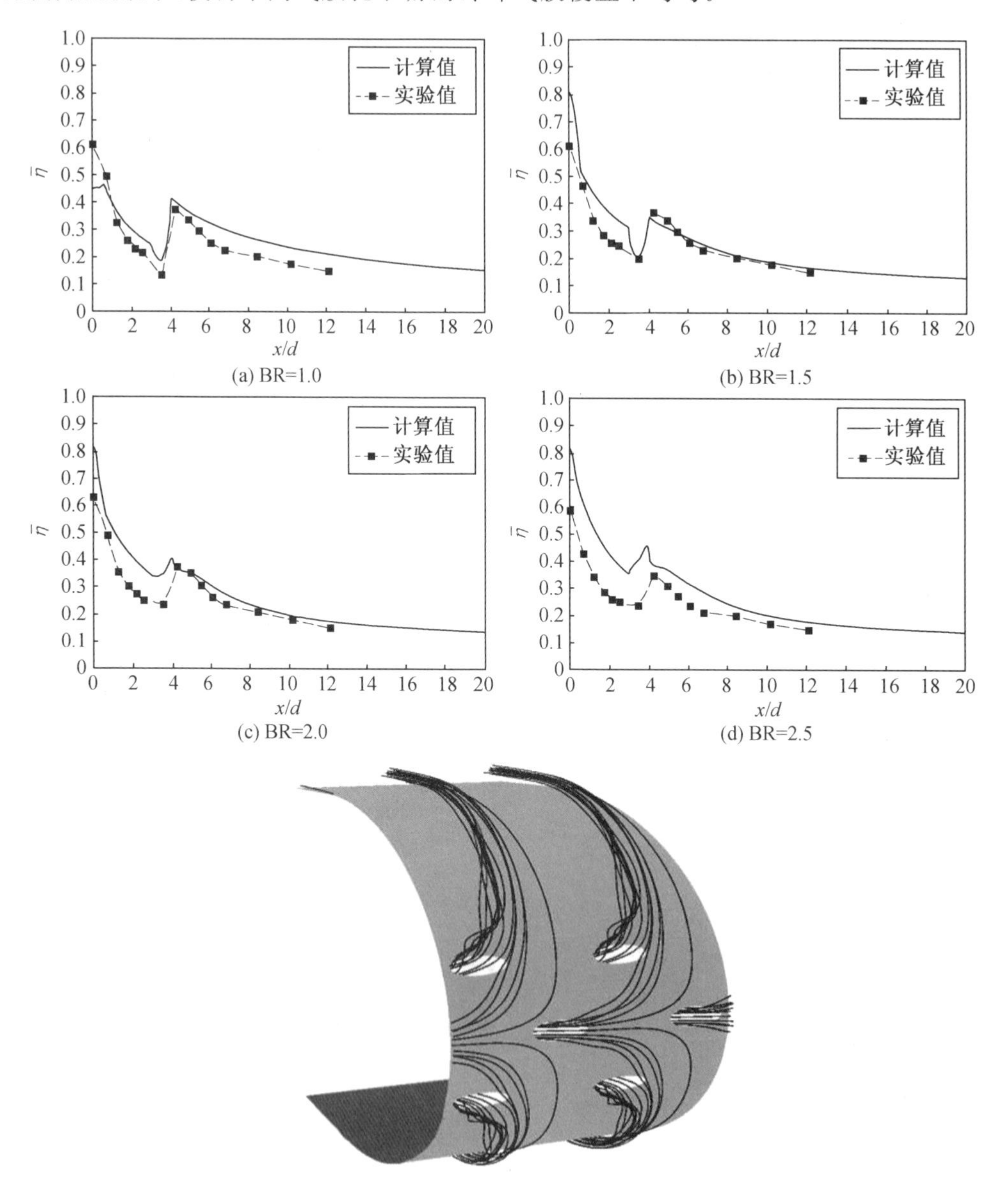

(a) BR=1.0

(b) BR=1.5

(c) BR=2.0

(d) BR=2.5

(e) 吹风比为 2.0 的冷气路径

图 3.16　不同吹风比对气膜平均冷却效率的影响以及吹风比为 2.0 的冷气路径

（资料来源：York 和 Leylek，2002）

3.4　涡轮叶片叶身气膜冷却

涡轮叶片从前缘至后缘，表面曲率经过由大到小的变化过程，曲率的存在使得叶片气膜冷却以及流动特性与平板气膜差别很大(Goldstein，1971；Nicolas 和 Le，1974；Mick 和 Mayle，1988)。

Mick 和 Mayle(1988) 利用实验方法研究了前缘形状(圆形、扁平)对多排气膜冷却效果的影响。结果表明，气膜冷却效果具有叠加效应，并且在展向方向上存在较大的变化。当吹风比保持不变时，在气膜孔的周围冷却效果降低，原因在于冷气离开壁面与主流发生了掺混，而在距离气膜孔的下游，由于冷气流再次附着于壁面，冷却的效率迅速增加。

受曲率的影响，涡轮叶片叶身部分尤其是叶片吸力面的冷气易出现脱壁现象。一般常用固定曲率的凹面和凸面来模拟曲率变化非常复杂的叶片外轮廓表面，许多学者采用此种简化模型进行研究(Folayan 和 Whitelaw，1976；Ko 等，1986；黄逸等，2012)。Folayan 和 Whitelaw(1976) 通过建立二维曲面模型发现，与平板相比，在低吹风比下，凸面时的气膜冷却效果较好，而凹面的气膜冷却效果较差。当中等吹风比，即 BR＝1.0 时，凸面的气膜冷却效果优于凹面及平板。当高吹风比，即 $M=2.0$ 时，凹面的冷却效果优于凸面和平板。Ko 等(1986) 的研究表明，凹面有助于法向气膜覆盖，而凸面在射流孔附近的气膜冷却效果较好。吹风比过大会对孔口区域的气膜冷却产生不利的影响，导致凹面孔间中心线附近低冷却效率区较凹面的该区域面积更大。同时，为达到更好的气膜冷却效率，相对于凸面来说，通常选取较宽凹面离散孔间距，较小的凹面吹风比。对于多排气膜孔，凸面的第一排吹风比要低于第二排吹风比，凹面的特性正好相反。吹风比设置过高，会引起较强的湍流和附加的二次流动，降低气膜冷却效果。压力分布的差异会导致冷却气膜的脱壁现象。因此，适当地增加吹风比会有助于改善凹面中心线展向气膜冷却效率。

黄逸等(2012) 通过对某一动叶叶形进行拟合，模化出4种不同曲率、吹风比情况下的平均模型(图 3.17)。结果发现，表面曲率对气膜性能的影响在叶片的不同区域不尽相同，其影响效果与吹风比的大小有关。叶片压力面采用高吹风比时(BR ＞ 1.5)，曲率作用是有利的，而吸力面采用低吹风比时(BR ＜ 1)，曲率作用是有利的。对应不同的叶片曲率，应在流动状态分析的基础上，选择合理的吹风比，实现最佳的冷却效果。曲面叶片上表面换热效果也受吹风比影响。

Pendersen 等(1977) 通过研究透平级内的气体流动，发现增加射流动量更容易对冷却气膜产生抬升效应。此外，平板模型中造成抬升的主要原因为法向射流的动量过大，密度比对于多孔喷射的气膜冷却效果作用明显。此外，凸面模型中气膜被抬升的原因为曲面弯曲使得射流脱离壁面，但是此现象在凹面和凸面模型中的表现完全不同。

Ito 等(1978) 以单列叶栅为研究对象，考察压力面和吸力面气膜的冷却特性。图3.18给出了密度比为 0.95 时，吸力面、压力面上气膜冷却效率随着吹风比变化分布图。在吸力面小吹风比的情况下，气膜射流被主流推向壁面，导致吸力面冷却效率得到提升；而吹风比较大时，射流在惯性效应的作用下脱离壁面，从而导致较小的冷却效率。压力面与吸力面的结论相反。

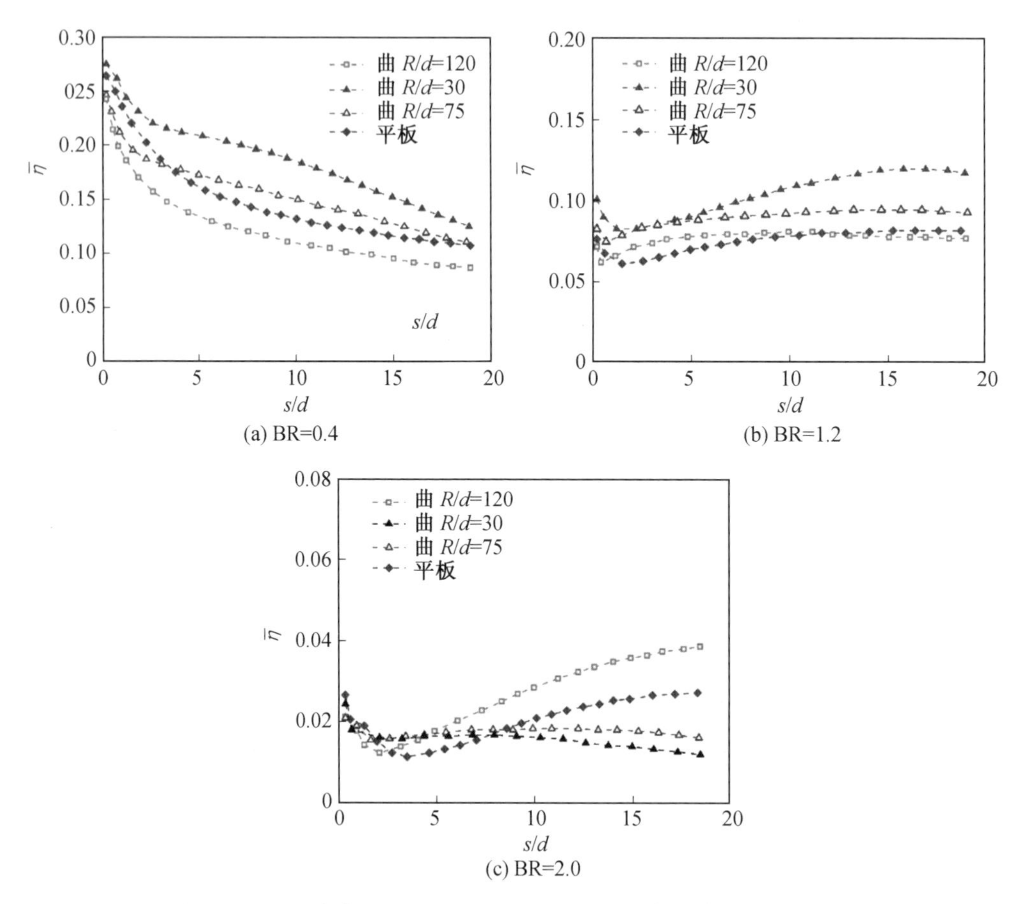

图 3.17　不同曲率、吹风比情况下的平均气膜冷却效率(彩图见附录)

(资料来源:黄逸等,2012)

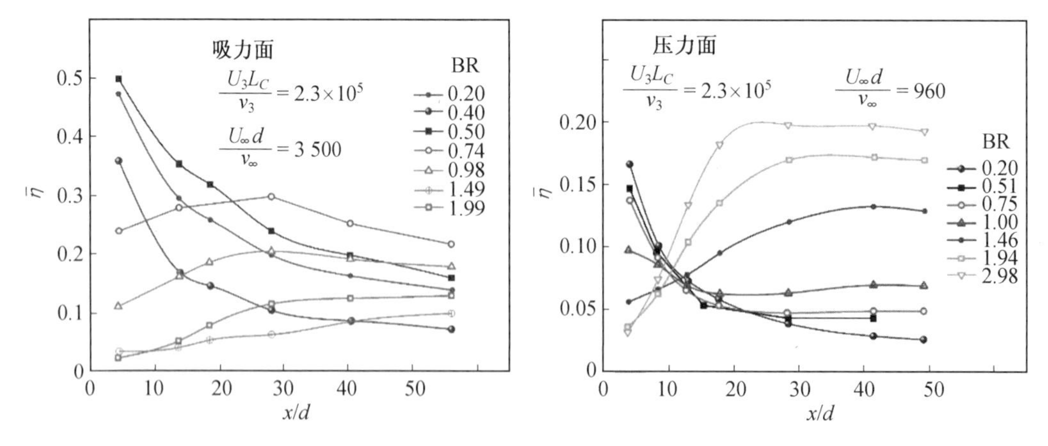

图 3.18　吸力面及压力面上气膜冷却效率分布(彩图见附录)

(资料来源:Ito 等,1978)

王克菲等(2017)通过实验方法对比了吸力面气膜位置、主流入口马赫数以及吹风比对气膜冷却特性的影响。结果表明,在大吹风比的条件下,当气膜孔位于大的叶片曲率位置时，气膜射流贴附性更好，冷却效率有较大提升(图 3.19)。

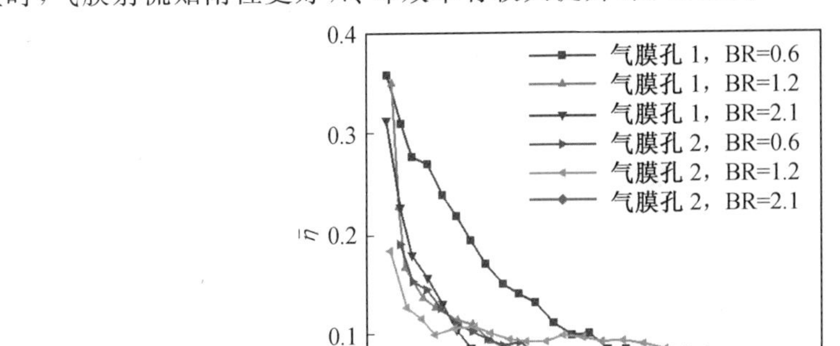

图 3.19　吹风比、气膜孔位置对冷却效率的影响(彩图见附录)

(资料来源：王克菲等，2017)

3.5　涡轮叶片尾缘气膜冷却

在实际涡轮叶片冷却结构中，尾缘劈缝为气膜冷却在尾缘的典型表现。作为叶片内冷通道最终出口之一，冷气经过尾缘劈缝流入主流，可实现冷却尾缘的目的。早期尾缘劈缝为全劈缝形式(或对开缝、对开式)。然而过厚的叶片尾缘不利于提高气动性能，为了减小叶片气动损失，尾缘设计中其厚度逐渐减小。因此，尾缘压力侧半劈缝(偏劈缝)冷却结构为现今常用的尾缘冷却形式。

Uzol 等(2001) 研究了尾缘劈缝长度、展向肋间隔、主流雷诺数及弦长方向肋的长度对尾缘气动参数的影响。研究发现，尾缘劈缝加入肋板，一方面能够提高尾缘结构稳定性，另一方面能够提高冷却通道压降。与短的劈缝长度相比，较长的劈缝长度会导致气动损失升高，因此较小的肋板间隔的气动性能更佳。在一定的冷却流量(吹风比)情况下，增加肋板并且选取合理的肋板布置形式有助于提高叶片尾缘气动及冷却效率。凌长明等(2004) 研究了缝高度、吹风比、雷诺数及半劈缝喷射角度等参数对气膜冷却效率的影响。研究表明，随着喷射角度的增加，气膜冷却效率呈先减小后增大的趋势。雷诺数和吹风比的增大会增强冷却效率。周超等(2006) 研究了涡轮叶片尾缘半劈缝结构中孔缝宽度、叶片尾缘的压力侧壁厚和倾斜角等对气膜冷却效率的影响。研究发现，叶片尾缘的压力侧窄的壁厚和缝宽会增强气膜冷却效率。

Uzol 和 Camci(2001) 通过 PIV 实验测量技术及数值模拟方法研究了雷诺数、射流率及尾缘长度对尾缘结构的气动损失的影响。研究表明，当射流率从 0 ～ 3% 增加时，主流的掺混作用导致尾缘区域的气动损失有所增加，然而当射流率达到 5% 之后，冷气射流具有足够的动能来覆盖尾缘区域，使得气动损失有所降低。图 3.20 所示为在 0 及 5% 射流率情况下 PIV 粒子测量图。

Murata 等(2012) 对比了吹风比为 0.5 ～ 2 时直肋(图 3.21(a))、锥形肋尾缘

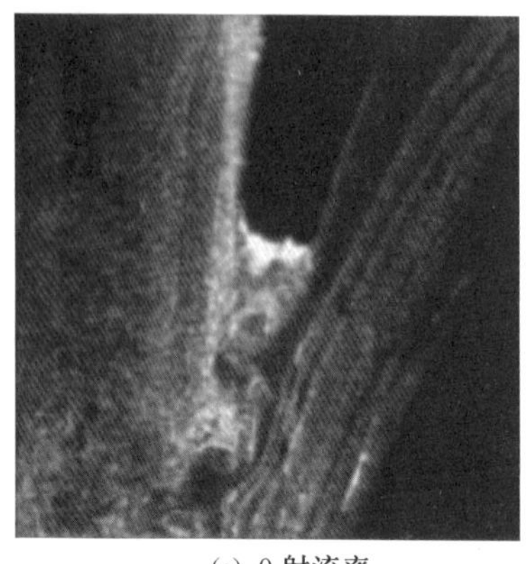

(a) 0 射流率

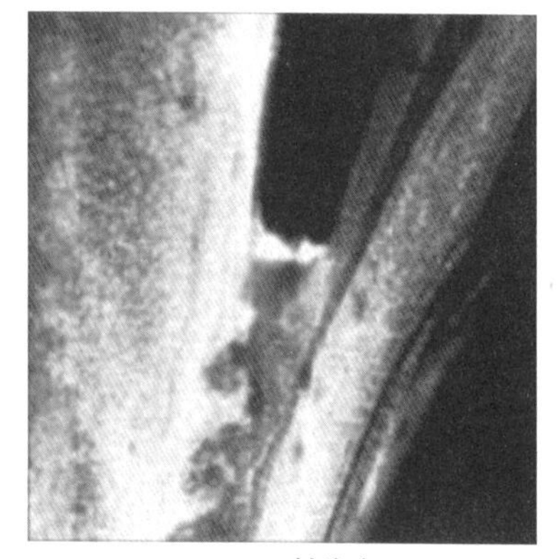

(b) 5% 射流率

图 3.20　PIV 粒子测量图

（资料来源：Uzol 和 Camci，2001）

（图 3.21(b)）劈缝结构的气膜冷却特性。研究发现，两种尾缘结构的展向平均冷却效率和换热系数沿流向的变化趋势相似。其换热系数沿流向呈现出先逐渐减小继而增大的变化趋势。与直肋尾缘相比，锥形肋尾缘的冷却效率较高。

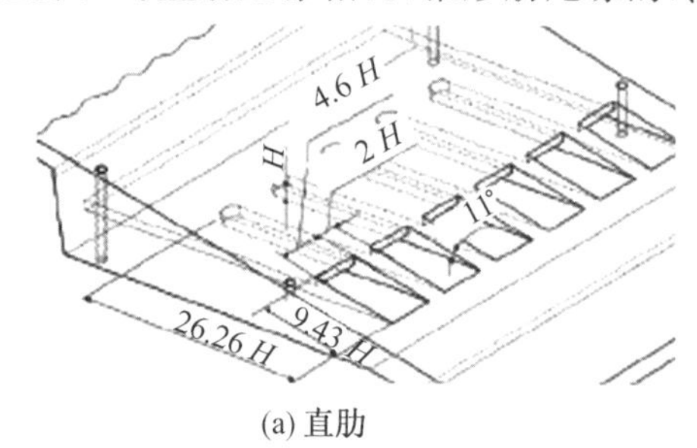

(a) 直肋

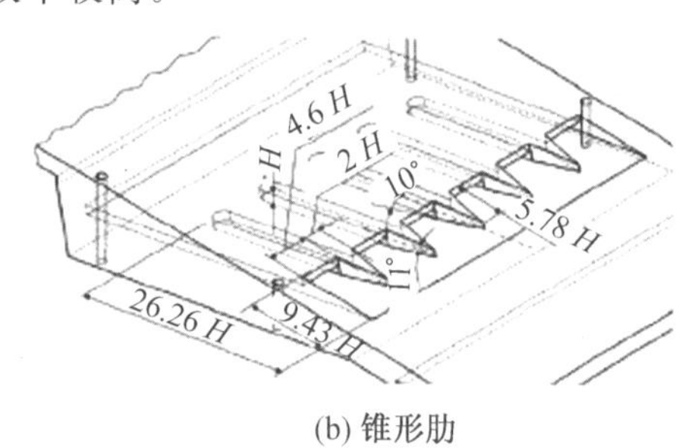

(b) 锥形肋

图 3.21　直肋和锥形肋

（资料来源：Murata 等，2012）

Benson 等(2013) 对比了不同形式的锥形肋尾缘结构的换热特性。如图 3.22 所示，结构 a 到结构 b 的出流掺混区域和冷气通道的表面形状和面积相同。结构 a 为基准结构，结构 b、c、d 为改进结构。从图 3.22(a) 可以看出，沿着肋板的上边缘形成的旋涡能够起到增强冷气与主流掺混的作用。为探究劈缝的唇口薄厚的影响，结构 b 在基准结构 a 的基础上将劈缝的唇口削薄，用于减小唇口区域的旋涡强度。另外，为了防止锥形板边缘附近的纵向涡系对扩张区域的影响，将结构 a 的上表面前部变直，即结构 c。结构 d 通过对劈缝出口上方两侧圆弧处理的方式减小了约 10% 的冷气出流面积，该方式可抑制肋板附近过剩的冷气。研究表明，肋板形状、劈缝出口和唇口的改变都会对尾缘表面的冷却效率产生较大的影响。结构 c 和结构 d 对冷气出流表面的展向平均气膜冷却效率都有不同程度的提升。就整体而言，在出流的前半部分，相比于其他结构，结构 b 的出流表面以及肋板表面的展向平均冷却效率较高。然而，在掺混区后部，结构 c 的展向平均冷却效率显著高于结构 a、b、d。

为了增加尾缘强度及换热，尾缘劈缝出口前一般会布置多排扰流柱，Ling 等(2013)

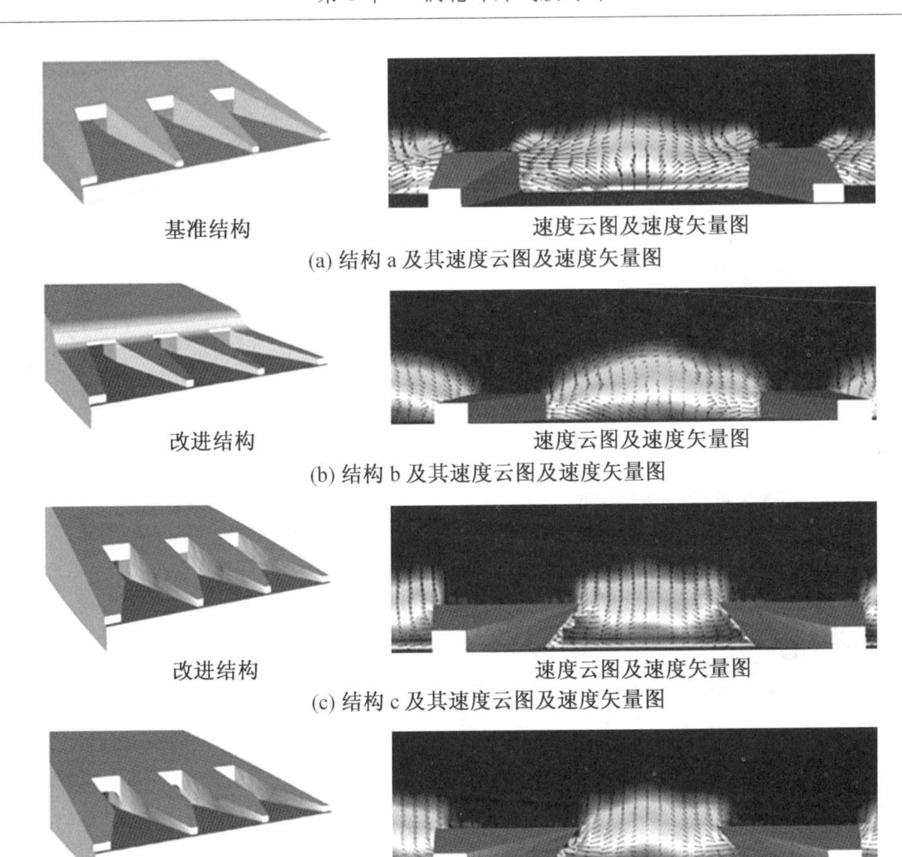

(a) 结构 a 及其速度云图及速度矢量图

(b) 结构 b 及其速度云图及速度矢量图

(c) 结构 c 及其速度云图及速度矢量图

(d) 结构 d 及其速度云图及速度矢量图

图 3.22　基准带肋劈缝结构以及 3 种改型结构

（资料来源：Benson 等，2013）

通过实验方法测量了两种不同结构对带扰流柱尾缘的平均气膜冷却效率和气膜均匀性的影响。该结构为通用结构及岛型结构(图 3.23)。研究表明，在劈缝内部的扰流结构周围会形成较强的马蹄涡，这使得尾缘区域冷气分布和尾缘射流变得不均匀。而采用肋板更窄的岛形结构，使得冷气在尾缘的展向区域覆盖更广，从而提高尾缘的冷却效率。

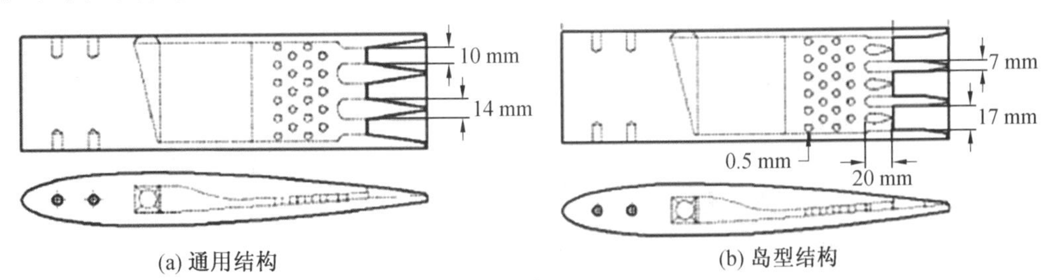

(a) 通用结构　　(b) 岛型结构

图 3.23　通用结构及岛型结构

（资料来源：Ling 等，2013）

3.6 涡轮端壁气膜冷却

在端壁布置的气膜冷却结构与平板模型最为接近，然而由于该区域存在强烈的三维流动和复杂的涡系，严重影响了端壁换热，因此端壁气膜冷却特性与平板结果产生较大差别。

针对端壁气膜孔布局对壁面换热特性以及气膜冷却特性的影响，Friedrichs 等(1999)指出端壁气膜孔的布局是设计的关键问题之一。在端壁表面气膜冷却研究方面，Sacchi 等(2010)对比了不同吹风比(0、0.75、0.98)条件下叶片端壁流动特性。图 3.24 所示为实验叶栅模型以及气膜布置示意图，其中 3 294 个气膜孔布置于端壁前以及通道内，气膜孔轴线与端壁面的夹角为 30°。

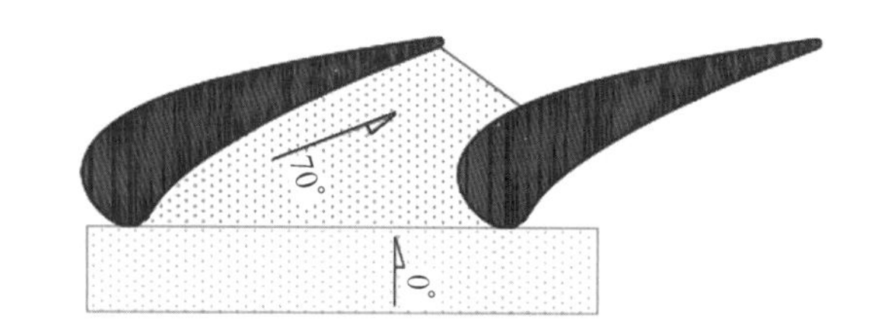

图 3.24　实验叶栅模型以及气膜布置示意图
(资料来源：Sacchi 等，2010)

图 3.25～3.27 分别为 BR=0、0.75 及 0.98 条件下通道中间截面上流体的速度、总压系数、二次动能及湍动能。研究发现，当冷气射入量为 0 时，通道中存在两个低速高压高湍区；随着吹风比的增加，气膜出口射流减弱了通道涡和压力侧的马蹄涡，湍流强度增加，其压力损失增大。

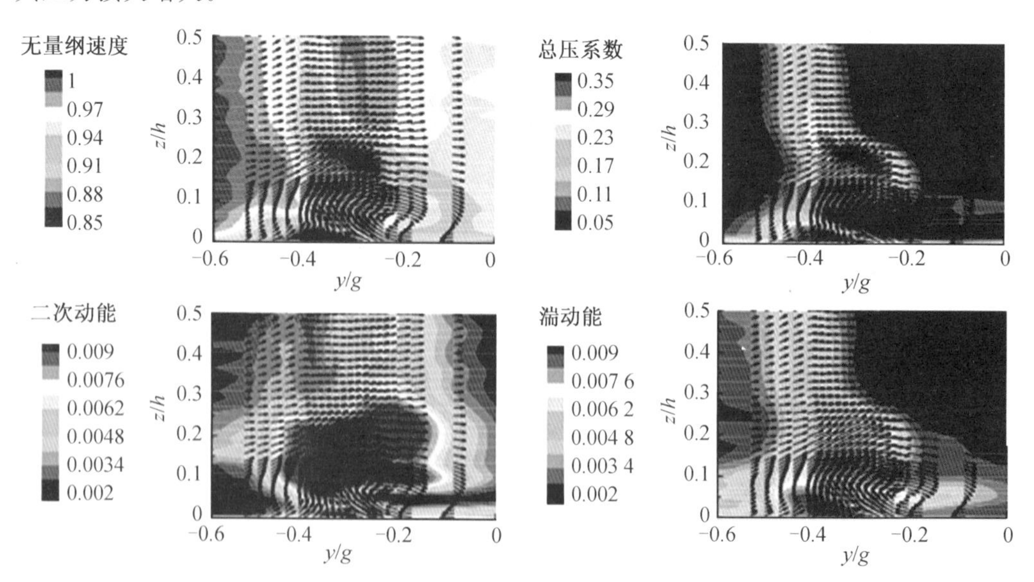

图 3.25　BR = 0 时通道中间截面上的主流速度、总压系数、二次动能及湍动能分布
(资料来源：Sacchi 等，2010)(彩图见附录)

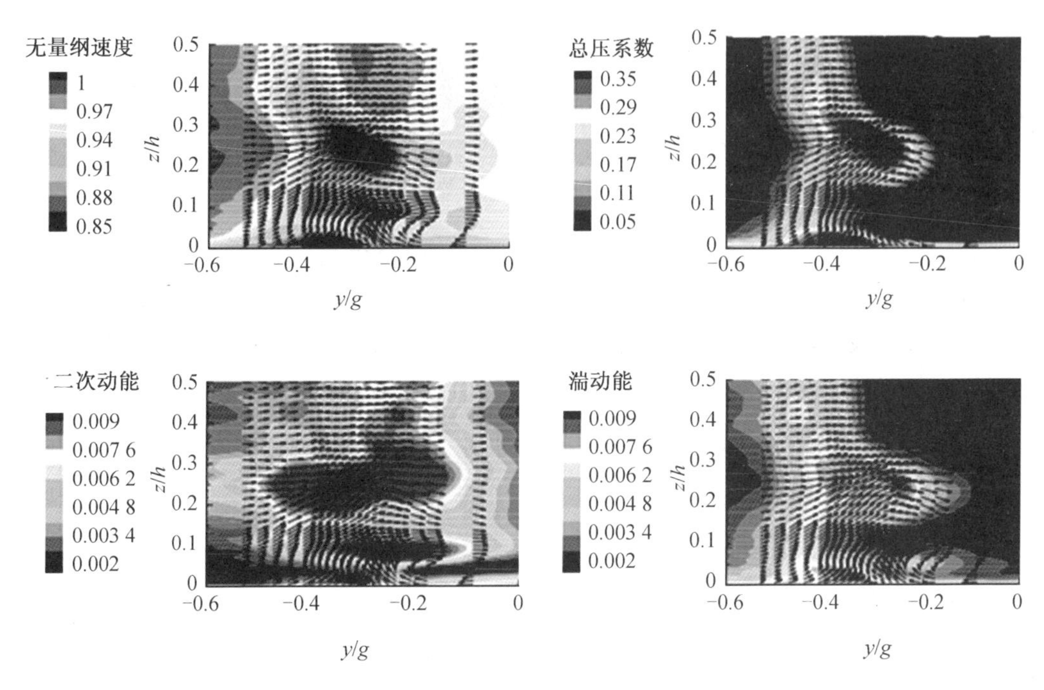

图 3.26　BR = 0.75 时通道中间截面上的主流速度、总压系数、二次动能及湍动能分布（资料来源：Sacchi 等，2010）（彩图见附录）

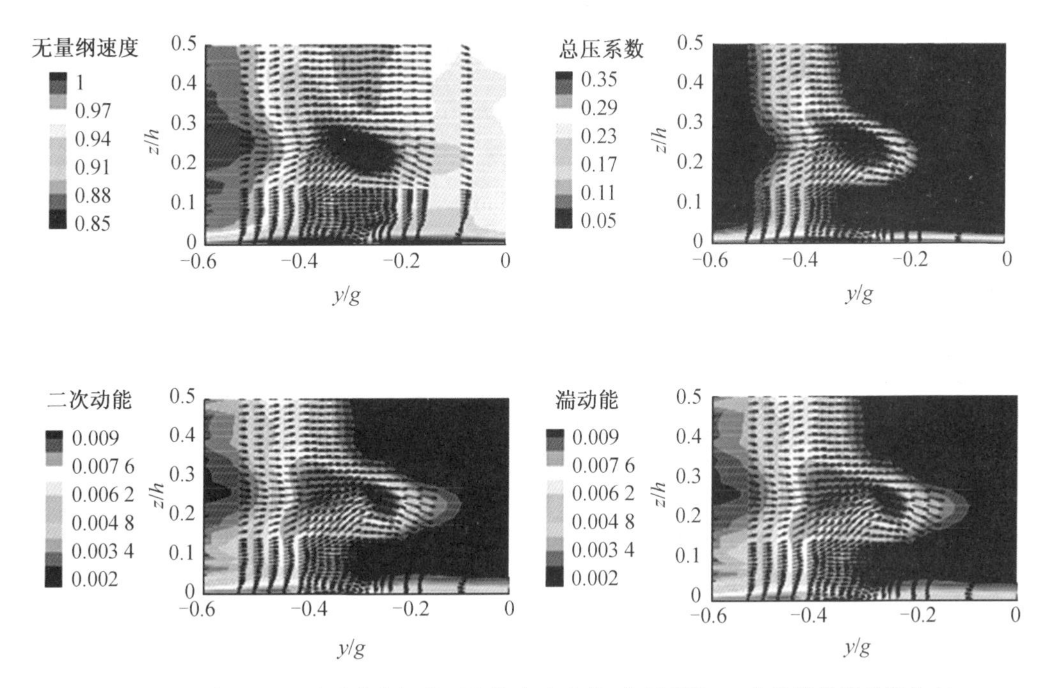

图 3.27　BR = 0.98 时通道中间截面上的主流速度、总压系数、二次动能及湍动能分布（资料来源：Sacchi 等，2010）（彩图见附录）

Facchini 等(2010) 通过实验以及数值模拟的方法,研究了流量比对端壁的气膜冷却特性的影响。其模型以及气膜孔分布与 Sacchi 等(2010) 的研究类似。图 3.28 所圈出的区域的绝热气膜冷却效率约为 0.25。从图 3.28 可以看出,射流流量比(吹风比) 的增加对该区域绝热冷却效率的影响不大。前缘区域、近压力面角区及尾缘尾迹区域的冷却效率随着流量比(吹风比) 的增加而增加,其中尾缘尾迹区及近压力面区域对流量比(吹风比) 的变化非常敏感。

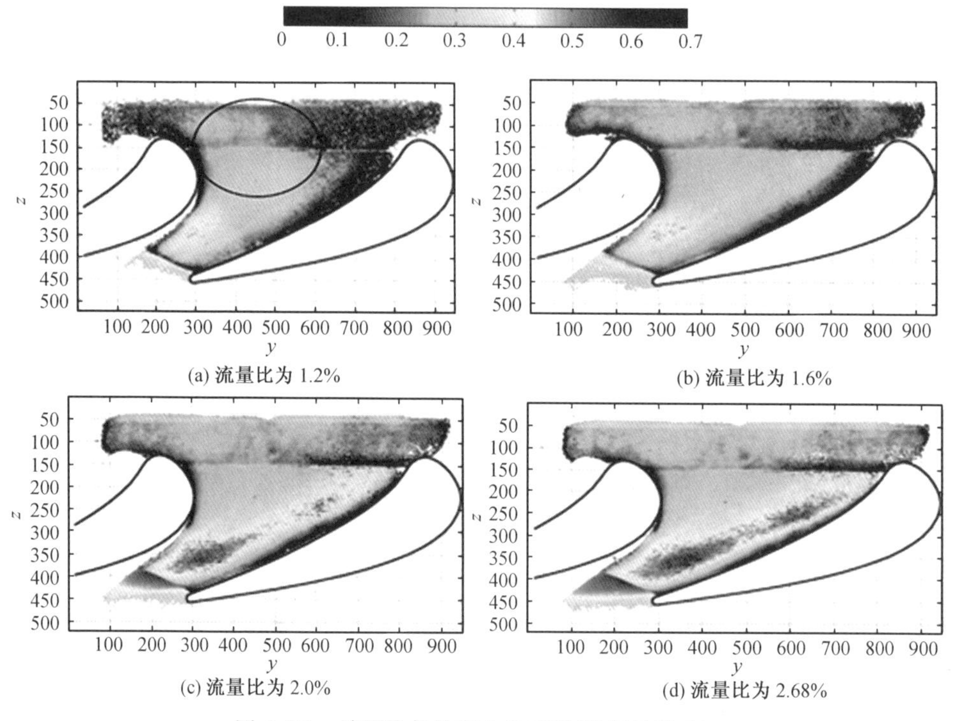

图 3.28　端壁冷却效率分布云图(彩图见附录)

(资料来源:Facchini 等,2010)

许多学者将新型孔运用于端壁气膜冷却研究中(Barigozzi 等,2012;Sundaram 和 Thole,2008;Sundaram 和 Thole,2009)。Barigozzi 等(2012) 通过瞬态液晶技术对比了不同质量流量条件下,圆形气膜孔及插槽气膜孔对端壁冷却效率的影响,其中插槽深度与气膜孔直径比分别为 1.0、1.2。由图 3.29 可知,气膜冷却效率的高低与质量流量比相关。插槽孔在紧邻槽的下游部分,热覆盖率较高,但冷却射流很快会与主流发生混合。与圆形孔相比,这种新型气膜孔的冷却效果更好,但是需要更多的冷气量。

Sundaram(2008) 和 Thole(2009) 研究了吹风比、插槽深度及凸起高度对端壁前缘不同气膜结构的气膜冷却特性的影响。其中前缘区域的气膜孔形式分别为带有插槽的气膜孔及带有凸起的气膜孔。由图 3.30 可以看出,纯气膜孔端壁、带有插槽的气膜孔端壁以及带有凸起的气膜孔端壁的气膜冷却效率均随着吹风比的增加逐渐增加;在气膜孔旁边布置一排插槽孔的气膜冷却效率要高于布置单个凸起的气膜孔或者单一插槽孔的气膜冷却效率;与无插槽的气膜孔端壁相比,插槽气膜孔端壁能够提高气膜冷却效率,增大端壁的整体冷却效率。

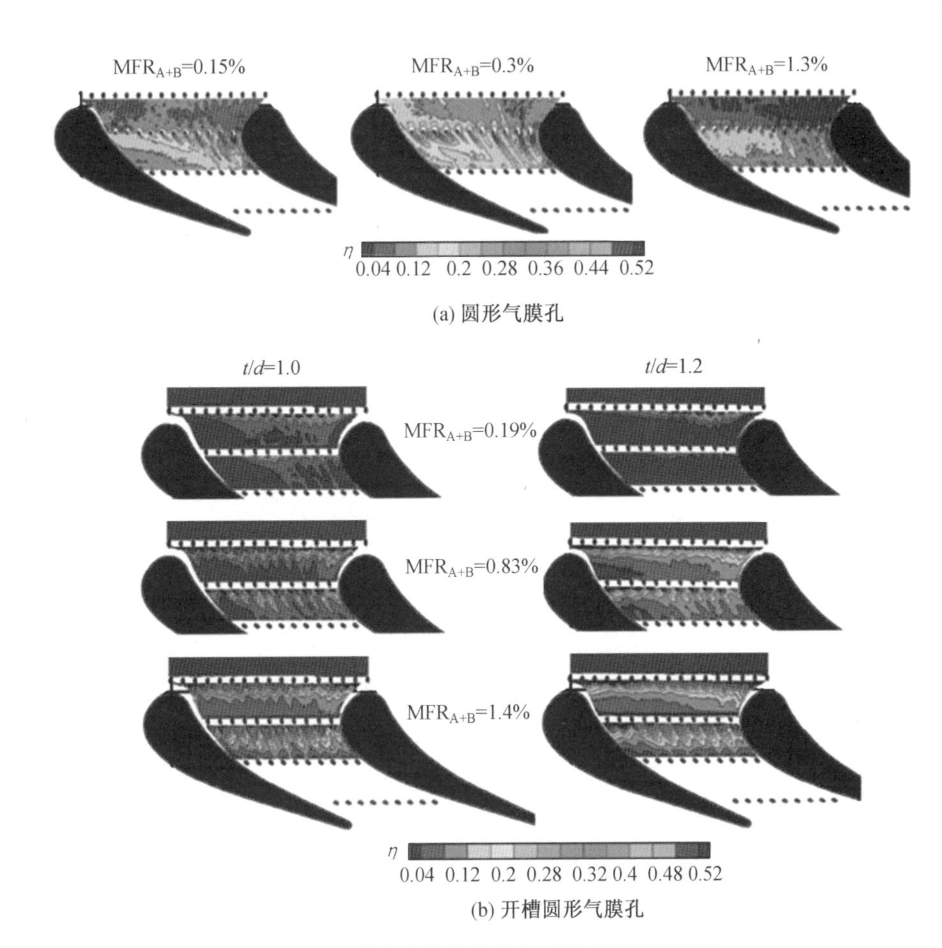

(a) 圆形气膜孔

(b) 开槽圆形气膜孔

图 3.29　端壁冷却效率分布云图(彩图见附录)

(资料来源:Barigozzi 等,2012)

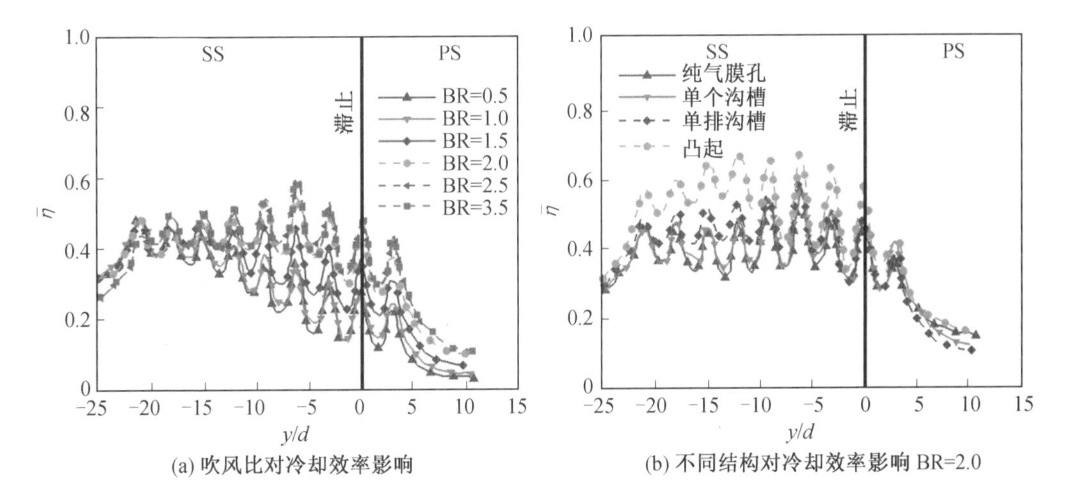

(a) 吹风比对冷却效率影响

(b) 不同结构对冷却效率影响 BR=2.0

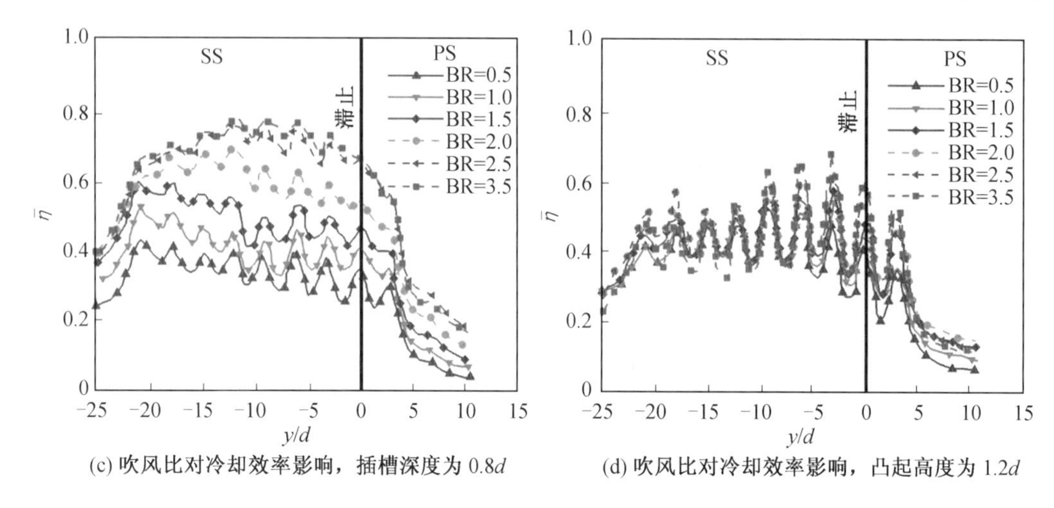

(c) 吹风比对冷却效率影响，插槽深度为 0.8d　　(d) 吹风比对冷却效率影响，凸起高度为 1.2d

图 3.30　冷却效率分布图(彩图见附录)

(资料来源:Sundaram,2008;Thole,2009)

本章参考文献

[1] 黄逸，徐强，戴韧，等. 叶型表面曲率对离散孔气膜冷却性能的影响[J]. 热能动力工程，2012,27(2):149-153.

[2] 凌长明，植仲培，关志强，等. 涡轮叶片尾缘偏劈缝结构二维模型的冷却研究[J]. 工业加热，2004(3):20-22.

[3] 李佳，韩昌，任静，等. 基于压敏漆的带横槽气膜冷却实验与数值研究[J]. 工程热物理学报，2010，31(2):239-242.

[4] 王克菲，骆剑霞，田淑青，等. 叶片吸力面不同位置处气膜冷却特性对比[J]. 航空动力学报，2017，32(6):1281-1288.

[5] 于锦禄，赵罡，何立明，等. 横向槽横向宽度对气膜孔冷却性能影响的数值研究[J]. 中国电机工程学报，2010，30(17):79-84.

[6] 周超，常海萍，崔德平，等. 涡轮叶片尾缘斜劈缝气膜冷却数值模拟[J]. 南京航空航天大学学报，2006，38(5):583-589.

[7] 周超，常海萍，崔德平，等. 斜劈缝涡轮导向叶片尾缘出流气体流动特性数值分析[J]. 航空动力学报，2006(2):268-274.

[8] BALDAUF S M，SCHULZ A，WITTIG S. High-resolution measurements of local effectiveness from discrete hole film cooling[J]. Journal of Turbomachinery，2001，123(4)：758.

[9] BARIGOZZI G，FRANCHINI G，PERDICHIZZI A，et al. Effects of trenched holes on film cooling of a contoured endwall nozzle vane[J]. Journal of Turbomachinery，2012，134(4):041009.

[10] BENSON M J，ELKINS C J，YAPA S D，et al. Effects of varying Reynolds

number, blowing ratio, and internal geometry on trailing edge cutback film cooling[J]. Experiments in Fluids, 2012, 52(6):1415-1430.

[11] BENSON M, YAPA S D, ELKINS C, et al. Experimental-based redesigns for trailing edge film cooling of gas turbine blades[C]. San Antonio: Asme Turbo Expo: Turbine Technical Conference & Exposition,2013.

[12] BUNKER R S. Film cooling effectiveness due to discrete holes within a transverse surface slot[C]. Amsterdam: Asme Turbo Expo: Power for Land, Sea, & Air, 2002.

[13] BUNKER R S. A review of shaped hole turbine film-cooling technology[J]. Journal of Heat Transfer Transactions of the Asme, 2005, 127(4):441-453.

[14] CRUSE M W, YUKI U M, BOGARD D G. Investigation of various parametric influences on leading edge film cooling[C]. Orlando: Asme International Gas Turbine & Aeroengine Congress & Exhibition,1997.

[15] SMITH L, KARIM H, ETEMAD S, et al. The gas turbine handbook[J]. Bruxelles Médical, 2006, 35(35):1401-1408.

[16] EKKA D S V, HAN J C, DU H. Detailed film cooling measurements on a cylindrical leading edge model: effect of free-stream turbulence and coolant density[J]. Journal of Turbomachinery, 1997, 120(4):799-807.

[17] FACCHINI B, TARCHI L, TONI L, et al. Endwall effusion cooling system behaviour within a high-pressure turbine cascade: part 2—heat transfer and effectiveness measurements[C]. Glasgow: Asme Turbo Expo: Power for Land, Sea, & Air,2010.

[18] FRIC T F, ROSHKO A. Vortical structure in the wake of a transverse jet[J]. Journal of Fluid Mechanics, 1994, 279: 1-47.

[19] FRIEDRICHS S, HODSON H P, DAWES W N. The design of an improved endwall film-cooling configuration[J]. Journal of Turbomachinery,1999, 121(4):772-780.

[20] GOLDSTEIN R J. Film cooling[M]//Advances in heat transfer. Amsterdam: Elsevier,1971,7:321-379.

[21] GOLDSTEIN R J, ECKERT E, BURGGRAF F. Effects of hole geometry and density on three-dimensional film cooling[J]. International Journal of Heat & Mass Transfer, 2015, 17(5):595-607.

[22] GOLDSTEIN R J, JIN P, OLSON R L. Film cooling effectiveness and mass/heat transfer coefficient downstream of one row of discrete holes[J]. Journal of Turbomachinery, 1999, 121(2):225-232.

[23] GRITSCH M, COLBAN W, SCHAR H, et al. Effect of hole geometry on the thermal performance of fan-shaped film cooling holes[J]. Journal of Turbomachinery, 2005, 127(4):718-725.

[24] HAN J C, SRINATH E. Recent development in turbine blade film cooling[J]. International Journal of Rotating Machinery, 2007, 7(1):21-40.

[25] ITO S, GOLDSTEIN R J, ECKERT E. Film cooling of a gas turbine blade[J]. Journal for Engineering for Power, 1978, 100(3):476.

[26] KO S Y, YAO Y Q, XIA B, et al. Discrete-hole film cooling characteristics over concave and convex surfaces[C]. San Francisco: International Heat Transfer Conference, 1986.

[27] KUSTERER K, BOHN D, SUGIMOTO T, et al. Double-jet ejection of cooling air for improved film cooling[J]. Journal of Turbomachinery, 2007, 129(4): 677-687.

[28] KUSTERER K, ELYAS A, BOHN D, et al. A parametric study on the influence of the lateral ejection angle of double-jet holes on the film cooling effectiveness for high blowing ratios[C]. Orlando: Asme Turbo Expo: Power for Land, Sea, & Air, 2009.

[29] LEYLEK J H, ZERKLE R D. Discrete-jet film cooling: a comparison of computational results with experiments[J]. Journal of Turbomachinery, 1994, 116(3):V03AT15A058.

[30] LING J, YAPA S D, BENSON M J, et al. Three-dimensional velocity and scalar field measurements of an airfoil trailing edge with slot film cooling: the effect of an internal structure in the slot[J]. Journal of Turbomachinery, 2013, 135(3): 031018.

[31] LU Y, DHUNGEL A, EKKAD S V, et al. Effect of trench width and depth on film cooling from cylindrical holes embedded in trenches[J]. Journal of Turbomachinery, 2009, 131(1):339-349.

[32] MOUZON B D, TERRELL E J, ALBERT J E, et al. Net heat flux reduction and overall effectiveness for a turbine blade leading edge[C]. Reno: Asme Turbo Expo: Power for Land, Sea, & Air, 2005.

[33] MURATA A, NISHIDA S, SAITO H, et al. Effects of surface geometry on film cooling performance at airfoil trailing edge[C]. Phoenix: Asme Turbo Expo: Turbine Technical Conference & Exposition, 2011.

[34] PEDERSEN D R, ECKERT E, GOLDSTEIN R J. Film cooling with large density differences between the mainstream and the secondary fluid measured by the heat-mass transfer analogy[J]. Transaction of Asme J. of Heat Transfer, 1977, 99(4):620-627.

[35] ROZATI A, DANESH K. Large eddy simulation of leading edge film cooling—part ii: heat transfer and effect of blowing ratio[J]. Journal of Turbomachinery, 2008, 130(4):140-146.

[36] ROZATI A, TAFTI D K. Large-eddy simulations of leading edge film cooling:

analysis of flow structures, effectiveness, and heat transfer coefficient[J]. International Journal of Heat & Fluid Flow, 2008, 29(1):1-17.

[37] SACCHI M, SIMONI D, UBALDI M, et al. Endwall effusion cooling system behaviour within a high-pressure turbine cascade: part 1—aerodynamic measurements[C]. Glasgow: ASME Turbo Expo 2010: Power for Land, Sea, & Air,2010.

[38] SAUMWEBER C, SCHULZ A. Free-stream effects on the cooling performance of cylindrical and fan-shaped cooling holes[C]. Berlin: Asme Turbo Expo: Power for Land, Sea, & Air, 2012.

[39] SINHA A K, BOGARD D G, CRAWFORD M E. Film-cooling effectiveness downstream of a single row of holes with variable density ratio[J]. Journal of Turbomachinery, 1991, 113(3):442-449.

[40] SUNDARAM N, THOLE K A. Film-cooling flowfields with trenched holes on an endwall[J]. Journal of Turbomachinery, 2008, 131(4):041007.

[41] THOLE K, GRITSCH M, SCHULZ A, et al. flowfield measurements for film-cooling holes with expanded exits[J]. Journal of Turbomachinery, 1998, 120(2):V004T09A010.

[42] UZOL O, CAMCI C. Aerodynamic loss characteristics of a turbine blade with trailing edge coolant ejection: part 2—external aerodynamics, total pressure losses, and predictions[J]. Journal of Turbomachinery, 2001, 123(2):249-257.

[43] UZOL O, CAMCI C, GLEZER B. Aerodynamic loss characteristics of a turbine blade with trailing edge coolant ejection: part 1—effect of cut-back length, spanwise rib spacing, free-stream reynolds number, and chordwise rib length on discharge coefficients[J]. J. Turbomach., 2001, 123(2): 238-248.

[44] YINHAI Z H U, WEI P, RUINA X U, et al. Review on active thermal protection and its heat transfer for airbreathing hypersonic vehicles[J]. Chinese Journal of Aeronautics, 2018, 31(10): 1929-1953.

[45] WILFERT G, FOTTNER L. The aerodynamic mixing effect of discrete cooling jets with mainstream flow on a highly loaded turbine blade[J]. Journal of Turbomachinery, 1996, 118(3):V001T01A084.

[46] YORK W D, LEYLEK J H. Leading-edge film-cooling physics: part I — adiabatic effectiveness[C]. Amsterdam: Asme Turbo Expo: Power for Land, Sea, & Air,2002.

[47] YUKI U M, BOGARD D G, CUTBIRTH J M. Effect of coolant injection on heat transfer for a simulated turbine airfoil leading edge[C]. Stockholm: Asme International Gas Turbine & Aeroengine Congress & Exhibition,1998.

第 4 章 涡轮叶片内部冷却

4.1 概 述

涡轮叶片内部冷却是一种将自压气机引出的高压低温气体引入涡轮叶片内部，在压力梯度的作用下，流经叶片内部各腔室，以强制换热的形式，达到冷却叶片内部目的的一种冷却方法。其目的是以尽可能少的冷气量获得更低的整体温度、更均匀的局部温度分布以及更小的沿程流动损失。传统的叶片内部强化对流换热的方法主要包括射流冲击、蛇(U) 型通道、扰流结构及增强表面表面粗糙度等。这些方法主要通过两个方面起到强化换热的作用:① 增强二次流动和湍流强度，甚至形成旋涡。二次流与涡系可以引起速度梯度的变化，与叶片内壁面产生剪切作用，从而带走叶片内部壁面的热量。② 增加对流换热面积，如扰流柱、扰流肋等凸起结构。典型的涡轮叶片内部冷却结构一般为:叶片前缘带气膜出流的冲击冷却、叶片弦长中部带扰流肋的蛇型通道、叶片尾缘扰流柱冷却及叶顶除尘孔冷却。典型涡轮叶片内部冷却结构示意图如图 4.1 所示。

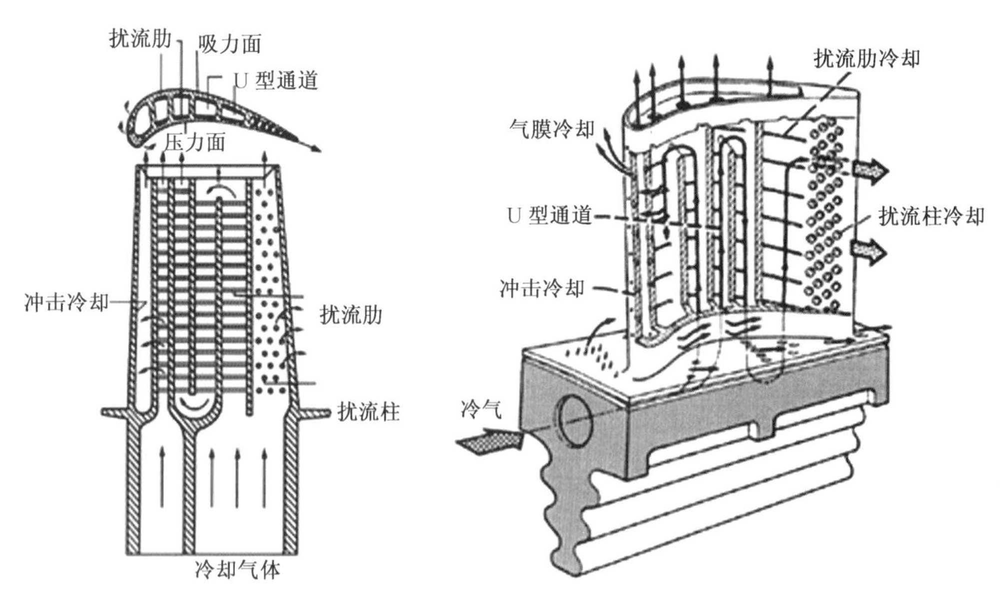

图 4.1 典型涡轮叶片内部冷却结构示意图

(资料来源:Han 等,2012)

4.2　扰流柱冷却

扰流柱冷却是涡轮叶片内部典型冷却方式，主要通过增加扰流柱后方流体的扰动及增大换热面积两个方面强化换热，且伴随着一定程度的压力损失，因此该技术主要应用于迫切需要提升换热能力并允许一定程度的流阻增大的部位。如图 4.2 所示，涡轮尾缘通道狭窄且逐渐收缩，受到几何尺寸和制造工艺的限制，冲击、扰流肋等冷却方式难以应用到该区域，因此通常将多列扰流柱布置于尾缘劈缝的内壁通道两侧以强化换热。同时，扰流柱阵列也可以起到支撑叶片尾缘、增大叶片强度的作用。应用到涡轮尾缘的扰流柱有着自身的特点。首先尾缘中的扰流柱属于小高径比结构，因此不能忽略端壁的影响。其次，由于扰流柱布置得相对稀疏，端壁附近的换热面积要远大于扰流柱表面的换热面积。因此在燃气轮机中尾缘区域的扰流柱主要是增加端壁附近的湍流强度，而不是通过增加换热面积来增强换热。本节主要围绕扰流柱阵列的换热特性展开讨论。

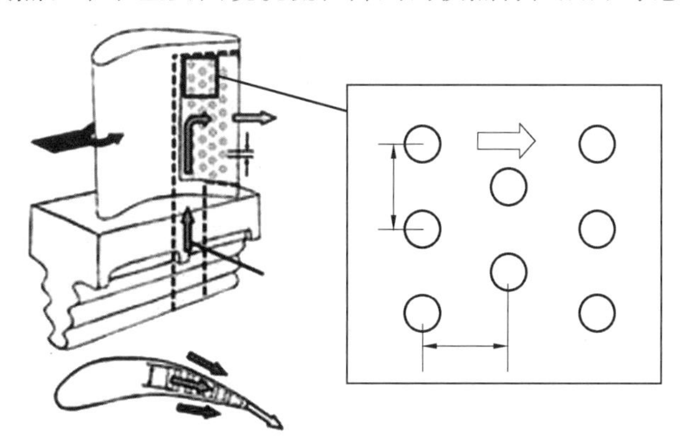

图 4.2　涡轮尾缘典型扰流柱冷却结构示意图
（资料来源：Ostanek，2013）

4.2.1　扰流柱几何结构及布置形式的换热特性

目前，国内外已经从早期的单个扰流柱附近的流动换热特性研究扩展到多个扰流柱的流动研究。流体流经单个扰流柱后产生尾迹流、马蹄涡、边界层分离流等流动现象，增强了流体的扰动，强化了冷气与高温壁面间的换热。针对阵列扰流柱换热，其影响因素主要包括扰流柱几何结构、排布方式、通道几何形式、冷气出流方式、雷诺数等（Metzger 和 Barry，1982；Sparrow，1980；Metzger 和 Haley，1982；Zukauskas，1972）。

扰流柱的形状显著地影响了马蹄涡和尾迹的形成与发展。Brigham(1982) 和 VanFossen(1984) 研究了圆形扰流柱长度及倾斜角对矩形通道中的换热影响。研究表明，短扰流柱的换热能力通常低于长扰流柱的换热能力，倾斜的扰流柱可以通过增大换热面积的方式提升局部换热效果。Siw 等(2012) 比较了三角形扰流柱、半圆柱扰流柱及圆形扰流柱在矩形通道内的换热情况。如图 4.3 所示，三角形扰流柱阵列表现出良好的换热性能。Chyu 等(1998) 研究了在狭窄通道内不同排布形式下，横截面分别为方形和菱形的扰流柱的换热特性，如图 4.4 所示。研究表明，方形扰流柱具有最好的换热特性，但也往往伴随着较高的流阻。Grannis 和 Sparrow 等(1991) 研究了不同菱形扰流柱的流动换热分布，为在不同雷诺数下选择合适的菱形形状提供了参考。Chyu 等(2009) 研究了不同高径比的扰流柱在通道内的换热表现。研究发现，随着高径比的增加，换热也显著提升。

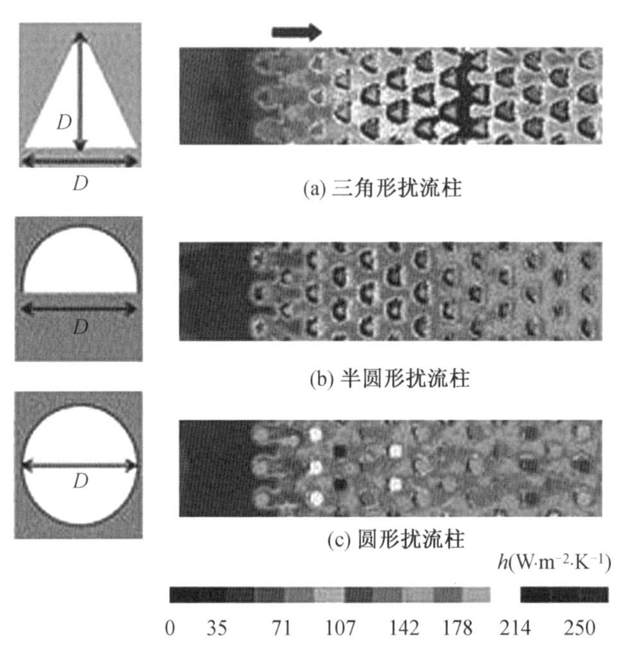

图 4.3 不同扰流柱结构下的换热系数分布
(资料来源：Siw 等，2012)

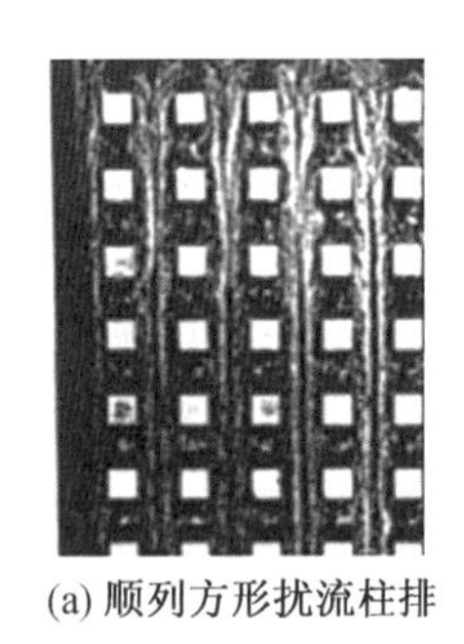

(a) 顺列方形扰流柱排

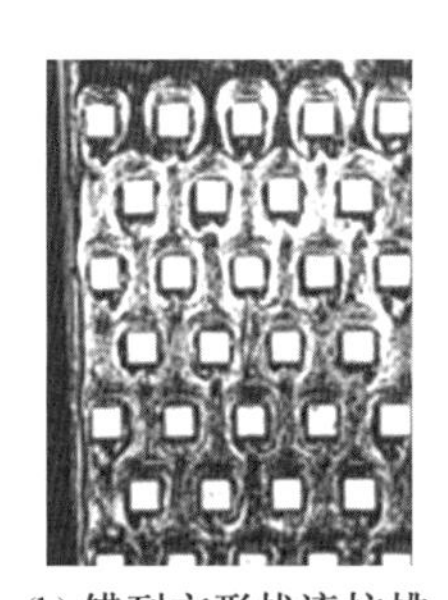

(b) 错列方形扰流柱排

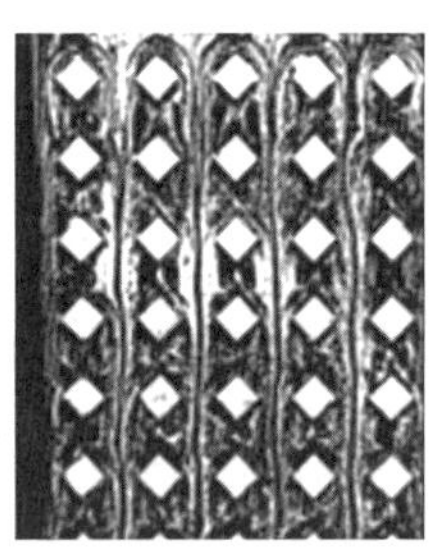

(c) 顺列菱形扰流柱排

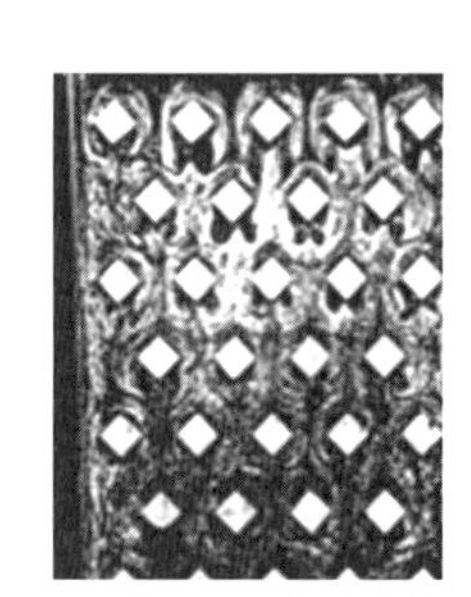

(d) 错列菱形扰流柱排

图 4.4 不同扰流柱排布下的流线图
(资料来源：Chyu，1998)

在阵列扰流柱冷却中，常用的排列方式一般为顺列排布和错列排布两种(图 4.5)，另外，扰流柱排的数量、排列方式和扰流柱间的间距变化对换热特性均有一定的影响。Brigham 和 VanFossen(1982) 在矩形通道中分别布置了四排和八排扰流柱阵列来研究扰流柱排的数量对矩形通道内换热的影响。研究表明，随着数量的增加，换热效果有一定程度的提高。如图 4.6 所示，Chyu 等(1999) 利用实验方法测量了在雷诺数为 16 800 时，顺列排布和错列排布下扰流柱表面及端壁处的相对换热系数分布。研究表明，两种排布方式都有利于传热的增强，同时顺列排布时的传质系数比错列排布时更依赖雷诺数。

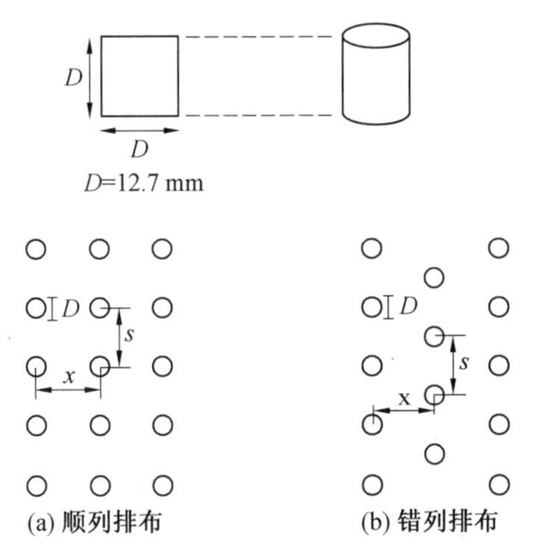

图 4.5　两种常用扰流柱排布形式

（资料来源：Chyu 等，1999）

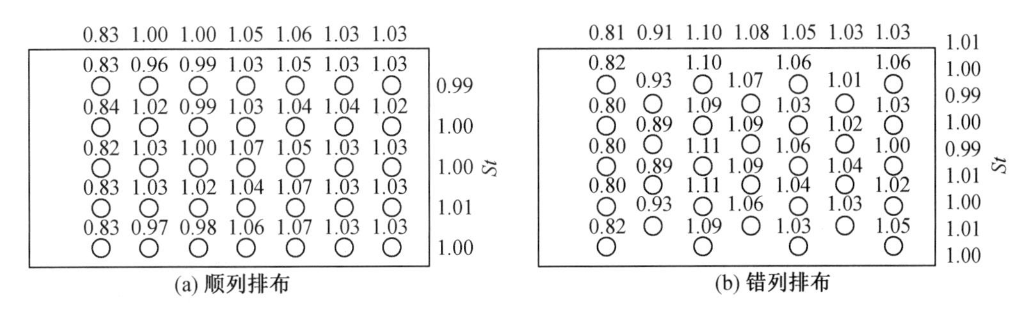

图 4.6　不同排布形式下相对换热系数分布

（资料来源：Chyu 等，1999）

Jubran 等(1993) 给出了包含顺列排布和错列排布下的经验关联式。Sparrow 和 Molk(1982) 比较了不同排布下缺少若干个扰流柱时通道内的换热表现。研究表明，缺少若干个扰流柱在交错排列时换热系数变化更大，但往往导致换热性能下降并不明显。Metzger 等(1986) 提供了不同扰流柱间距(1.5～5 倍扰流柱直径) 的换热特性，并分析了不同现象产生的原因，为优化扰流柱布置提供了依据。王奉明等(2007) 研究了不同横截面形状的扰流柱(圆形、椭圆形、水滴形) 在不同排列下的压力损失系数和雷诺数之间的关系，如图 4.7 所示。研究表明，扰流柱间的间距显著影响着扰流柱排的压力损失，随着扰流柱间的间距变小，压力损失均有不同程度的增加。

Hwang 和 Lui 等(2002) 通过实验手段研究了带扰流柱收缩(楔形) 通道的壁面换热情况及压降特性。图 4.8 所示对比了不同的冷气出口(平行出口或者侧向出口) 及不同扰流柱布置形式的影响。研究表明，在水平出气的情况下，采用错列扰流柱布置的冷却结构换热能力最强，压降损失较小。在出口为侧向出气情况下，错列扰流柱冷却结构的压损最大，在角区位置甚至出现了热斑。Kumaran 等(1991) 通过实验研究了不同长度的射流孔对通道流动换热的影响。研究表明，出流孔的长度对扰流柱通道内换热影响并不大，长出

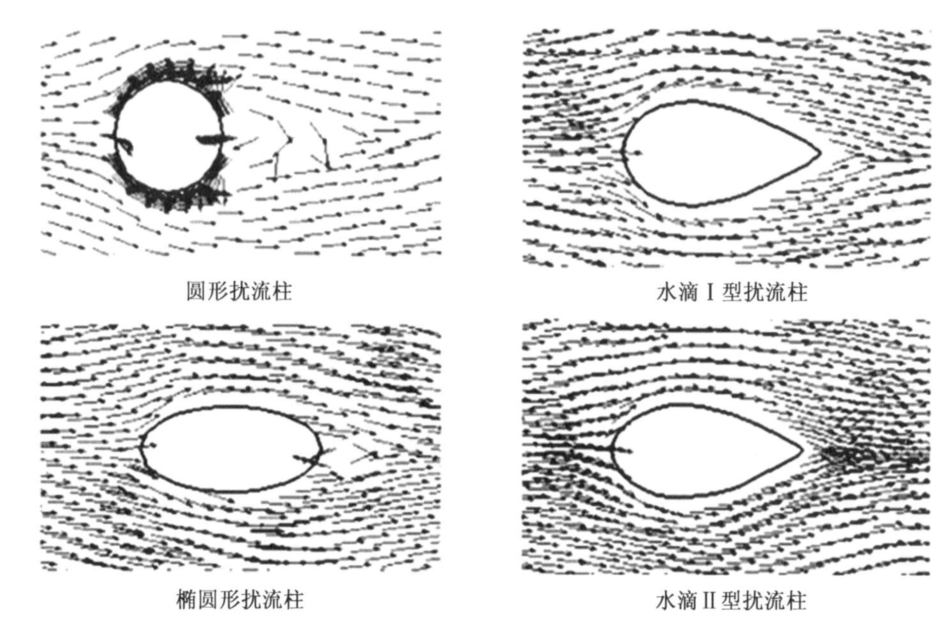

图 4.7　不同扰流柱形状下流线分布图

(资料来源:王奉明等,2007)

流孔比短出流孔时的换热低 5% ~ 10%,但是相应阻力损失也升高了 3% ~ 20%。

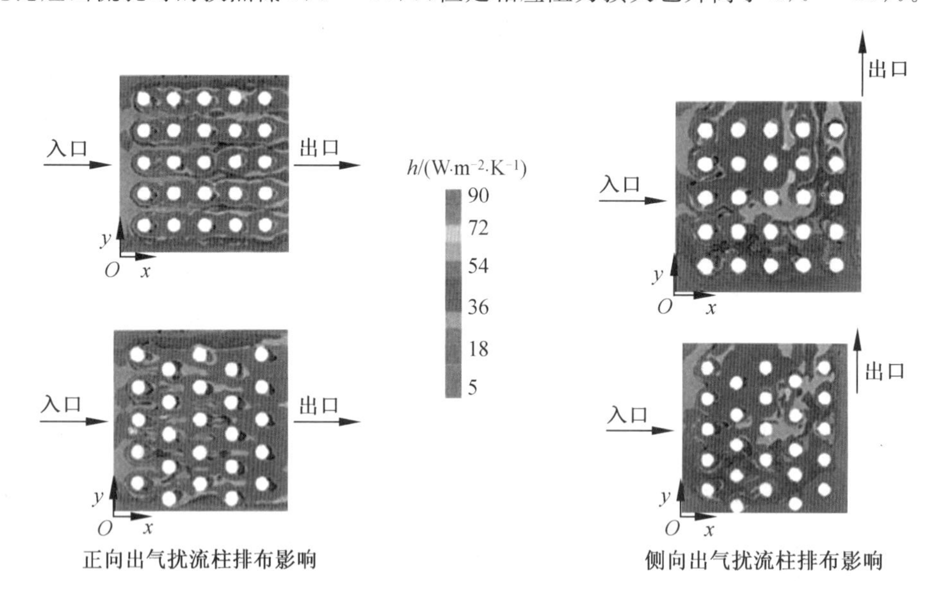

图 4.8　水滴 Ⅱ 型扰流柱

(资料来源:Hwang 和 Lui,2002)

4.2.2　高性能扰流柱换热特性

扰流柱的形状对马蹄涡和尾迹的形成与发展有着显著的影响。然而,改变扰流柱形状所带来的收益越来越小。因此有必要从其他方面强化扰流柱通道的换热能力,其中间断扰流柱是一种较为有前途的换热方式。如图 4.9 所示，传统的扰流柱的两端和叶片内壁面相连为一体，而间断扰流柱仅一端和内壁面之间相连，另一端同内壁之间存在一定间隙。间隙的存在将会显著地改变尾迹和马蹄涡的流动形态与壁面换热特性。在静止状态下，间隙的添加有助于换热的提升。产生这种现象的原因有两个：首先间隙附近流速增加，有助于换热的增强；其次泄漏涡的存在增强了扰流柱附近流体的掺混。在旋转状态下，压力面的换热系数高于吸力面的换热系数。随着旋转数的增加，压力面和吸力面的换热系数差异变得更加明显。间断扰流柱导致的泄漏流和旋转数密切相关。当旋转数增加时，压力面的泄漏流被强化，而吸力面的泄漏流被抑制。Steuber 和 Metzger 等(1986) 比较了全扰流柱和半扰流柱在通道内的换热表现。研究表明，与全扰流柱相比，半扰流柱传热降低，但流动损失有一定的提升。

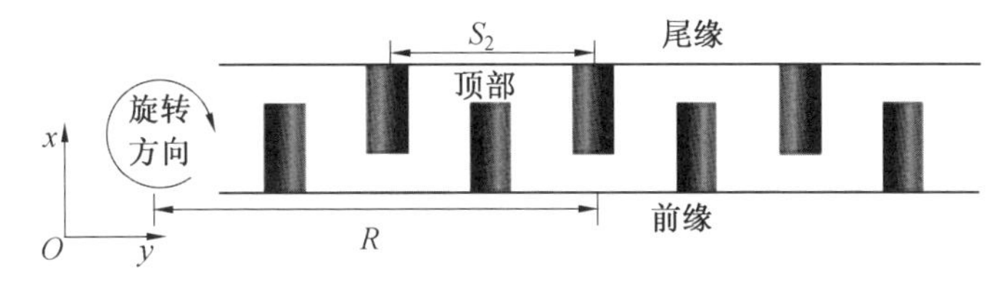

图 4.9　间断扰流柱示意图

(资料来源：Du 等，2019a)

除此之外，很多研究者将扰流柱通道和其他冷却结构相结合强化换热，如凹陷涡发生器和凸起(Du 等，2019b；Du 等，2018)。在扰流柱与凹陷涡发生器结合的通道中，凹陷涡发生器的位置对流动和换热具有显著影响。从图 4.10 中可以看出，当凹陷涡发生器位于扰流柱尾缘附近时，对壁面换热的影响不大。凹陷涡发生器位于马蹄涡下游时，壁面换热稍有提升。当凹陷涡发生器位于中间部位时，由凹陷涡发生器诱导出的反向旋转涡对显著增强了通道壁面的换热。当凹陷涡发生器位于扰流柱前缘时，马蹄涡附近的换热有较为明显的提升。

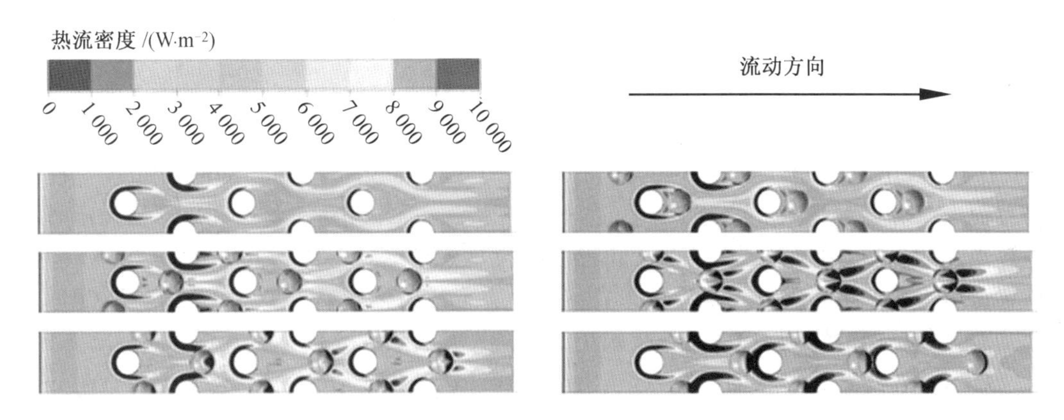

图 4.10　凹陷涡发生器不同位置对换热的影响

(资料来源：Du 等，2019b)

4.3 扰流肋冷却

扰流肋是涡轮叶片内冷通道中常用的强化换热结构，其主要通过增强通道内流体的扰动及增大换热面积两个方面达到增强换热的目的。扰流肋强化换热机理如图 4.11 所示，流体流过扰流肋，首先经过分离然后再附于扰流肋之间。流体的分离和再附流动增强了表面换热。扰流肋横截面形状、高度(e)、肋间距(p)、倾斜角(α)、布置形式等参数是影响带肋通道 / 平板换热的重要因素。本节主要介绍扰流肋几何参数以及布置形式对通道换热的影响。

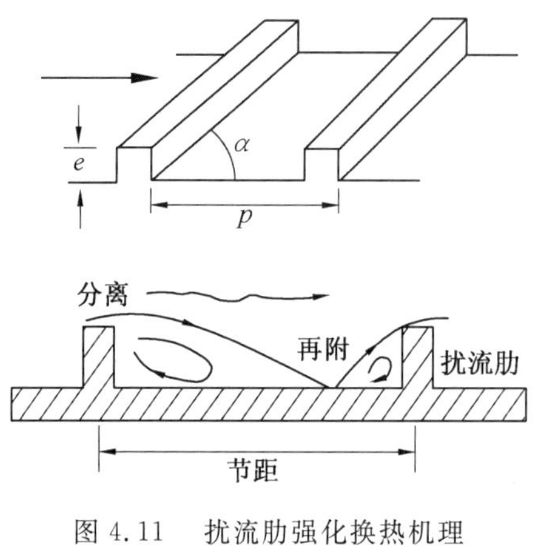

图 4.11 扰流肋强化换热机理

(资料来源：Han 和 Dutta，1995)

4.3.1 扰流肋几何结构的换热特性

扰流肋的截面形状是影响通道换热系数的主要因素，常见的横截面形状主要有矩形、三角形及梯形等。

Wang 和 Sundén(2007) 通过实验方法分别测量了横截面为方形、正三角形、沿流向高度降低的梯形以及沿流向高度升高的梯形的扰流肋对通道内部换热的影响。通过对比发现，沿流向降低的梯形扰流肋的换热性能最好，压损系数最高。沿流向升高的梯形肋的换热性能最差，压损系数最低。而方形及正三角形肋的换热性能与压损系数基本相同。Kamali 和 Binesh(2008) 也得出了类似的结论。Promvonge 和 Thianpong(2008) 对比了横截面形状分别为指向上游 / 下游的三角形、等腰三角形、直角三角形和矩形的扰流肋对通道换热的影响。与矩形肋相比，三角形肋的换热效果更好。Rallabandi 等(2009) 通过研究截面为带有倒角的方形以及圆形扰流肋对方形通道内流动换热，发现绕流肋倒角的添加对换热性能的影响不大，但是在减小压力损失方面颇有成效。

针对扰流肋截面形状的研究，近年来出现越来越多的异形肋。Han 等(1994) 在早期的研究中对比带楔形肋及三角形肋通道中的换热系数和压力损失比，结果发现与斜肋相比，三角形肋的换热效果更好、流阻损失更低。同时，与连续的三角形肋和楔形肋相比，间断的肋换热性能更优。Promvonge 和 Thianpong(2008) 通过实验方法研究了横截面为

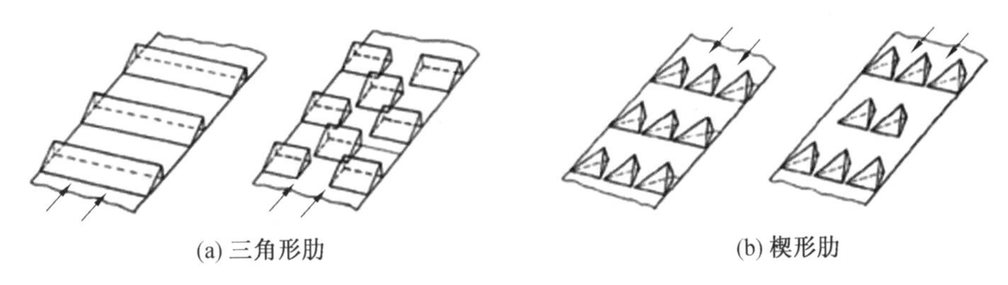

图 4.12　新型三角形肋和楔形肋
（资料来源：Han 等，1994）

等腰三角形、楔形、矩形的扰流肋对壁面换热性能的影响。研究发现，沿流向下降的楔形肋的换热效果最好，但是其流阻损失很大。Moon 等(2014) 通过对比 16 种不同横截面的扰流肋发现，靴型肋与方形肋的阻力损失相当，却能够取得最佳的增强换热效果。

4.3.2　扰流肋布置形式的换热特性

扰流肋在通道内的相对位置及布置形式对带肋通道的换热和性能同样影响很大。

Han 和 Park(1988) 比较了正交肋和斜肋在不同几何截面的矩形通道中换热性能的变化。研究发现，肋角为 30° 和 45° 时，在不同通道中均表现出较好的换热性能。Taslim 和 Lengkong(1998) 研究了布置在通道四周壁面上的 12 种不同的扰流肋，其中通道的横截面为方形或梯形。研究表明，与双壁面布置扰流肋相比，四壁面布置扰流肋通道的换热系数和换热性能均有所提升。Promvonge 和 Thianpong(2008) 对比了不同横截面形状的扰流肋在相对的壁面上顺列布置以及交错布置的情形下，流阻及努塞尔数随雷诺数变化的情况。研究发现，低雷诺数下扰流肋的换热性能更佳。在相对带肋壁面上顺列扰流肋比错列扰流肋的换热效果更好，但是流阻更高。与其他形式肋相比，交错排列的等腰三角形肋的换热性能最佳，且较矩形肋能够得到高达 50% ～ 65% 的提升。Han 等(1978) 研究了扰流肋形状、肋角及肋间距等参数对换热特性的影响。研究表明，45° 斜肋具有较好的换热性能，同时流阻没有明显的增加。同时，正交肋在肋间距为 10 的情况下，换热性能最佳。

图 4.13 所示为涡轮叶片中常见的扰流肋布置形式，通常以正 V 型肋、倒 V 型肋、W 型肋、间断肋等形式平行排列于通道的两侧壁面。其中 V 型肋结构较为简单，在涡轮叶片中比较常见。W 型肋对安装空间要求较高。间断肋具有改善通道换热以及在一定程度上控制流阻损失的优点，但其结构较为复杂。Han 等(1991) 针对 45°、60° 和 90° 平行肋、45° 和 60° 交叉肋、45° 和 60° 正 / 反 V 型肋在方形通道的换热能力的研究中发现，45° 和 60°V 型肋的换热效果最好，45° 及 60° 的平行斜肋次之，而交叉斜肋的换热效果最差。Taslim 等(1996) 利用实验方法研究了多种形式的斜肋和 V 型肋。研究表明，45° 斜肋比 90° 正交肋具有更高的换热性能。Jia 等(2002) 针对正 / 反 V 型肋、正交肋在方形通道中的换热研究中对 V 型肋换热更强这一现象加以解释。一方面，来流流经 V 型肋，流体产生自中间向侧壁方向的二次流动，削弱了带肋壁面上的边界层；另一方面，该二次流对光滑侧壁产生一定的冲击作用，使得 V 型肋的换热强于其他形式。又由于正 / 反 V 型肋诱导的二次流的运动方向不同，其换热分布也不同，倒 V 型肋的换热略高于正 V 型肋。Cho

等(2000;2001)研究了连续肋、间断肋、平行肋及交叉肋在通道内的换热情况。研究表明,与连续肋通道相比,间断肋通道的壁面换热系数分布更加均匀。间断直肋比连续直肋相比,其换热效果好,但是伴随着更高的流阻损失,而45°间断斜肋较45°连续直肋的换热效果好,流阻损失低。Wright(2004)继而就间断以及连续的斜肋、V型肋、W型肋的换热性能进行研究。经过对比发现,W型肋的换热效果最好,但同时伴随着最高的流阻损失。

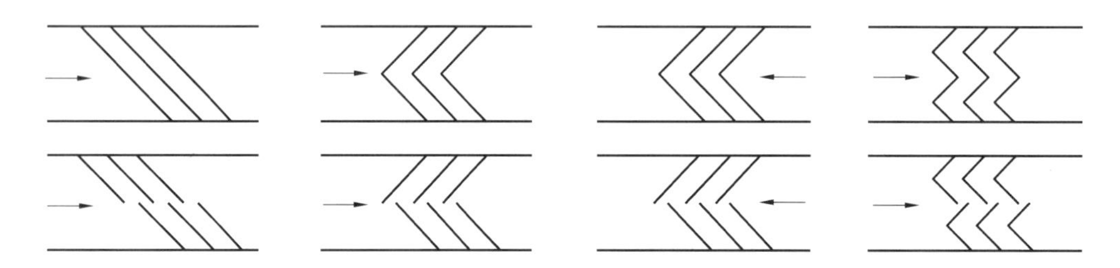

图4.13　扰流肋布置形式

交错肋通道主要应用于俄罗斯的涡轮,如AL－31型发动机和GT25000型发动机。图4.14(a)所示为AL－31型发动机的剖面图。从图中可以看出,交错类通道主要由数量众多的双层相互交错的平行肋组成。这些相互交错的平行肋将涡轮叶片内部分割成众多的子通道。由于肋片数量众多,交错肋加强了涡轮的强度。同时众多的肋片也增加了换热面积,有助于换热系数的增加。根据前期的研究发现,交错肋通道中的螺旋流动、折转流和冲击流是其主要流动特征。图4.14(b)展示了交错肋通道的三维流线。从图中可以看出,当冷却空气从叶片根部进入到涡轮叶片内部后,在交错肋通道的侧壁附近发生折转。由于通流面积的减少,折转之后的流体具有较高的轴向速度。冷却空气折转之后冲击到对面的通道,产生较高的换热系数。由于同时具有轴向速度和切向速度,冲击之后的冷却气体变为螺旋流动。上述折转—冲击—螺旋流的流动模式不断地在交错肋通道中反复出现,使得交错肋通道的换热系数较高。另外,值得注意的流场细节是旁通流,由于通流能力在折转之后减小,因此有一部分的流体将会从两层肋片的交界面相互掺混,旁通流的产生将会增加交错肋通道的压降。图4.14(c)展示了交错肋通道的换热系数分布情况。可以看出在前面几个子通道中,由于缺乏折转—冲击—螺旋流的流动模式,换热系数较低。其余子通道中,换热系数在冲击区域最大,继而沿着流动方向不断减小,在折转区域达到最小值。同时,由于螺旋流的存在,每个子通道的迎风面换热系数较高。折转—冲击—螺旋流的流动模式也增加了交错肋通道的阻力损失。一般而言,交错肋通道的阻力系数是扰流柱通道的10倍以上。因此,降低交错肋通道的阻力损失是研究的一个重点方向。在多种减阻方式中,采用间断肋是一种较为合理的减阻方式。所谓的间断交错肋通道是指在传统的两层平行肋中间加入间隙,这样一部分的冷却空气将从间隙中流出(泄漏流)。研究表明,间断肋的添加能够极大地降低交错肋的阻力损失,综合换热系数有大幅度提升。由于间隙的增加,使得交错肋每个子通道的通流能力提高,折转—冲击—螺旋流的强度减弱,因此阻力有了大幅度的降低(Du等,2019c)。

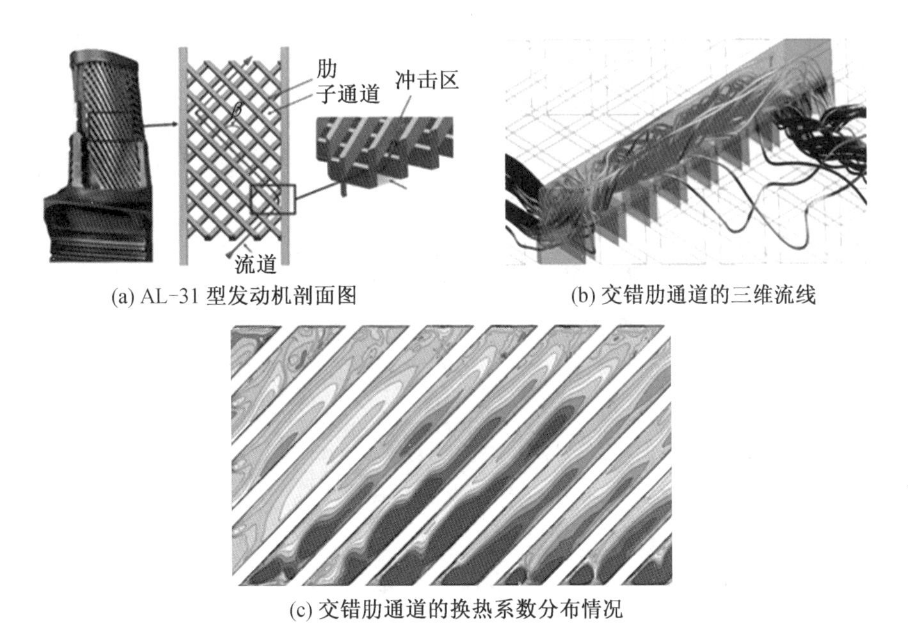

图 4.14　交错肋通道几何结构及流场换热分布
（资料来源：Du 等，2019c）

4.4　冲击冷却

冲击冷却是通过一股或多股低温高压气流冲击叶片内壁，使气流边界层变薄，并在冲击靶面处产生强烈的扰动，冲击驻点附近形成强势的对流换热。冲击驻点附近区域的强化换热效果显著（图 4.15），然而冲击射流会对叶片强度有较高的要求，因此该冷却方式适用于热负荷较高、叶片横截面较厚的局部区域。在涡轮叶片中，冲击冷却常用于叶片弦

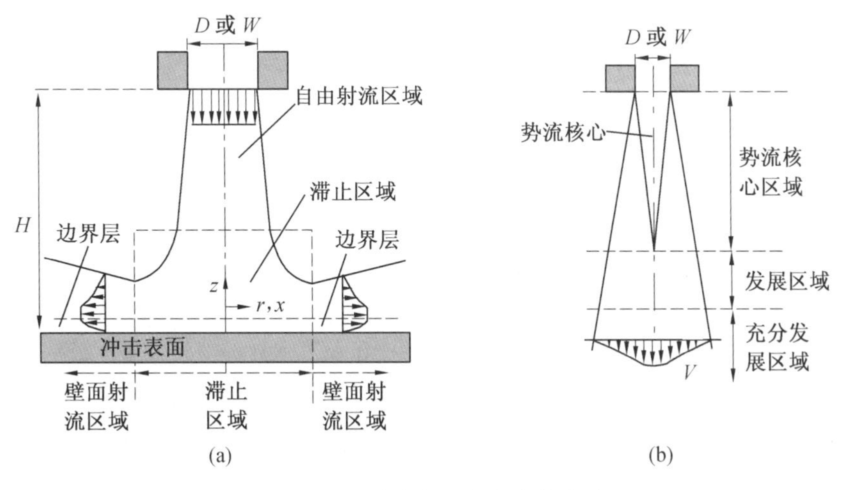

图 4.15　冲击射流与自由射流对比
（资料来源：Viskanta，1993）

长中部区域和叶片前缘区域。由于叶片弦长中部区域耙面曲率半径较大,因此可以将部分研究近似简化为平板冲击模型。叶片前缘的曲率很大,因此前缘冲击射流与平板冲击不同,弯曲的靶面将对冲击射流产生限制的作用,进而影响其流动情况,这使得曲率冲击同平板冲击的换热特性产生很大的变化。本节主要介绍叶片弦长中部区域平板冲击的换热特性和叶片前缘带曲率冲击的换热特性。

4.4.1 叶片弦长中部区域的冲击传热

冲击靶面的换热情况主要受到冲击孔布置及形状、孔板间距 z/d、雷诺数 Re 及靶面布置形式等因素的影响。

Gardon 和 Corbonpue(1962) 测量了雷诺数为 28 000 时,不同孔板间距条件下,冲击靶面局部换热系数的径向变化(图 4.16)。当孔板距离较小时,即 $z/d<6$ 时,局部换热系数自滞止点起逐渐增加,在 $r/d=0.5$ 附近得到一个峰值,第二个最大值大约在 $r/d=2$ 处产生。在较低的雷诺数下可得到 3 个峰值,分别位于 $r/d=0.5,1.4,2.5$ 处。随着雷诺数的增加(约为 20 000),两个外部最大值合并,并且仅能看到两个最大值。

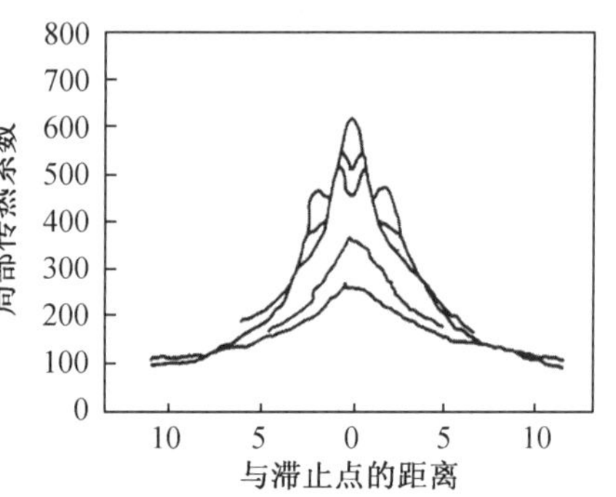

图 4.16 不同孔板间距条件下冲击靶面换热系数沿径向变化
(资料来源:Gardon 和 Corbonpue,1962)

不同的射流孔型可影响喷射出口流动,进而对冲击板上的传热情况产生不同的影响。典型的冲击射流孔采用产生轴对称平均速度分布射流的圆形出口,或产生平面二维速度分布的窄狭缝出口。具有锋利边缘的射流孔以及波浪轮廓边缘的射流孔在冲击射流中会产生不同的射流流动情况。Gulati 等(2009) 利用红外热象技术测量了圆形、正方形和矩形形状的射流在不同孔板间距条件下冲击靶面的传热情况。Harmon 等(2014) 研究了叶片前缘冲击孔在圆形和跑道形两种情况下的冲击冷却特性。冲击射流雷诺数是影响冲击流动及换热的一个重要参数。Katt 和 Prabhu(2008) 研究了在大雷诺数条件下,雷诺数变化对射流冲击的影响,并且给出了不同雷诺数及不同孔板间距条件下,局部换热系数的半经验关系式。

在实际的工程应用中,尤其是在航空发动机领域,更值得关注的是多排冷却孔的冲击冷却,射流的流动与换热特性直接关系到热端部件的冷却效果。而多排孔冲击冷却与单孔射流的最大区别在于阵列射流会受到前排射流所形成的横向流的影响。射流在冲击壁面以后沿流动方向形成横向流,并改变附近的射流的性能,使得下游的冲击射流发生偏移,从而对整个流场及靶面换热产生影响。Florschuetz 和 Su(1987) 研究了横向流对靶面努赛尔数的影响。研究发现,横向流使冲击射流发生偏移,虽然横向流增强了对流换热,但是横向流的存在削弱了冲击射流,降低了冷却效果,使平均努赛尔数降低。Huang 等(1998) 研究了横向流的方向对冲击冷却造成的影响实验装置如图 4.17 所示。通过对 3 种不同结构的实验研究,指出横向流的方向对换热系数分布能够造成重要的影响,如图 4.18 所示。

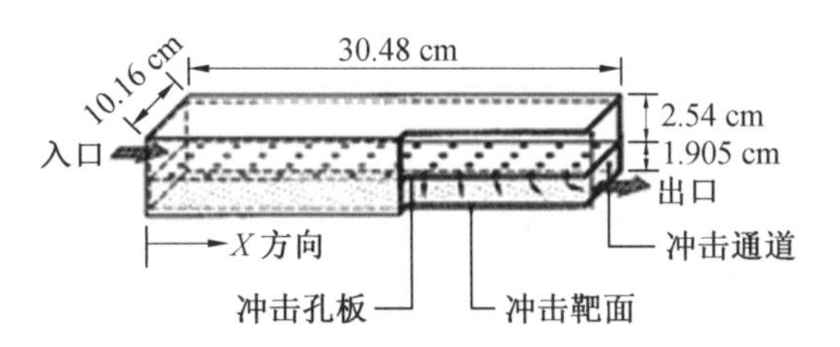

图 4.17　其中一种出流方式下的实验装置示意图
（资料来源：Huang 等，1998）

常见的多排冲击孔的布置有顺列和错列两种方式，而在靶面上布置不同的结构是现在冷却结构的一个发展趋势，因此对于多排孔及靶面添加其他结构的冷却模型的研究能为冲击冷却的实际应用提供更多的理论依据。Yang 等(2015) 通过数值模拟研究了带有凹坑的冲击靶面上的气膜孔对射流冲击传热效果的影响。研究表明，气膜孔的存在能够改变壁面的局部换热情况，并且在横流最大处的换热效果更加明显。Ekkad 等(1999) 采用顺列和错列的孔排布局研究了冲击冷却和气膜冷却共同作用的情况，针对各种布局采用了 3 种不同的出流方式。研究表明，错列布置时冲击冷却的冷却效果优于顺列布置；无论顺列布置还是错列布置，壁面的平均努赛尔数都高于壁面无气膜孔的情况。Schulz 等(2015) 对叶片前缘交错射流冲击至带有气膜孔的壁面进行了实验研究。

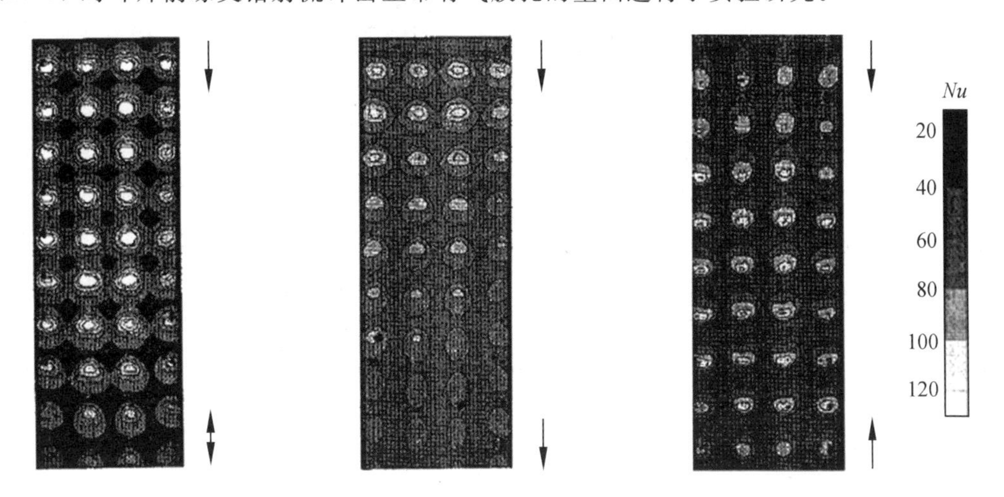

图 4.18　不同出流方式下的努塞尔数分布图
（资料来源：Huang 等，1998）

4.4.2　叶片前缘的冲击传热

涡轮叶片的前缘是显著弯曲的(图 4.19)，在弯曲冲击面上射流的冲击特性与平板冲击的情况是不同的。从目前公开的文献来看，对曲率冲击冷却结构的研究主要集中于雷诺数、曲率、冲击间距，以及冲击孔间距变化与冲击靶面平均，或者驻点换热系数及壁面平均压力的变化关系。

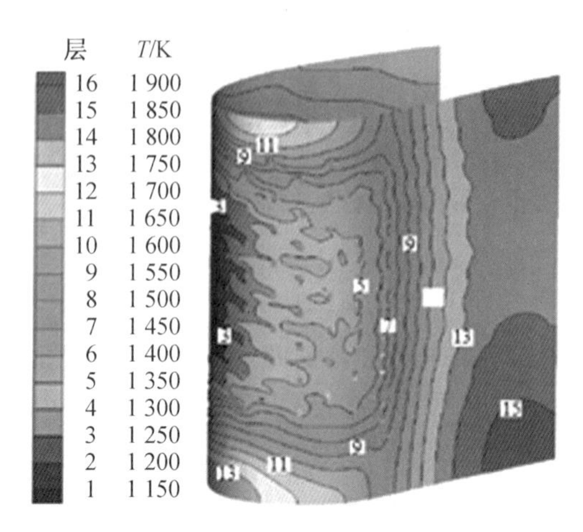

图 4.19　某涡轮叶片前缘表面温度场

（资料来源：Han 等，2012）

Chupp 等(2012) 通过实验测量了在不同参数下，单排冲击孔冲击弯曲靶面的换热情况，首次总结了驻点努塞尔数和平均努塞尔数与雷诺数，冲击孔与靶面间距，冲击孔相互的间距和靶面曲率之间的经验关联式。Metzger 等(1969) 也通过实验方法得出了单列冲击孔冲击弯曲靶面的最大和局部斯坦顿数的关联式。Metzger 等(1969) 研究了冲击间距为 6 倍射流宽度时，靶面曲率变化对狭缝冲击壁面的静压分布的影响。Kayansayan 和 Küçük(2002)、Gau 和 Chung(1991) 通过实验分析了冲击雷诺数、冲击间距变化时，靶面曲率对狭缝冲击结构和靶面换热系数的影响。Zhou 等(2017) 通过实验方法及数值模拟方法研究了单孔射流冲击至开放区域内的微曲靶面上的换热情况，并且给出了靶面平均努塞尔数与冲击间距、雷诺数、曲率之间的关联式。Yang 等(1999) 针对不同的冲击孔形变化进行了一定的研究。此外，Choi 等(2000) 通过实验研究了狭缝冲击于半圆柱形曲面上的壁面的局部努塞尔数、平均努塞尔数和脉动速度的变化，并将局部努塞尔数第二峰值与平均努塞尔数及脉动速度联系起来。Cornaro 等(1999) 利用流动显示技术，对比射流冲击半圆柱凹曲面及凸曲面的流动细节发现，由于凹半圆柱面上游的流动受到流出表面的流动的强烈影响而产生回流，凹半圆柱面上的流动比凸面上的流动更不稳定。

如图 4.20 所示，Kumar 和 Prasad(2008) 通过实验及数值方法给出了在单列射流冲击曲面情况下，雷诺数、冲击孔间距及冲击间距变化时，靶面努塞尔数云图以及中心截面的速度矢量图。Elebiary 和 Taslim(2013) 对比了叶片前缘单列跑道型冲击冷却结构中，孔的数量及出流方向对壁面换热的影响。Martin 等(2012) 通过实验研究了在不同的射流雷诺数、射流间距、射流与靶面间距及靶面曲率变化情况下，温差对于单列射流冲击靶面平均努塞尔数的影响。Patil 和 Vedula(2018) 通过实验方法总结出单列孔冲击弯曲壁面的平均努塞尔数与雷诺数、冲击间距、冲击孔间距以及冲击孔长度之间的关联式，并且发现冲击孔之间相对的靶面上以及沿展向方向 $s/d>2$ 的区域出现低换热的情况。

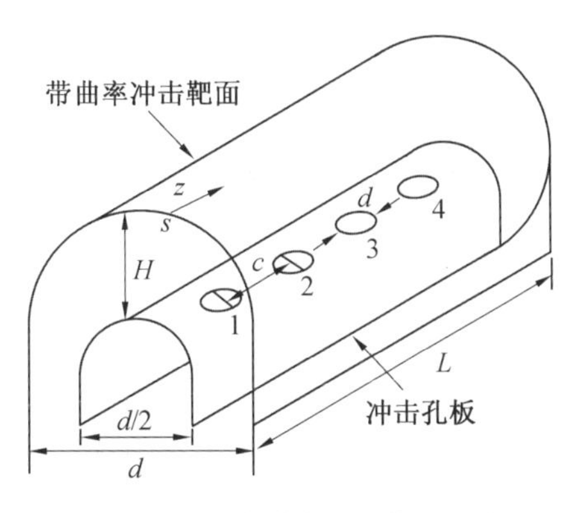

图 4.20　带曲率冲击物理模型示意图

（资料来源：Kumar 和 Prasad，2008）

4.5　U 型通道冷却

现代燃气轮机涡轮叶片中，冷气流经叶片内部通道并与高温叶片进行换热，以降低叶片温度。叶片内部的通道由一个个 180° 转弯将叶片内部多个直通道连接而成，常称之为蛇型通道。通道内部布置不同形式的扰流结构是现阶段常用的提升换热的方式。在实验和数值模拟研究中，通常将蛇型通道简化为 U 型通道。本节主要围绕 U 型通道内部的流动换热特性展开讨论。

4.5.1　通道几何结构特性

图 4.21 为光滑 U 型通道内部典型的流动示意图。流体进入通道后冲击至通道顶部，然后偏转，继而在下游分离，流出通道。在入口下壁面与外壁面之间，由于壁面作用以及冲击偏转作用，流体在该角区形成回流。对于 U 型通道内部换热，隔板顶端的流动分离以及偏转离心力引起的二次流对转弯处的换热影响很大（Ekkad 和 Han，1995）。Fan 和 Metzger（1987）研究发现：对于光滑 U 型通道转弯区域，通道隔板后方，即流体经过转弯后的下游区域换热最强。

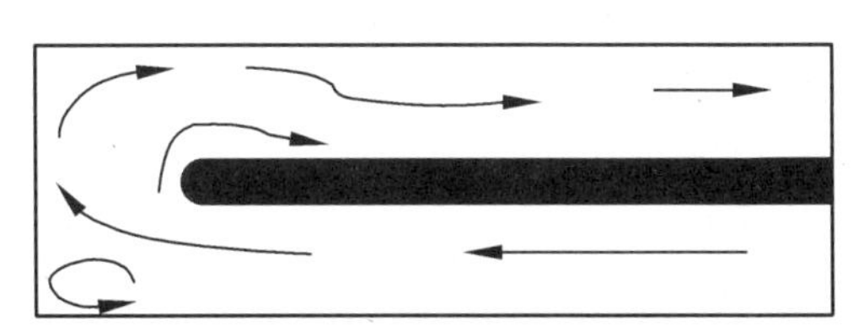

图 4.21　U 型通道内部典型的流动示意图

（资料来源：Ekkad 和 Han，1995）

在实际涡轮叶片中，通道结构形状多变。通道转弯处有多种形式，Boyle（1984）对比了矩形、圆角矩形、圆形转弯形式的光滑 U 型通道的换热特性，如图 4.22 所示。研究表明，弯头的形状对换热和压降的影响并不大，对于这 3 种转弯形式来说，随着流体进入通道，换热逐渐降低，当流经转弯部位时，其换热逐渐增强。对于通道外壁面来说，流体经过转弯部位下游区域的换热效果最好。

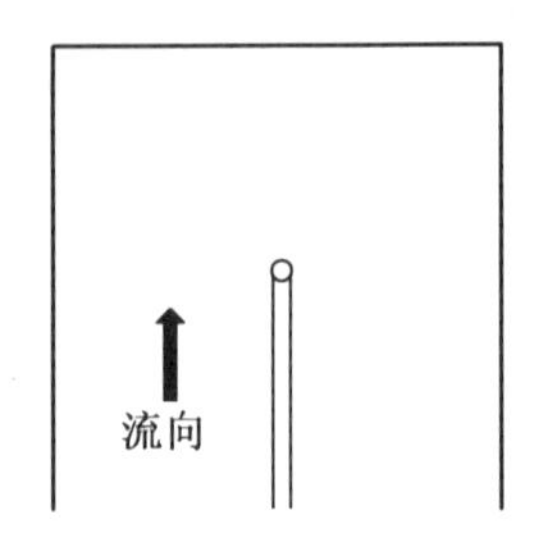

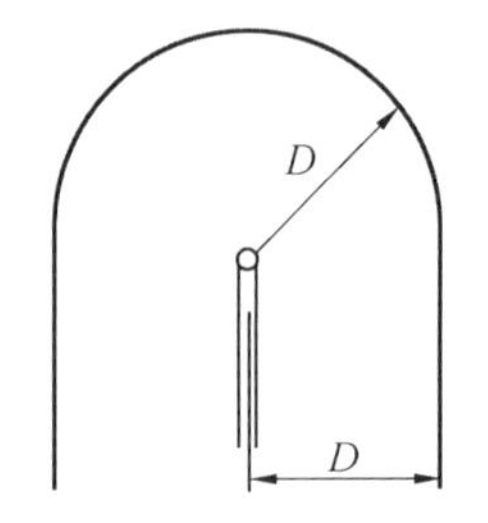

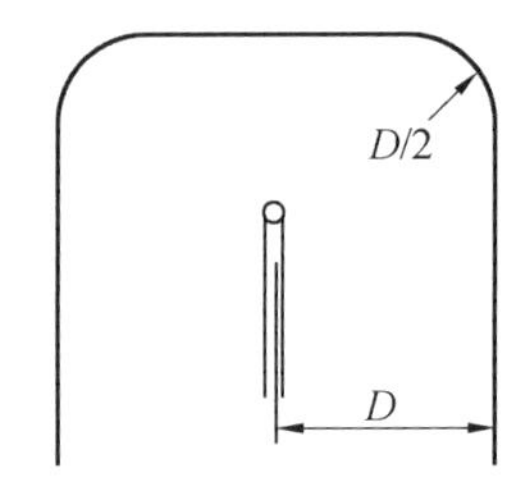

图 4.22 U 型通道不同几何形式的研究
(资料来源:Boyle,1984)

对于整个叶片内部通道来说,U 型通道的长宽比具有很宽的范围。图 4.23 所示为叶片内部通道不同部位简化模型。靠近前缘区域为长宽比 AR=1∶4 的通道。而靠近尾缘区域,其通道长宽比 AR=4∶1。对于叶片中部来说,通道长宽比有多种形式(AR=1∶2,1∶1,2∶1)。Han(1988) 研究了不同长宽比(AR=1∶4,1∶2,1∶1,2∶1,4∶1) 的 U 型通道换热特性。研究表明,大长宽比(AR=2∶1,4∶1) 通常比小长宽比(AR=1∶4,1∶2) 的换热效果好。

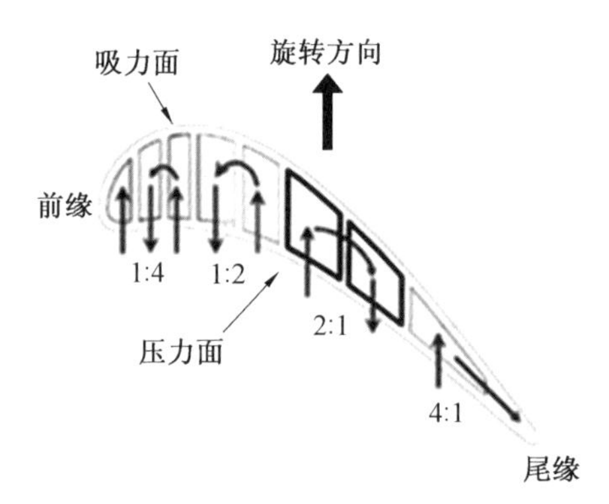

图 4.23 叶片内部通道不同部位简化模型
(资料来源:Huh 等,2009)

Nakayama 等(2006) 给出了 3 种不同折转间隙(隔板距顶部的距离) 的 U 型通道内流动换热特性。Liou 等(1999) 研究了隔板厚度的变化对通道内流动换热特性的影响。研究表明,隔板的厚度显著影响着通道内的流动情况,尤其是折转下游区域。当隔板厚度增大时,折转区域的下游湍流强度增大且流动更加均匀。Ekkad(2000) 对比了两种不同进出口几何形状的 U 型通道(锥型通道、矩型通道),分别研究带肋和不带肋的通道内流动传热情况。研究表明,由于锥形通道具有流动加速作用,其传热性能显著提升。同时,与光滑锥形通道相比,带肋锥通道在第一流程中的传热性能有较为明显的提升。

4.5.2 U 型通道各部分的换热特性

在实际涡轮叶片内冷通道中,U 型通道的直通道部分并不是光滑的,通常布置扰流肋增强流体扰动,从而强化换热。Han 等(1988) 比较了光滑和带肋 U 型通道的传热性能。

研究表明，肋片可以有效增强扰动，提升直通道部分的换热能力。Mochizuki 等(1997；1999) 对比了 U 型通道内，直通扰流柱不同布置对整个通道流动及换热的影响。图 4.24(a) 所示为该实验中不同形式 U 型通道示意图。与光滑通道相比，扰流肋的加入增加了通道内阻力损失，扰流肋形式 U 型通道的阻力损失系数为光华通道的 2 ～ 4 倍，其中 PS 形式的流阻增加最小，NP 形式的阻力增加最大，如图 4.24(b) 所示。对于通道内换热，90° 扰流肋增加了整个光滑通道的换热。与 90° 肋 U 型通道相比，除转弯部分对应的外壁面区域，斜肋通道其他区域的换热均高于 90° 肋通道。Ekkad 和 Han(1997) 研究了不同扰流肋结构在 U 型通道中的流动换热情况。结果表明，60°V 型肋的换热性能最好。如前所述，高性能肋片通常会产生较高的努塞尔数，并且与光滑通道相比，转弯的影响降低。在急转弯的下游区比第一流程的换热强。V 型间断肋产生了蛇型的二次流，从而产生了较高的努塞尔数值。关于各种新型扰流肋、扰流肋流动及换热强化细节在前面已经介绍。

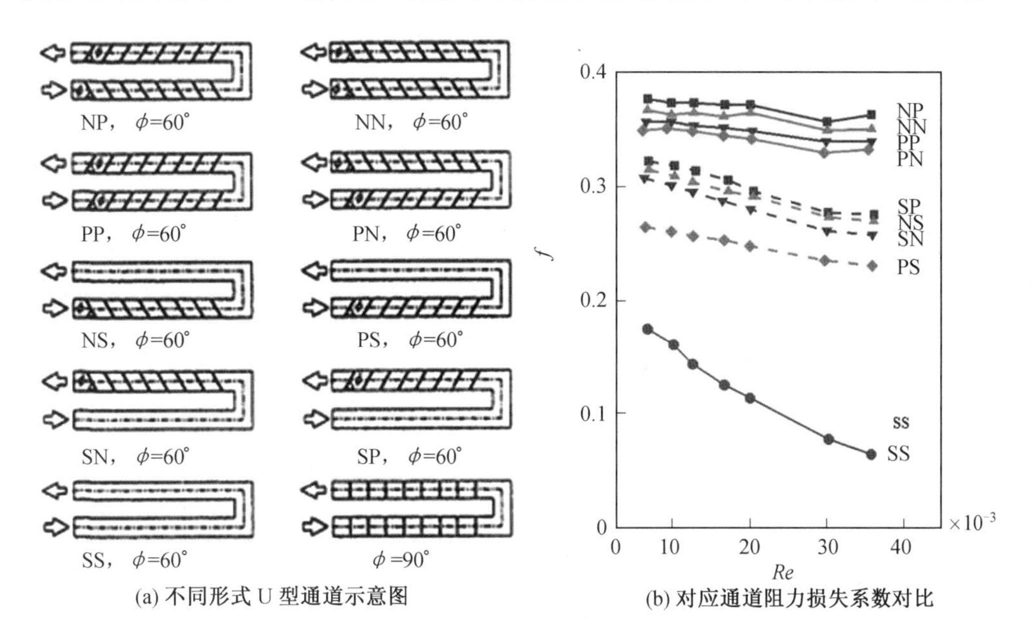

图 4.24　不同形式 U 型通道示意图及对应通道阻力损失系数对比

(资料来源：Mochizuki 等，1997)

由于 U 型通道中 180° 急转弯的存在，使流体在转弯前对顶部产生冲击作用，流动发生滞止导致流动阻力急剧升高。因此，为了抑制流动损失，并强化转弯处的换热，通常将导流片引入到 180° 急转弯中。Rao 和 Prabhu(2013) 等利用实验研究了导流片的数量及不同布置形式对带肋 U 型通道的流动换热特性的影响，如图 4.25 所示。研究表明，导流片的加入可以显著降低通道内的流动阻力。其中导流片布置在中间时，流动阻力降低了 14% ～ 20%。Chen(2010) 研究了几种不同布置形式的导流片的流动换热特性。研究表明，选取适当的导流片布置方式可以有效地提升急转弯处的换热性能，同时降低通道内的流动阻力。

由于动叶顶部间隙的存在，使得高温泄漏气流流过顶部产生很大的热负荷，严重影响

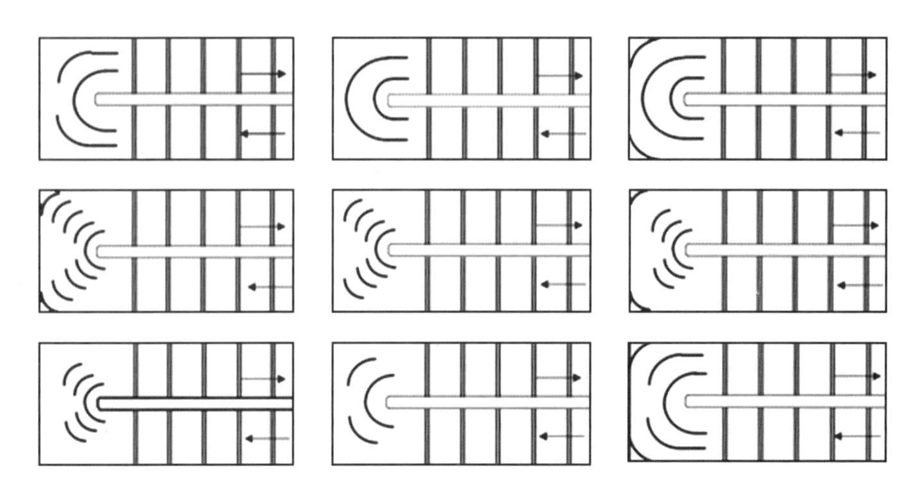

图 4.25　U 型通道内布置导流片示意图
（资料来源：Rao 和 Prabhu，2013）

叶片的工作寿命。因此，在设计内冷叶片的过程中，应充分考虑顶部区域的传热问题。Bunker(2007)提出了一种新的增强顶部换热的方式，即在U型通道顶部（外壁面）布置扰流柱阵列，利用实验手段获得了顶盖内表面的传热分布。研究发现，由于增大了传热面积，布置扰流柱能够有效提升顶部传热性能，换热系数相应地提高了 2.5 倍。Ledezma 和 Bunker(2012；2013) 在 U 型通道顶部布置了扰流柱或扰流肋阵列，利用数值模拟的方法研究了间距的改变对顶部传热的影响，并寻求最好的间距方案。

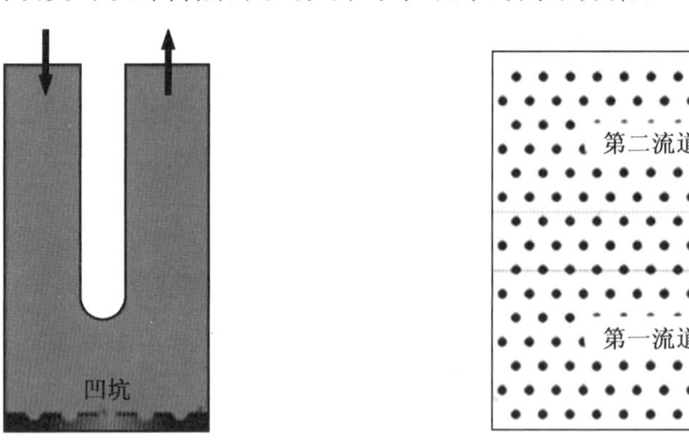

图 4.26　U 型通道顶部内侧布置凹坑示意图
（资料来源：Xie 等，2011）

Xie 等(2011) 在 U 型通道顶部布置了凹坑和凸起阵列。研究表明，两种方案均有助于强化传热，换热系数较光滑顶部提高了 2 倍左右，而压降仅增加 5% 左右。刘娜等(2014) 分析了顶部凹坑结构、雷诺数及旋转数的改变对 U 型通道内流动与顶部换热的影响，研究表明，顶部凹坑结构显著增强顶部换热，并且对通道压降的影响比较小。Wang 等(2013) 研究了 U 型通道顶部肋的间距对通道顶部流动换热特性的影响。研究表明，顶部肋显著增强了顶部的换热能力。当肋间距为 12 时，将获得最大的传热增强系数。关于凹坑、凸起强化换热将在下节重点介绍。

4.6　涡轮内部其他冷却技术

4.6.1　层板冷却技术

双层壁和层板结构是一种微型冷却结构。图 4.27 给出了 Bunker 和 Wallace(1994) 及 Auxier 等(1998) 使用的双层壁结构。在该结构下,双层壁温度接近冷气输入温度,外壁面为叶片表面温度,因此,这种结构能够显著降低其金属温度。

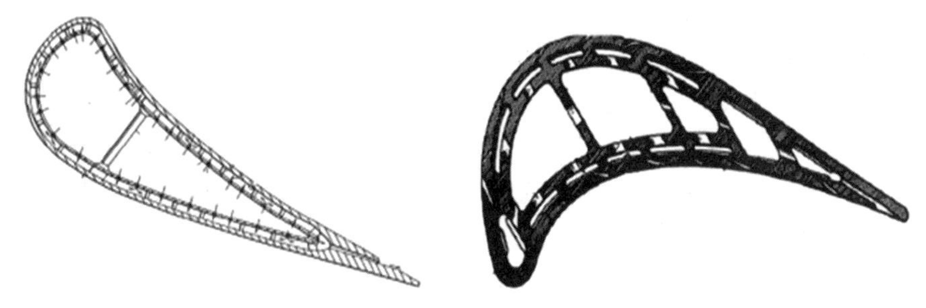

图 4.27　典型双层壁结构

(资料来源:Bunker 和 Wallace,1994;Auxier 等,1998)

层板结构首先由 Allison 公司发明并加工制造,这种结构称为层板(Lamilloy)或者铸冷(Cast Cool)(Sweeney 和 Rhodes,1999)。随后的几十年里,层板结构被工程领域广泛研究并成功运用到实际机型中。该结构被认为是提高冷却结构冷却效率,解决高温发动机涡轮入口温度过高的有效途径之一。如图 4.28 所示,层板结构分为多层(本图为两层结构),每层之间冷却结构由冲击冷却、扰流柱冷却、对流冷却及气膜冷却结构组成。冷气由冲击孔进入腔室,经由扰流柱扰动后,自气膜孔流出。最初的层板结构一般在燃烧室中运用。结果表明,与传统冷却结构相比,层板结构能够减少 67% 的冷气量(Wassell 和 Bhangu,1980;Nealy 和 Reider,1980)。罗尔斯罗伊斯公司在不同燃烧室中采用了层板结构,结果表明,冷却效率能够达到 0.7 ~ 0.9(Ashmole,1983)。因此层板结构具有冷却效率高,以及在保证换热的情况下消耗的冷气量少等特点,对提高燃气轮机循环效率有着一定的作用。

图 4.29 给出了典型的带层板冷却结构的叶片。从图中可以看出,层板叶片可以分为以下几部分来进行机理研究:前缘双层壁结构,该部分冷气由冲击孔冲击前缘壁面,而后从气膜孔流出;叶片弦长中部层板结构,该部分冷气由冲击孔冲击到靶面后,经过扰流柱扰流,从气膜孔流出;尾缘区域结构,该部分的冷气由靠近尾部冲击孔冲击到叶片内壁后自尾缘流出,高温冷却叶片尾缘的冷却结构设计有采用扰流柱冷却的,也有采用独立的微小通道自尾部横向流出。此外,设计冷却结构时,外壁面热负荷研究也极为重要。外壁面区域的换热主要集中于进口湍流强度、湍流尺度、马赫数、表面粗糙度及雷诺数对叶片表面换热的影响,以及端壁采用弯叶片在不同运行状态下的换热特性。

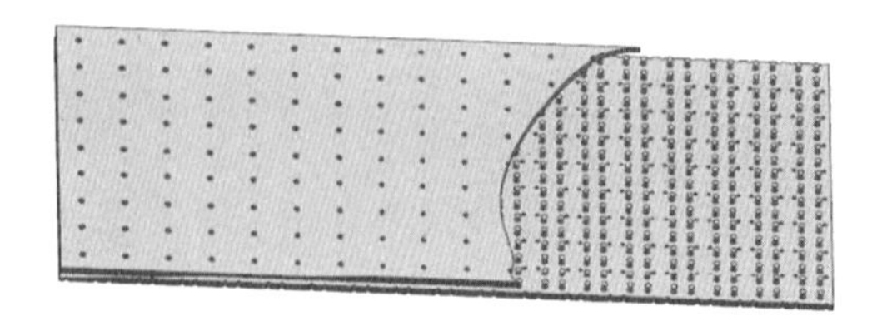

图 4.28　层板模型

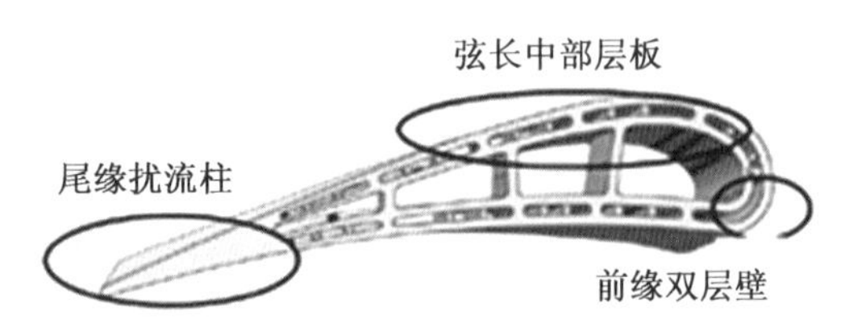

图 4.29　典型的带层板冷却结构的叶片

4.6.2　新型强化换热结构

大量研究表明,添加凹坑结构的通道与光滑通道相比,其换热能力会提高 1.8 ～ 2.8 倍,而流阻系数仅提高了 1.3 ～ 2.9 倍(Afanasyev 等,1993;Chyu 等,1997;Mahmood 等,2001;Moon 等,2000;Burgess 和 Ligrani,2005)。凹坑的换热提升主要是通过凹坑与主流之间相互作用,产生多个纵向涡,并生成较强的二次流,使得剪切层再附,产生不稳定效应,使得凹坑下游的热边界层重新分布,进而起到增大局部换热的作用。事实上,凹坑与冲击冷却射流相互作用,也可以在一定程度上影响流动换热(Ekkad 和 Kontrovitz,2002;Kanokjaruvijit 和 Martinez — Botas,2008;Kanokjaruvijit 和 Martinez- Botas,2010;Chang 和 Liou,2009;Xing 和 Weigand,2010)。在这些研究中,Ekkad 与 Kontrovitz(2002) 采用了瞬态液晶实验手段研究了射流冲击到凹坑表面后对换热及流场的影响,并改变了凹坑深度来改变流动换热的情况。研究表明,由于射流冲击到凹坑后将形成大的旋涡,改变了冲击射流的流动状态,凹坑减小了冲击靶面的换热。Kanokjaruvijit 和 Martinez — Botas(2008) 采用宽频带瞬态液晶技术研究了凹坑对带横流冲击设计的换热影响,研究中改变了凹坑形状及横流大小,如图 4.30 所示。研究表明,在相同的边界条件下,浅的凹坑能够增大 70% 的换热能力,而凹坑方案的压力损失系数与不带凹坑的结构基本相同。随后,Kanokjaruvijit 和 Martinez — Botas(2008;2010) 基于这些研究,给出了凹坑增强换热的经验关联式。Chang 和 Liou(2009) 在考虑出流的情况下,研究了射流冲击到凹坑或凸起上的换热变化,并给出了 6 种努塞尔数的换热经验关联式。Xing 和 Weigand(2010) 研究了在添加凹坑的情况下,冲击射流与靶面距离对换热的影响。实验中,冲击射流与靶面距离比由 3 增大到 5,雷诺数由 15 000 增大到 35 000。实验结果表明,减小横流以及冲击射流到靶面的距离均能够增大冲击靶面的换热。此外,凹坑的添加能够增大冲击靶面的换热效果,且这种换热提升不随横流大小而改变。Xie 等(2013) 研究了单个冲击孔冲击到凹坑表面的换热特性,在研究中改变了凹坑直径及凹坑深度,并采用了 PIV 测量流场。研究发现,对于小凹坑直径的方案,换热面积变化决定换热的强弱,因此,冲击靶面努塞尔数随着凹坑深度的增大而增大。而对于大凹坑直径方案,凹坑面上的局部换热的减小主导换热强弱。因此冲击靶面平均努塞尔数随着凹坑深度的增大而减小。

针对叶片中部弦长通道内扰流肋换热冷却,其结构形式有了新的变化。例如 S 型肋和 Z 型肋,这两种扰流肋不仅能够增强冷却通道的壁面换热,而且能够对冷气的导流作用产生的流阻进行有效控制。该模型的换热增益以及流阻方面的效果对涡轮叶片内部冷通道强化换热结构设计有着一定的参考价值。Ngo 等(2006) 通过实验方法,对比了间断的

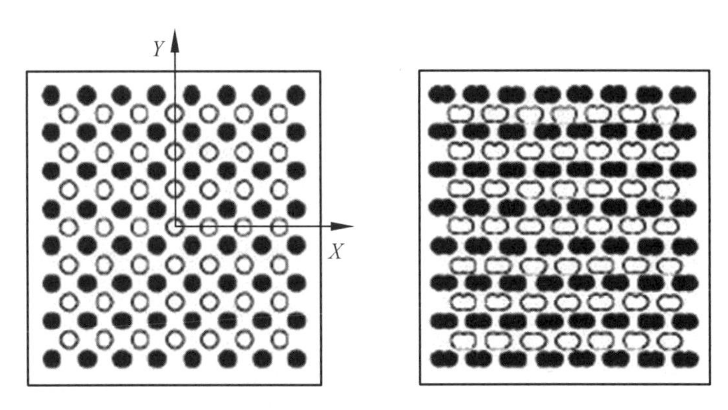

图 4.30　半球形凹坑与 Cusped 椭圆凹坑
（资料来源：Kanokjaruvijit 和 Martinez－Botas，2008）

S 型肋、连续的 Z 型肋（图 4.31）的流动以及换热性能。研究发现，与 Z 型肋相比，间断的 S 型肋对冷气的导流作用效果良好，压损降低度更高。

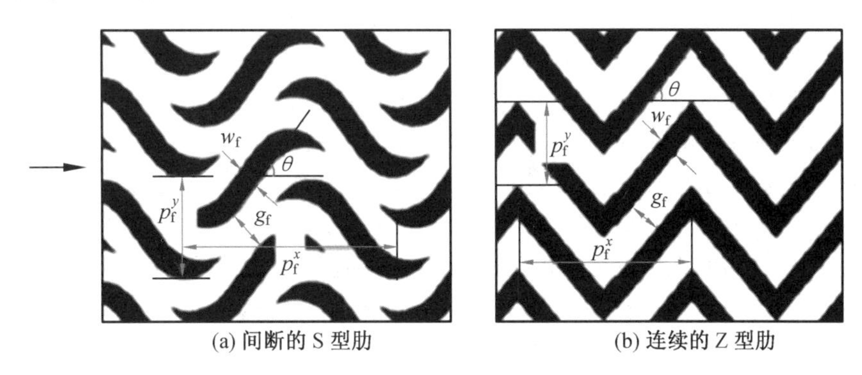

图 4.31　间断的 S 型肋和连续的 Z 型肋
（资料来源：Ngo 等，2006）

本章参考文献

[1] 刘娜，刘钊，丰镇平. U 型通道内部流动与换热的数值研究[J]. 工程热物理学报，2014(9)：1733-1738.

[2] 王奉明，张靖周，王锁芳. 不同形状扰流柱矩形通道内流动特性研究[J]. 航空学报，2007，28(1)：37-41.

[3] AFANASYEV V N，CHUDNOVSKY Y P，LEONTIEV A I，et al. Turbulent flow friction and heat transfer characteristics for spherical cavities on a flat plate[J]. Experimental Thermal and Fluid Science，1993，7(1)：1-8.

[4] ASHMOLE P J. Introducing the rolls-royce tay[C]. Washington：19th Joint Propulsion Conference. 1983.

[5] AUXIER T A，HUBER F W，SELLERS R R，et al. U.S. Patent No. 5,720,431[C]. Washington：Patent and Trademark Office，1995.

[6] BOYLE R J. Heat transfer in serpentine passages with turbulence promoters[R]. NASA Technical Memorandum, 1984, N84-22911.

[7] BRIGHAM B A, VANFOSSEN G J. Length to diameter ratio and row number effects in short pin fin heat transfer[J]. Journal of Engineering for Power, 1984, 106(1): 241-245.

[8] BURGESS N K, LIGRANI P M. Effects of dimple depth on channel nusselt numbers and friction factors[J]. Journal of Heat Transfer, 2005, 127(8): 839-847.

[9] BUNKER R S. The augmentation of internal blade tip-cap cooling by arrays of shaped pins[J]. Journal of Turbomachinery, 2008, 130(4): 11-21.

[10] BUNKER R S, WALLACE T T. Turbine airfoil with double shell outer wall:US 5 328 331[P]. 1994-07-12.

[11] BUNKER R S, BAILEY J C, AMERI A A. Heat transfer and flow on the first-stage blade tip of a power generation gas turbine: Part 1—experimental results[J]. Journal of Turbomachinery, 2000, 122(122):272-277.

[12] CHANG S W, LIOU H F. Heat transfer of impinging jet-array onto concave- and convex-dimpled surfaces with effusion[J]. International Journal of Heat & Mass Transfer, 2009, 52(19-20):4484-4499.

[13] CHOI M, HAN S, YANG G, et al. Measurements of impinging jet flow and heat transfer on a semi-circular concave surface[J]. International Journal of Heat and Mass Transfer, 2000, 43(10):1811-1822.

[14] CHO H H, LEE S Y, WU S J. The combined effects of rib arrangements and discrete ribs on local heat/mass transfer in a square duct[C]. Louisiana:Asme Turbo Expo: Power for Land, Sea, & Air, 2001.

[15] CHO H H, WU S J, KWON H J. Local heat/mass transfer measurements in a rectangular duct with discrete ribs[J]. Journal of Turbomachinery, 2000, 122(3):579-586.

[16] CHUPP R E, HELMS H E, MCFADDEN P W. Evaluation of internal heat transfer coefficients for impingement-cooled turbine airfoils[J]. Journal of Aircraft, 1969, 6(3):203-208.

[17] CHYU M K, HSING Y C, NATARAJAN V. Convective heat transfer of cubic fin arrays in a narrow channel[J]. Journal of Turbomachinery, 1996, 120(2): 181-183.

[18] CHYU M K, HSING Y C, SHIH T I P, et al. Heat transfer contributions of pins and endwall in pin-fin arrays: Effects of thermal boundary condition modeling[J]. Journal of Turbomachinery, 1999, 121(2):257-263.

[19] CHYU M K, SIW S C, MOON H K. Effects of height-to-diameter ratio of pin element on heat transfer from staggered pin-fin arrays[C]. Orlando: ASME

Turbo Expo 2009: Power for Land, Sea, and Air, 2009.

[20] CHYU M K, Y YU, DING H, et al. Concavity Enhanced Heat Transfer in an Internal Cooling Pa[C]. Orlando:International Gas Turbine and Aeroengine Congress and Exhibition, 1997.

[21] CORNARO C, FLEISCHER A S, GOLDSTEIN R J. Flow visualization of a round jet impinging on cylindrical surfaces[J]. Experimental Thermal & Fluid Science, 1999, 20(2): 66-78.

[22] DU W, LUO L, WANG S, et al. Effect of the dimple location and rotating number on the heat transfer and flow structure in a pin finned channel[J]. International Journal of Heat and Mass Transfer, 2018, 127:111-129.

[23] DU W, LUO L, WANG S, et al. Heat transfer and flow structure in a rotating duct with detached pin fins[J]. Numerical Heat Transfer, Part A: Applications, 2019, 75(4):217-241.

[24] DU W, LUO L, WANG S, et al. 2019b. Heat transfer characteristics in a pin finned channel with different dimple locations[J]. Heat Transfer Engineering, 2020, 41(14): 1232-1251.

[25] DU W, LUO L, WANG S, et al. Heat transfer and flow structure in a detached latticework duct[J]. Applied Thermal Engineering, 2019, 155:24-39.

[26] EKKAD S V, HAN J C. Local heat transfer distributions near a sharp 180° turn of a two-pass smooth square channel using a transient liquid crystal image technique[J]. Journal of Flow Visualization & Image Processing, 1995, 2(3): 285-297.

[27] EKKAD S V, HAN J C. Detailed heat transfer distributions in two-pass square channels with rib turbulators[J]. International Journal of Heat and Mass Transfer, 1997, 40(11): 2525-2537.

[28] EKKAD S V, HUANG Y, BAN J C. Impingement Heat Transfer on a Target Plate with Film Hole[J]. AIAA Journal of thermophysics and Heat Transfer, 1999, 13(4): 522-528.

[29] EKKAD S V, KONTROVITZ D. Jet impingement heat transfer on dimpled target surfaces[J]. International Journal of Heat and Fluid Flow, 2002, 23(1): 22-28.

[30] EKKAD S V, PAMULA G, SHANTINIKETANAM M. Detailed heat transfer measurements inside straight and tapered two-pass channels with rib turbulators[J]. Experimental Thermal & Fluid Science, 2000, 22(3-4): 155-163.

[31] ELEBIARY K, TASLIM M E. Experimental/numerical crossover jet impingement in an airfoil leading-edge cooling channel[J]. Journal of turbomachinery, 2013, 135(1):011037.

[32] FAN C S, METZGER D E. Effects of channel aspect ratio on heat transfer in rectangular passage sharp 180-deg turns[C]. Anaheim:32nd International Gas Turbine Conference and Exhibition,1987.

[33] FLORSCHUETZ L W, BERRY R A, METZGER D E. Periodic streamwise variations of heat transfer coefficients for inline and staggered arrays of circular jet with cossflow of spent air[J]. ASME Journal of Heat Transfer, 1980(102): 237-342.

[34] FLORSCHUETZ L W, SU C C. Effects of crossflow temperature on heat transfer within an array of impinging jets[J]. Journal of Heat Transfer, 1987, 109(1):74-82.

[35] GAU C, CHUNG C M. Surface curvature effect on slot air-jet impingement cooling flow and heat transfer process[J]. Journal of Heat Transfer, 1991, 113(4): 858-864.

[36] GRANNIS V B, SPARROW E M. Numerical simulation of fluid flow through an array of diamond-shaped pin fins[J]. Numerical Heat Transfer, 1991, 19(4): 381-403.

[37] GULATI P, KATTI V, PRABHU S V. Influence of the shape of the nozzle on local heat transfer distribution between smooth flat surface and impinging air jet[J]. International Journal of Thermal Sciences, 2009, 48(3):602-617.

[38] HAN J C, DUTTA S. Internal convection heat transfer and cooling: An experimental approach[J]. Lecture Series-van Kareman Institute for Fluid Dynamics, 1995, 5: C1-C147.

[39] HAN J C, GLICKSMAN L R, ROHSENOW W M. An investigation of heat transfer and friction for rib-roughened surfaces[J]. International Journal of Heat & Mass Transfer, 1978, 21(8):1143-1156.

[40] HAN J C, HUANG J J, LEE C P. Augmented heat transfer in square channels with wedge-shaped and delta-shaped turbulence promoters[J]. Journal of Enhanced Heat Transfer, 1993, 1(1):37-52.

[41] HAN J C, PARK J S. Developing heat transfer in rectangular channels with rib turbulators[J]. International Journal of Heat & Mass Transfer, 1988, 31(1): 183-195.

[42] HAN J C, ZHANG Y M, LEE C P. Augmented heat transfer in square channels with parallel, crossed, and v-shaped angled ribs[J]. Asme J Heat Transf, 1991, 113(3):590-596.

[43] HARMON W V, ELSTON C A, WRIGHT L M. Experimental investigation of leading edge impingement under high rotation numbers with racetrack shaped jets[C]. Düsseldorf:ASME Turbo Expo: Turbine Technical Conference and Exposition, 2014.

[44] HUANG Y, EKKAD S V, HAN J C. Detailed Heat Transfer Distribution Under an Array of Orthogonal Impinging Jets[J]. AIAA Journal of Thermophysics and Heat Transfer, 1998, 12(1): 73-79.

[45] HUH M, LEI J, LIU Y H, et al. high rotation number effects on heat transfer in a rectangular (AR = 2 : 1) two pass channel[J]. ASME Journal of Turbomachinery, 2011, 133(2): 021001.

[46] HWANG J J, LUI C C. Measurement of endwall heat transfer and pressure drop in a pin-fin wedge duct[J]. International Journal of Heat & Mass Transfer, 2002, 45(4):877-889.

[47] JIA R, SAIDI A, SUNDEN B. Heat transfer enhancement in square ducts with v-shaped ribs[J]. Journal of Turbomachinery, 2002, 125(4):469-476.

[48] JUBRAN B A, HAMDAN M A, ABDUALH R M. Enhanced heat transfer, missing pin, and optimization for cylindrical pin fin arrays[J]. Journal of Heat Transfer, 1993, 115(3):577-583.

[49] KAMALI R, BINESH A R. The importance of rib shape effects on the local heat transfer and flow friction characteristics of square ducts with ribbed internal surfaces[J]. International Communications in Heat & Mass Transfer, 2008, 35(8):1032-1040.

[50] KANOKJARUVIJIT K, MARTINEZ-BOTAS R F. Heat transfer and pressure investigation of dimple impingement[J]. Journal of Turbomachinery, 2008, 130(1):125-128.

[51] KANOKJARUVIJIT K, MARTINEZ-BOTAS R F. Heat transfer correlations of perpendicularly impinging jets on a hemispherical-dimpled surface[J]. International Journal of Heat & Mass Transfer, 2010, 53(15-16):3045-3056.

[52] KAYANSAYAN N, KÜÇÜKA S. Impingement cooling of a semi-cylindrical concave channel by confined slot-air-jet[J]. Experimental Thermal & Fluid Science, 2002, 25(6):383-396.

[53] KUMARAN T K, HAN J C, LAU S C. Augmented heat transfer in a pin fin channel with short or long ejection holes[J]. International Journal of Heat & Mass Transfer, 1991, 34(10):2617-2628.

[54] KUMAR B, PRASAD B. Computational flow and heat transfer of a row of circular jets impinging on a concave surface[J]. Heat & Mass Transfer, 2008, 44(6):667-678.

[55] LEDEZMA G A, BUNKER R S. The optimal distribution of chordwise rib fin arrays for blade tip cap underside cooling[J]. Journal of Turbomachinery, 2014, 136(1):011007.

[56] LEDEZMA G A, BUNKER R S. The optimal distribution of pin fins for blade tip cap underside cooling[J]. Journal of Turbomachinery, 2015.

[57] MAHMOOD G I, HILL M L, NELSON D L, et al. Local heat transfer and flow structure on and above a dimpled surface in a channel[J]. Journal of Turbomachinery, 2001, 123(1). 115-123.

[58] MARTIN E L, WRIGHT L M, CRITES D C. Impingement heat transfer enhancement on a cylindrical, leading edge model with varying jet temperatures[J]. Journal of Turbomachinery, 2013, 135(3):323-334.

[59] METZGER D E. Impingement cooling of concave surfaces with lines of circular air jets[J]. Journal of Engineering for Gas Turbines & Power, 1969, 91(3): 149-155.

[60] METZGER D E, BARRY R A, BRONSON J P. Developing heat transfer in rectangular ducts with staggered arrays of short pin fins[J]. American Society of Mechanical Engineers, 1982, 1(4):700-706.

[61] METZGER D E, HALEY S W. Heat transfer experiments and flow visualization for arrays of short pin fins[J]. London: 27th International Gas Turbine Conference and Exhibit, 1982.

[62] METZGER D E, SHEPARD W B, HALEY S W. Row resolved heat transfer variations in pin-fin arrays including effects of non-uniform arrays and flow convergence[C]. Dusseldorf: ASME 1986 International Gas Turbine Conference and Exhibit, 1986.

[63] MOCHIZUKI S, MURATA A, FUKUNAGA M. Effects of rib arrangements on pressure drop and heat transfer in a rib-roughened channel with a sharp 180 deg turn[J]. Journal of Turbomachinery, 1997, 119(3):610-616.

[64] MOCHIZUKI S, MURATA A, SHIBATA R, et al. Detailed measurements of local heat transfer coefficients in turbulent flow through smooth and rib-roughened serpentine passages with a 180° sharp bend[J]. International Journal of Heat & Mass Transfer, 1999, 42(11):1925-1934.

[65] MOON H K, O'CONNELL T, GLEZER B. Channel height effect on heat transfer and friction in a dimpled passage[J]. Journal of Engineering for Gas Turbines & Power, 2000, 122(2): 3410-3415.

[66] MOON M A, PARK M J, KIM K Y. Evaluation of heat transfer performances of various rib shapes[J]. International Journal of Heat & Mass Transfer, 2014, 71(apr.): 275-284.

[67] NAKAYAMA H, HIROTA M, FUJITA H, et al. Fluid flow and heat transfer in two-pass smooth rectangular channels with different turn clearances[J]. Journal of Turbomachinery, 2006, 128(4):772-785.

[68] NEALY D A, REIDER S B. Evaluation of laminated porous wall materials for combustor liner cooling[J]. Journal of Engineering for Gas Turbines and Power, 1980, 102(2):268-276.

[69] NGO T L, KATO Y, NIKITIN K, et al. New printed circuit heat exchanger with S-shaped fins for hot water supplier[J]. Experimental Thermal & Fluid Science, 2006, 30(8):811-819.

[70] OSTANEK J K. Improving pin-fin heat transfer predictions using artificial neural networks[J]. Journal of Turbomachinery, 2013, 136(5):051010.

[71] PATIL V S, VEDULA R P. Local heat transfer for jet impingement on a concave surface including injection nozzle length to diameter and curvature ratio effects[J]. Experimental Thermal & Fluid Science, 2017,92: 375-389.

[72] PROMVONGE P, THIANPONG C. Thermal performance assessment of turbulent channel flows over different shaped ribs[J]. International Communications in Heat & Mass Transfer, 2008, 35(10):1327-1334.

[73] RALLABANDI A P, ALKHAMIS N, HAN J C. Heat transfer and pressure drop measurements for a square channel with 45deg round edged ribs at high reynolds numbers[J]. Journal of Turbomachinery, 2009, 133(3):031019.

[74] SCHULZ S, SCHINDLER A, WOLFERSDORF J V. An experimental and numerical investigation on the effects of aerothermal mixing in a confined oblique jet impingement configuration[J]. Journal of Turbomachinery, 2015, 138(4): 041007-1-10.

[75] SIW S C, CHYU M K, ALVIN M A. Heat transfer enhancement of internal cooling passage with triangular and semi-circular shaped pin-fin arrays[C]. Copenhagen:ASME Turbo Expo 2012: Turbine Technical Conference and Exposition, 2012.

[76] SPARROW E M, MOLKI M. Effect of a missing cylinder on heat transfer and fluid flow in an array of cylinders in cross-flow[J]. International Journal of Heat and Mass Transfer, 1982, 25(4): 449-456.

[77] SPARROW E M, RAMSEY J W, ALTEMANI C A C. Experiments on in-line pin fin arrays and performance comparisons with staggered arrays[J]. Journal of Educational Statistics, 1980, 102(1):57-71.

[78] STEUBER G D, METZGER D E. Heat transfer and pressure loss performance for families of partial length pin fin arrays in high aspect ratio rectangular ducts[C]. San Francisco:Proceedings of the Eighth International Conference, 1986.

[79] SWEENEY P C, RHODES J P. An infrared technique for evaluating turbine airfoil cooling designs[J]. Journal of Turbomachinery, 2000, 122(1):170-177.

[80] TABAKOFF W, CLEVENGER W. Gas turbine blade heat transfer augmentation by impingement of air jets having various configurations[J]. Journal of Engineering for Gas Turbines and Power, 1972, 94(1):51-58.

[81] TASLIM M E, LENGKONG A. 45 deg staggered rib heat transfer coefficient

measurements in a square channel[J]. Journal of Turbomachinery, 1998, 120(3):571-580.

[82] TASLIM M E, LI T, KERCHER D M. Experimental heat transfer and friction in channels roughened with angled, v-shaped and discrete ribs on two opposite walls[J]. Journal of Turbomachinery, 1994, 118(1): V004T09A018.

[83] VANFOSSEN G J. Heat transfer coefficients for staggered arrays of short pin fins[J]. Journal of Engineering for Gas Turbines & Power, 1982, 104(2): 268-274.

[84] VISKANTA R. Heat transfer to impinging isothermal gas and flame jets[J]. Experimental Thermal and Fluid Science, 1993, 6(2): 111-134.

[85] WANG L, GHORBANI-TARI Z, WANG C, et al. Endwall heat transfer at the turn section in a two-pass square channel with and without ribs[J]. Journal of Enhanced Heat Transfer, 2013, 20(4):321-332.

[86] WANG L, SUNDÉN B. Experimental investigation of local heat transfer in a square duct with various-shaped ribs[J]. Heat and Mass Transfer, 2007, 43(8): 759.

[87] WASSELL A B, BHANGU J K. The development and application of improved combustor wall cooling techniques[C]. New Orleans:ASME International Gas Turbine Conference and Products Show, 1980.

[88] WON S Y, MAHMOOD G I, LIGRANI P M. Spatially-resolved heat transfer and flow structure in a rectangular channel with pin fins[J]. International Journal of Heat & Mass Transfer, 2004, 47(8-9):1731-1743.

[89] WRIGHT L M, FU W L, HAN J C. Thermal performance of angled, V-Shaped, and W-Shaped rib turbulators in rotating rectangular cooling channels (AR = 4 : 1)[J]. Journal of Turbomachinery, 2004, 126(4): 604-614.

[90] XING Y, WEIGAND B. Experimental investigation of impingement heat transfer on a flat and dimpled plate with different crossflow schemes[J]. International Journal of Heat & Mass Transfer, 2010, 53(19-20):3874-3886.

[91] XIE Y, LI P, LAN J, et al. Flow and heat transfer characteristics of single jet impinging on dimpled surface[J]. Journal of Heat Transfer, 2013, 135: 052201.

[92] XIE G, SUNDEN B, WANG Q. Predictions of enhanced heat transfer of an internal blade tip-wall with hemispherical dimples or protrusions[J]. Journal of Turbomachinery, 133(4): 91-100.

[93] YANG G, CHOI M, LEE J. An experimental study of slot jet impingement cooling on concave surface: effects of nozzle configuration and curvature[J]. International Journal of Heat & Mass Transfer, 1999, 42(12):2199-2209.

[94] YANG X, LIU Z, FENG Z. Effect of film extraction on impingement heat transfer characteristics of jet arrays on spherical-dimpled surfaces[C]. Montreal:

ASME ASME Turbo Expo 2015：Turbine Technical Conference and Exposition，2015.

[95] YING Z，LIN G，BU X，et al. Experimental study of curvature effects on jet impingement heat transfer on concave surfaces[J]. Chinese Journal of Aeronautics，2017，30(2)：586-594.

[96] KAUSKAS A. Heat transfer from tubes in crossflow[J]. Advances in Heat Transfer，1972，8：96-160.

第5章　涡轮冷却叶片设计方法

5.1　概　　述

冷却叶片传热设计方法与航空发动机整体性能、可靠性及寿命息息相关。一套高效的涡轮叶片冷却设计方法对提升航空发动机的性能意义重大。目前国内采用的涡轮冷却叶片设计方法一般以气动设计结果为基础，通过将 S1 流面流动以及换热计算，将基于经验公式的管网计算与二维导热计算结合，以实现对温度场的预测。其中 S1 流面的流动与换热计算为管网计算提供了边界条件，而管网计算为二维导热计算提供了边界条件。该设计一般按照初步设计－结构设计－热分析计算－结构调整几个流程进行，直至最终得到满足要求的设计结果。该方法的优势在于管网计算的经验公式来源于实验，计算结果较为可信，且计算速度较高。同时，这种方法也存在一定的缺陷：

(1) 计算所需的参数较多，需要大量人工提取并输入。

(2) 结构设计，耗时久。一般通过商业软件提取参数，建模以及提取相关参数周期长。

(3) 温度场计算基于二维导热，二维导热计算仅仅能够计算 S1 流面温度场，实际叶片中热传导应是一个三维导热效果，二维导热忽略了径向单元间的导热，无法预测完整叶片的温度场。

随着 CFD 技术的发展，设计人员借助全三维气热耦合计算对涡轮传热进行了大量的研究。虽然将 CFD 运用于气热耦合计算通用性强，结果数据详细，不依赖于经验公式，但是进行一次计算周期长，计算量大，因此不能作为方案设计阶段的工具使用。

涡轮叶片冷却系统中各个冷却单元与其他单元存在较大的耦合性，设计难度大，周期长。本章将基于设计难度、设计效率两个方面，介绍一种分层次的、快速、高效的涡轮冷却叶片设计方法。本章重点围绕冷却叶片传热设计方面展开。其中重点模块包含冷却结构参数化设计模块、外换热计算模块、管网计算模块、三维导热计算模块及全三维气热耦合计算模块。下面将对这些模块进行详细介绍。

5.2　设计流程

涡轮叶片传热设计流程主要包括方案设计与详细设计两大步骤，其中方案设计包括参数化设计、外换热计算、管网计算及三维导热计算等部分；详细设计包括参数化设计及三维气热耦合计算两部分。该设计流程中重点模块有冷却结构参数化设计模块、外换热计算模块、三维导热计算模块及三维气热耦合计算模块等。

由于采用了参数化设计方法，故进行一次管网计算时间仅需若干分钟，因此可以将参数化设计、管网计算及三维温度场计算归类于方案设计部分，而冷却结构参数化设计及气热耦合计算归类于详细设计。

图 5.1 所示为涡轮冷却叶片传热设计流程图。设计初始，需输入一些初始参数及数据，主要包括原始叶形及子午型线、进出口燃气参数与冷气进口参数等。对于特定的涡轮叶栅，一般给定冷气进口总压及总温，进而根据叶片的形状特征及气动参数，参考已有的冷却叶片设计结果，与传统冷却叶片设计中"选择基准叶片"类似，选出多套不同的初步冷却结构，为下一步方案设计做准备。

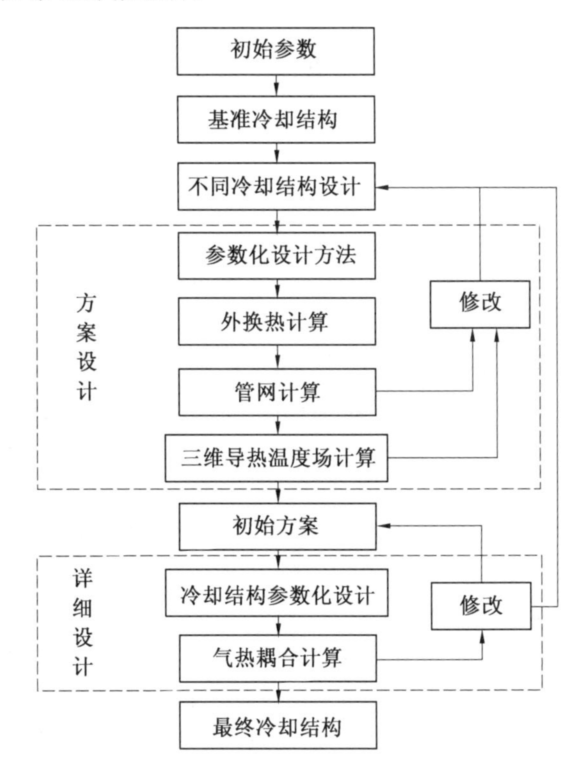

图 5.1　涡轮冷却叶片传热设计流程图

在方案设计中，需要对每一种初步冷却结构分别进行参数化、外换热计算、管网计算、三维导热计算，选择符合设计要求、冷却效果更好的初始方案。在该过程中，可根据管网计算结果对冷气通路进行调整，产生备选方案；若最终方案均不满足设计要求，需返回多种冷却结构设计步骤，重新开始，直至得到满足设计要求的初始方案。在参数化设计环节采用拓扑设计法，该方法能够通过调整若干个控制参数快速生成冷却结构，实现高效率的冷却结构设计。外换热计算主要以多个 S1 流面计算结果为基础，使用 STAN5 程序进行，得到叶片外部换热系数以及温度分度。而管网计算具有计算速度快等优点，可以用于指导方案设计，通过计算可以得到冷气气路的压力、温度、流量与叶片温度的近似值。将外换热计算结果及管网计算结果作为边界条件，可通过三维导热计算得出叶片温度分布的细致结果。

在详细设计部分，首先对方案设计得到的初始方案进行气热耦合计算。若冷却结果不满足设计要求，则在该方案的基础上进一步进行冷却结构参数化设计，做合理的修改，再对此修改方案进行气热耦合计算，直至得到满足设计要求、冷却效果更好的设计方案。若详细设计一直无法满足设计需求，则需返回多种冷却结构方案处，逐步再次一一进行。在详细设计中，三维气热耦合数值计算方法用于指导冷却结构的详细设计与验证。对于方案设计得到的备选冷却结构分别建立实体模型、划分网格，进行三维气热耦合数值模拟，根据模拟结果确定最终冷却方案，并对冷气通路位置、各种冷却结构的位置与尺寸、冷气通道的圆角进行调整，确定最终的冷却结构。

5.3　冷却结构参数化设计模块

5.3.1　冷却通道参数化

1. 厚度设计

冷却通道设计的第一步，是根据叶片型线生成叶片的冷却腔（内型面），生成的依据为叶片的壁面厚度分布。对于典型的涡轮动叶，每个截面叶身前缘的壁面厚度最大、尾缘壁面厚度较小，并且叶根截面的平均厚度大于叶顶截面的平均厚度，内弧的厚度略小于背弧的厚度。这就要求生成冷却腔时需要在弦向与径向均进行变厚度设计。

变厚度设计流程如下：

（1）导入叶片外形数据。

（2）指定用多少个 S1 截面描述叶形及每个截面包含的坐标点的数量（如果指定截面数或每个截面点数大于步骤 1 导入的叶形数据，则通过插值处理），默认值分别为 40 和 400，控制变量为“截面数”及“布点数”。

（3）指定叶顶间隙、顶部壁厚及顶部距离。

（4）指定底部叶片截面厚度分布，分别指定叶根吸力侧、叶根压力侧、叶顶吸力侧、叶顶压力侧 4 个厚度分布，根据这个厚度分布进行插值，可以得到根部、顶部叶形每个离散点上的厚度，再沿叶高进行线性插值可得到叶片上任意一点的厚度。按照这些厚度分布将叶形离散点沿叶形法线向内移动可以得到叶片内表面。

图 5.2 所示为叶顶间隙、顶部厚度及顶部距离示意图以及内外叶型图。

2. 拓扑设计

对于涡轮动叶，叶身及叶根的隔板数量与位置有多种变化，而且蛇型通道的盘曲形式也多种多样，给设计带来一定困难。为了解决这一问题，采用拓扑方法设计叶身与叶根过渡段的冷气通道。

具体思路如下：

（1）将叶片内型面或叶根过渡段型面同时沿弦向与径向进行分割。分别给定叶身前缘沿径向、叶身尾缘沿径向、叶根冷气进口截面沿弦向、叶片底部截面沿弦向和叶片顶部截面沿弦向分割点的无量纲位置。图 5.3(b) 所示为一系列分割线，得到规则而紧密排列的若干个四边形曲面。

（2）内弧与背弧对应一对由四边形曲面组成的一个单元。如图 5.3(b) 所示，每个红

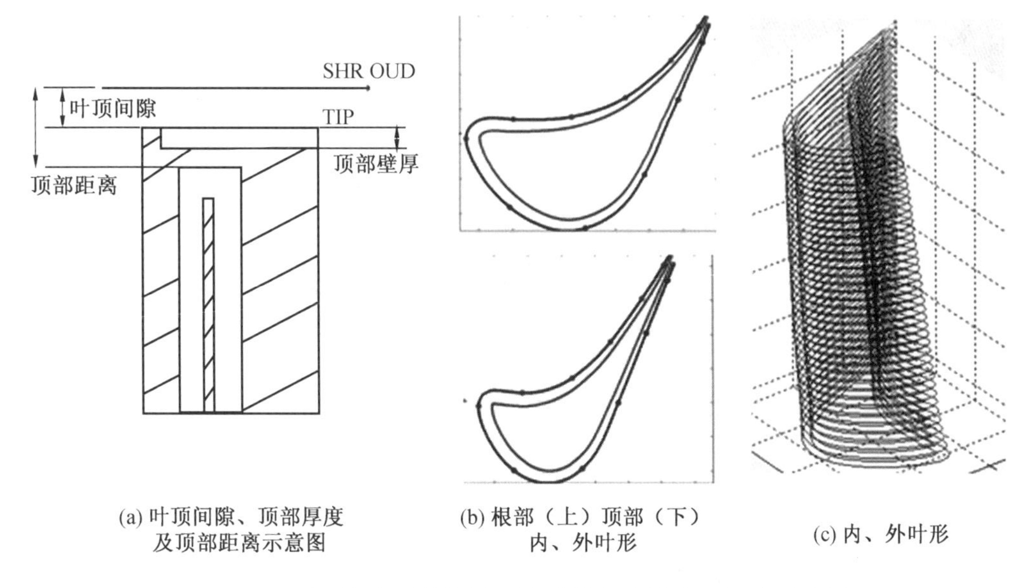

(a) 叶顶间隙、顶部厚度及顶部距离示意图　(b) 根部（上）顶部（下）内、外叶形　(c) 内、外叶形

图5.2　叶顶间隙、顶部厚度及顶部距离示意图以及内外叶型图

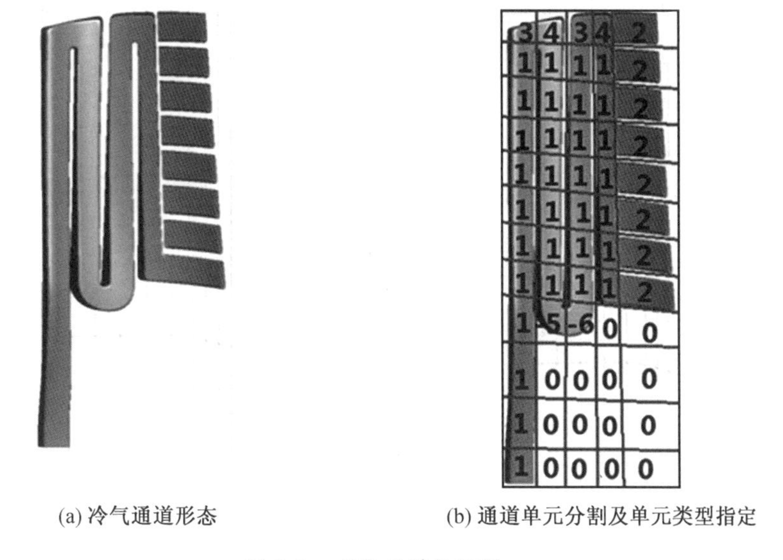

(a) 冷气通道形态　(b) 通道单元分割及单元类型指定

图5.3　拓扑设计的原理

色小四边包含一个单元，根据单元几何形式不同将其分为11种，每种不同形式以一数字代表。图5.4为10种单元管类型示意图（当某个单元为空时，该单元为第11种单元，程序中以数字“0”代表）。根据冷却结构的设计需要，每个单元可以为直管（分为径向、弦向2种方向）或90°弯管（分为圆折转与方折转，每种折转又分为4种不同方向），不同单元的直管与弯管相互连接，形成冷气通道。

(3) 采用拓扑设计将冷却通道分割成多个单元区域，便于设计与修改冷气通道形态。改变型面分割时的位置，可以对通道位置与面积进行调整；改变单元的流管类型分布，可以改变冷气通道的拓扑结构。拓扑设计的目的是通过拓扑设计法得到设计者所要

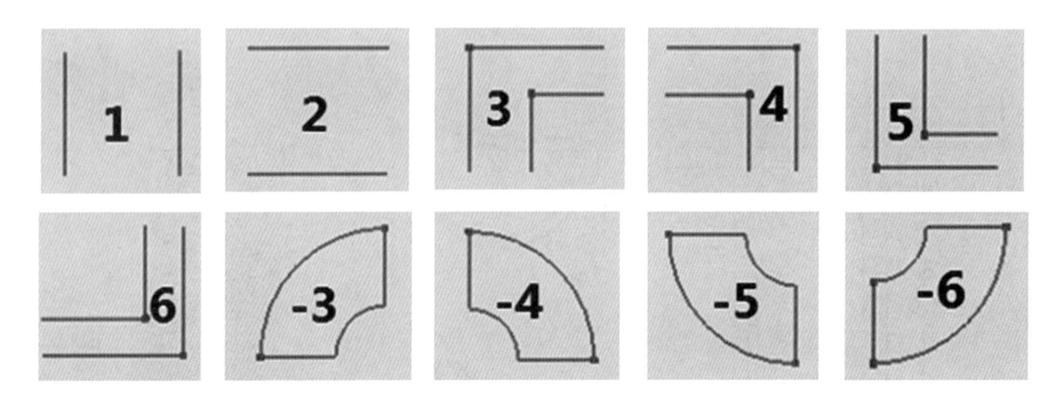

图 5.4　10 种单元管类型示意图

求的冷气通道。拓扑设计法为管网计算模型的自动生成提供了条件。该设计方法同样适用于涡轮静叶冷却结构通道设计。

拓扑设计流程如下：

(1) 将叶片内型面和叶根过渡段型面同时沿弦向与径向进行分割(图 5.5)。给定叶身“径向分割单元数＋1”(7 代表叶身径向有 6 行单元)、前缘径向分割点位置、尾缘径向分割点位置、叶身“弦向分割单元数＋1”(8 代表叶身弦向有 7 列单元)、叶根(冷气进口截面)弦向分割点位置、叶片底部截面弦向分割点位置、根部径向单元数(5 代表叶根径向有 6 行单元) 等参数。

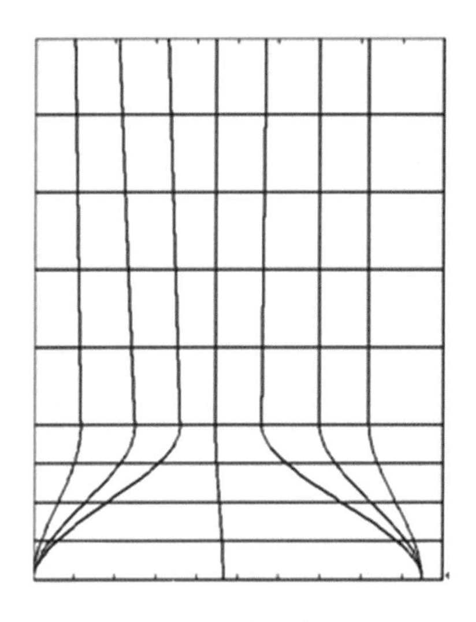

图 5.5　单元分割

(2) 指定叶身和叶根的单元类型。根据图 5.4 单元管类型及对应编号，标明各划分单元对应的编号，并确保各单元可以相互连通，成为完整贯通的冷却通道。图 5.4 中，0 代表空单元；1 代表垂直通道；2 代表水平通道；3、4、5、6 分别代表不同折转方向的 90° 折转通道；－3、－4、－5、－6 分别代表不同折转方向的 90° 圆折通道。

(3) 通过叶身内型及叶根内型得到单元内弧和背弧。叶身内型来自上一步厚度设计的结果。根据冷气进口四边形和叶身底部截面，通过贝塞尔曲线过渡生成叶根内型。冷气进口四边形的确定,需通过指定四边形中心点坐标、方向角 α、长边轴向投影长度 a、短边长度 b(默认短边与轴向垂直) 实现(图 5.6)。

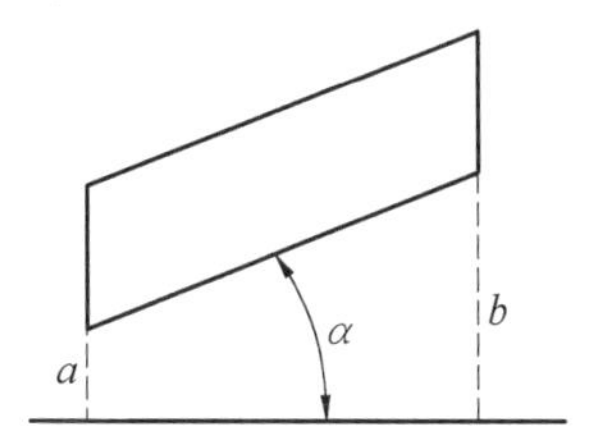

图 5.6　冷气进口四边形参数示意图

(4) 指定冷气通道壁角半径、隔板宽度、隔板角度:指定冷气进口、叶片底部、叶片顶部每一列隔板宽度。

设计得到的冷气通道表面坐标点可通过输入 / 导入不同的程序 / 软件,实现不同功能,如:① 与管网程序对接、自动生成管网的冷气通道模型;② 数据输入建模软件 UG NX 中,并快速得到高精度冷却通道实体模型;③ 将数据输入自动生成网格的程序,获取叶片固体域及冷却通道流体域三维结构网格(图 5.7)。

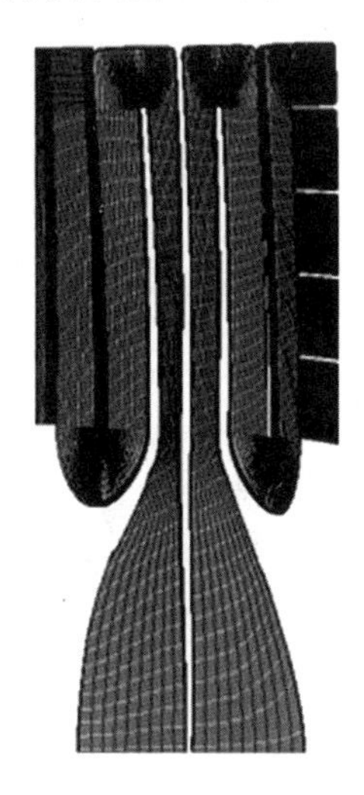

图 5.7　冷气通道

在拓扑设计基础上,通过添加扰流柱、扰流肋、冲击孔及气膜孔等结构即可完成冷却结构参数化建模。详细的各种冷却结构将在下面介绍。

5.3.2　特殊结构参数化设计

1. 扰流肋

扰流肋添加于冷气通道表面,首先需要指定冷气通道表面添加扰流肋的位置,基于拓扑设计,每个冷气腔被认为分割成若干个单元,默认靠近叶片底部单元编号为"1",沿径向从叶底到叶顶编号依次为"1,2,3,4,…"(图 5.8)。指定扰流肋的参数,包括肋间距、肋宽、肋高、肋角、肋的类型(平行肋、平行交叉肋、V 型肋、间断肋)。平行肋、平行交叉肋和 V 型肋的肋参数意义一致,因而图 5.9 仅列出为平行肋和间断肋的肋参数示意图。图中,

α 为角度，p 为间距，e_h 为肋高，e_w 为肋宽，其中吸力侧肋高与压力侧肋高不同。

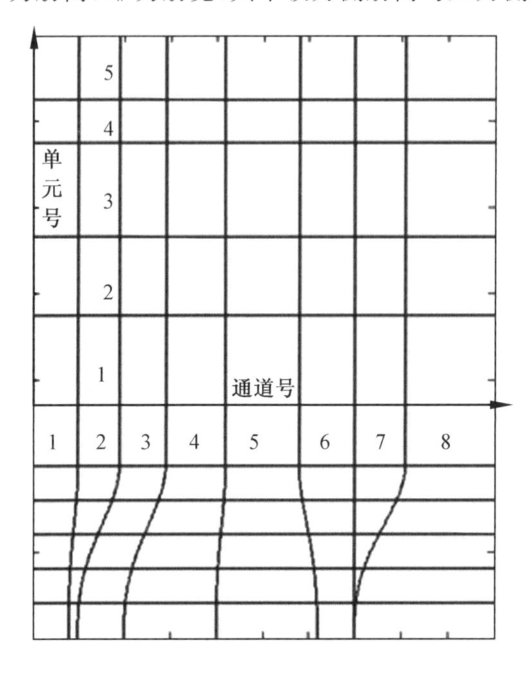

图 5.8　通道号单元号示意图

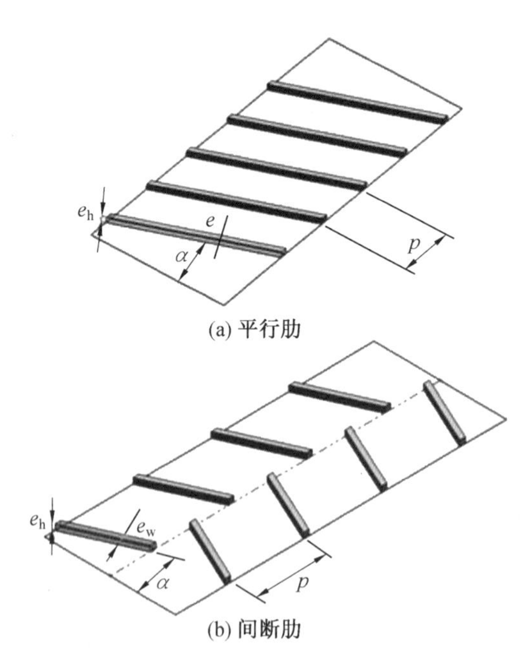

图 5.9　肋参数示意图

2. 扰流柱

扰流柱布置于冷却通道表面，以拓扑设计划分的单元通道为基础。以圆形扰流柱为例，其基本设计参数有扰流柱径向间距、扰流柱直径及位置参数等。图 5.11 所示为扰流柱参数化生成模块。其中“起始位置”指在径向，柱中心离底端的距离，单位为 mm。“结束距顶部”指在径向，柱中心离顶端的距离，单位为 mm。“与单元前距离”指在流向，柱中心到左端的距离。“延伸长度”指定柱高度，柱高度为延伸长度的 2 倍。

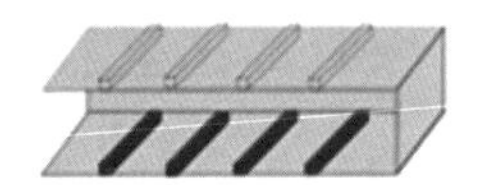
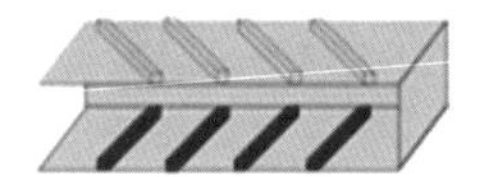
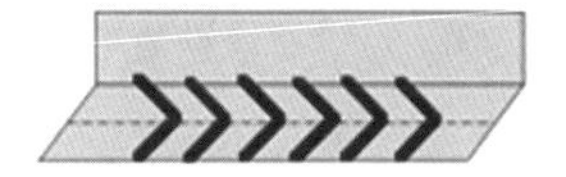
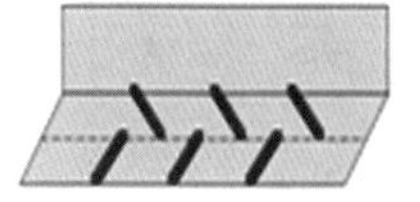

图 5.10　通过自编参数化设计方法得到的扰流肋模块

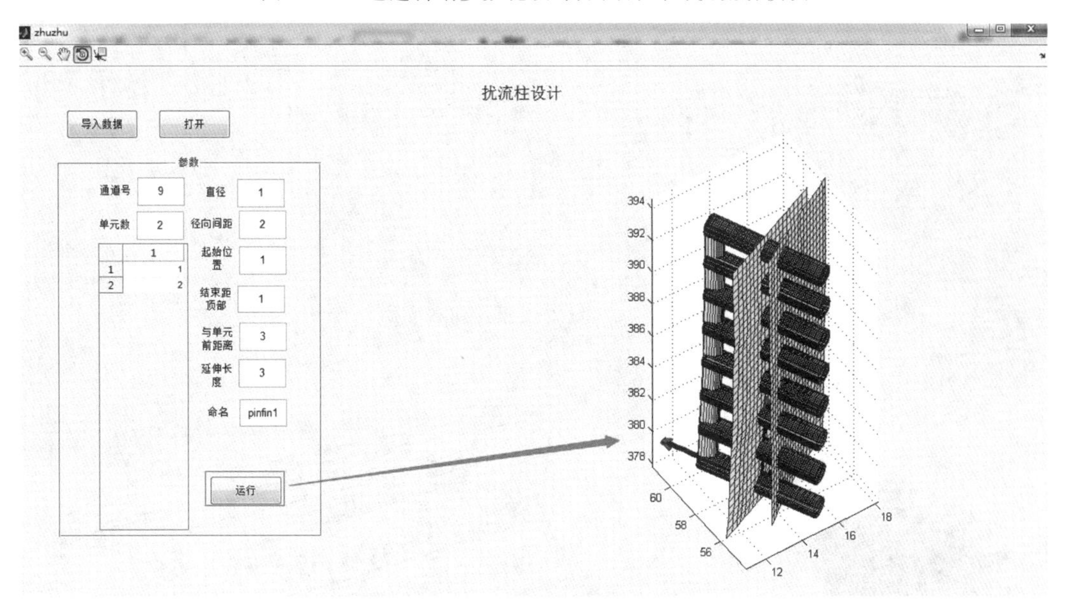

图 5.11　扰流柱参数化生成模块

3. 气膜孔

气膜孔位于叶片外表面，添加气膜孔首先需要进行叶片表面表面定位，设置气膜孔的位置和形状参数，其包括：气膜孔位于压力侧或吸力侧（“1”代表压力侧，“－1”代表吸力侧），每列气膜孔定位参数，各列气膜孔两端截面，即进出口截面形状（“1”代表圆／椭圆，“2”代表长方形／正方形），进出口截面外切四边形尺寸，气膜孔进出口截面的孔轴向位置（即沿孔轴向偏离气膜孔叶片表面中心点的距离），气膜孔的个数。其中气膜孔定位参数包括：每列气膜孔首／末气膜孔在叶片表面中心点径向位置，每列气膜孔首／末气膜孔叶片表面中心点弦向位置，每列气膜孔首／末气膜孔孔轴线在叶片表面中心点当地坐标系弦向倾角等。图 5.12 所示为气膜孔模块中设计气膜孔列数界面。图 5.13 给出了自编程得到的气膜孔参数化设计生成图。

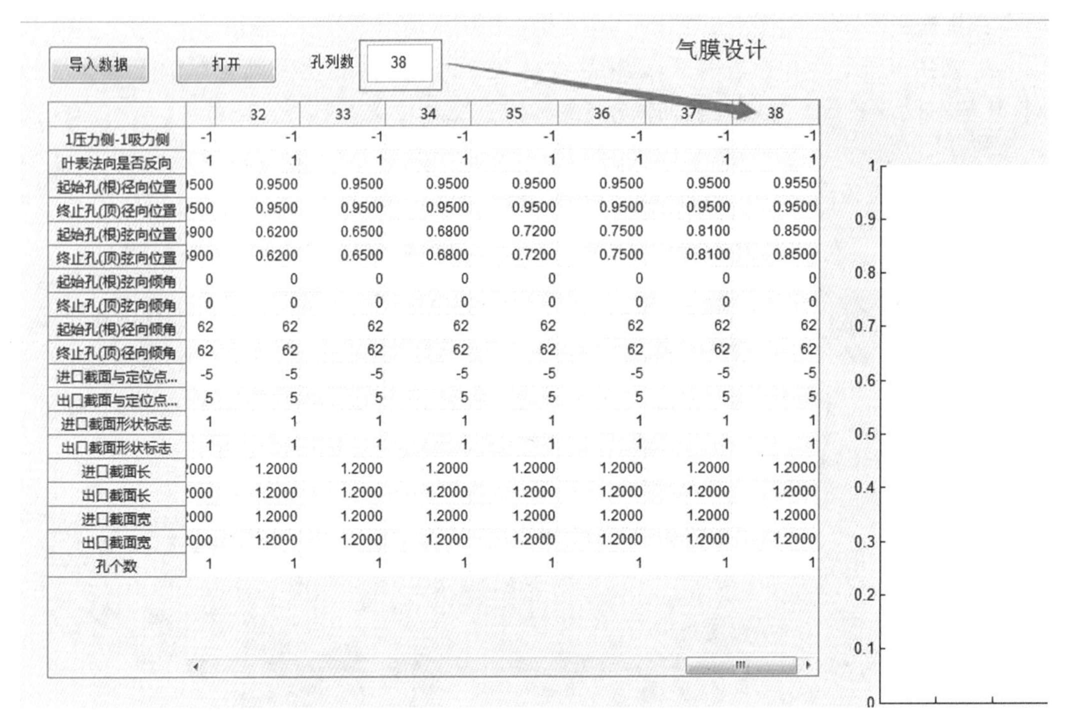

		32	33	34	35	36	37	38
1压力侧-1吸力侧	-1	-1	-1	-1	-1	-1	-1	-1
叶表法向是否反向	1	1	1	1	1	1	1	1
起始孔(根)径向位置	)500	0.9500	0.9500	0.9500	0.9500	0.9500	0.9500	0.9550
终止孔(顶)径向位置	)500	0.9500	0.9500	0.9500	0.9500	0.9500	0.9500	0.9500
起始孔(根)弦向位置	900	0.6200	0.6500	0.6800	0.7200	0.7500	0.8100	0.8500
终止孔(顶)弦向位置	900	0.6200	0.6500	0.6800	0.7200	0.7500	0.8100	0.8500
起始孔(根)弦向倾角	0	0	0	0	0	0	0	0
终止孔(顶)弦向倾角	0	0	0	0	0	0	0	0
起始孔(根)径向倾角	62	62	62	62	62	62	62	62
终止孔(顶)径向倾角	62	62	62	62	62	62	62	62
进口截面与定位点...	-5	-5	-5	-5	-5	-5	-5	-5
出口截面与定位点...	5	5	5	5	5	5	5	5
进口截面形状标志	1	1	1	1	1	1	1	1
出口截面形状标志	1	1	1	1	1	1	1	1
进口截面长	2000	1.2000	1.2000	1.2000	1.2000	1.2000	1.2000	1.2000
出口截面长	2000	1.2000	1.2000	1.2000	1.2000	1.2000	1.2000	1.2000
进口截面宽	2000	1.2000	1.2000	1.2000	1.2000	1.2000	1.2000	1.2000
出口截面宽	2000	1.2000	1.2000	1.2000	1.2000	1.2000	1.2000	1.2000
孔个数	1	1	1	1	1	1	1	1

图 5.12　设置气膜孔列数界面

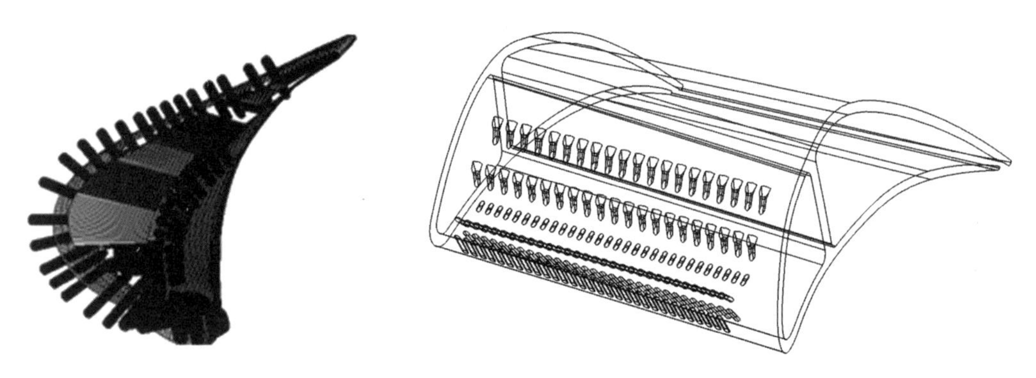

图 5.13　气膜孔参数化设计生成图

4. 冲击孔

冲击孔添加于冷气通道表面，其参数化重点在于指定冲击孔的位置参数。图 5.14 所示为冲击孔参数化设计模块界面。“起始位置”指在径向，孔中心到底端的距离。“终止位置”指在径向，柱中心到顶端的距离。孔的进口截面 1 和出口截面 2 可以是椭圆形（包括圆形）和长方形（包括正方形），“长”和“宽”为椭圆的长轴和短轴或者长方形对应的长边和短边。“进口轴向”是孔中心所在的冷气通道片体到孔进口截面距离。“进口轴向”是孔中心所在的冷气通道片体到孔出口截面距离，正号表示方向为片体曲面正法向。

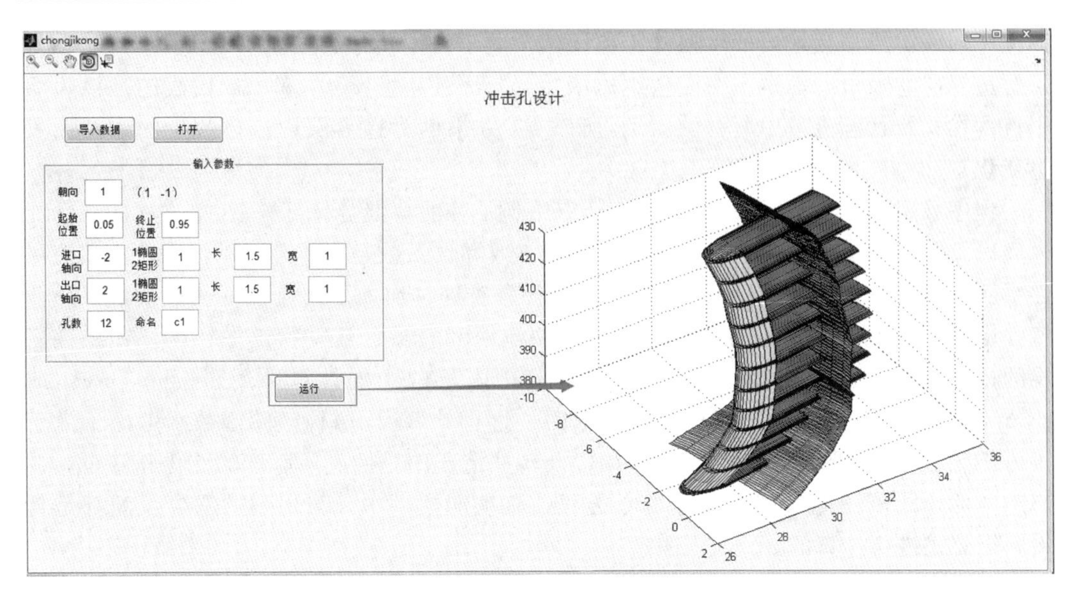

图 5.14　冲击孔参数化设计模块界面

5.4　外换热计算模块

5.4.1　外换热计算方法

STAN5 程序是最早基于 Patankar-Spalding 方法并根据 Stanford 大学的大量实验数据编制的叶片外换热计算程序(Meitner,1991;Meitner,1992)。程序被引到我国后又经历了国内学者的改进。

STAN5 计算程序通过数值求解流过型面的黏性流控制微分方程来得到燃气边的换热系数,这种解法的优点是:可得到壁面附近气流的速度分布和温度分布,在此基础上求得的壁面摩阻系数和换热系数较为准确;可较方便地应用近年来发展的湍流模型;计算中用到的经验公式少,因而有较广泛的适应性。所求解的微分方程,可以是 N－S 方程,也可以是边界层方程。由于求解后者的计算工作量较前者少很多,因此在工程计算中得到了较广泛的应用。

STAN5 程序适用于求解二维抛物线型边界层微分方程,包括连续性方程、动量方程及能量方程。所有的方程在使用时都进行时间平均。该程序适用于层流边界层、湍流边界层以及层流和湍流转捩过程。

该程序通过将叶片表面的区域进行计算节点划分,并加入滑移点来确定计算网格节点。为考虑边界层在发展过程中厚度的变化,STAN5 程序对叶片表面的计算网格进行了坐标变换,先由常规的直角坐标系 $O-xy$ 转换为 $\psi(x,y)$ 流函数坐标系,然后进行无量纲操作转换为 $\omega(x,\psi)$ 坐标系,将内界面和外界面之间的区域划分为一条条无量纲的流管,并对需要求解的边界层运动方程和能量方程进行变换后求解。由于在运用 Patankar-Spalding 方法进行数值离散时,假设参数或变量在节点之间是线性变化的,故该程序加入对滑移点参数的单独修正和计算。由于自由流边界层的存在,程序同时加入了对边界层卷吸量的考虑。在无量纲流函数坐标系中,每条流管的 $\Delta\omega$ 代表的是该流管中流量在初始状态流量中所占的比例,所以 $\Delta\omega$ 并不因为边界层内流体流量的改变而发生变化。

程序采用了几种不同的湍流模型,其中用到了普朗特混合长度模型、单方程的湍动能模型以及基于雷诺数的黏性系数经验方程。有效黏性系数是流体分子黏性系数和湍流黏性系数的和,邓化愚等(Meitner,1993)在对程序改进时加入了湍流强度黏性系数以及湍流强度间隙因子,用来描述来流湍流强度对层流区和转捩区流动换热的影响。在黏性底层的计算过程中始终采用混合长度模型,其中阻尼因子的计算采用了 Van Driest 或 Evans 经验函数。并且在对黏性底层阻尼因子进行计算时,两种经验函数都考虑了由于压力梯度、蒸发作用、黏性底层滞后作用以及转捩造成的黏性底层厚度的变化和修正。在流动外部区域,普朗特混合长模型和单方程的湍动能模型中计算用到的混合长度都是直接利用公式进行计算的。

特殊的是,在叶片壁面与连接点(即 $y_{2.5}^{+}$,此处 y^{+} 是垂直壁面的无量纲坐标)之间的区域,该程序采用了库埃特流动模型方程进行计算,即忽略掉流向的速度梯度或者滞止焓梯度,只考虑垂直壁面方向,将方程转换为可以求解的常微分方程。STAN5 在采用库埃特流动方程计算近壁面区的流动换热特性时有两种方法:一是运用壁面函数,对于速度梯度较大的区域进行数值积分计算,该种方法的优点在于大大减少了计算用的有限差分节点数目,尤其适用于计算雷诺数较高的流动;二是不采用壁面函数计算,当连接点之处的雷诺数不大于 4 时,湍流黏性系数在库埃特流动中可以忽略不计,或者当存在较大的压力梯度使得计算结果失真,以及沿壁面的边界条件变化比较剧烈时,推荐使用这种计算方法,缺点在于要求更多计算节点数目或更细密的网格,大大加重了计算量。两种计算方法都将壁面剪切应力和壁面热流与连接点的剪切应力和热流联系起来,通过连接点的雷诺数可以进行求解壁面的剪切应力、阻力系数、热流及斯坦顿数。为了保证连接点(即 $y_{2.5}^{+}$)处于正确的 y^{+} 设定范围,STAN5 内部有对网格进行调整的子程序:当连接点 $y_{2.5}^{+}$ 小于 YPMIN(y^{+} 在紧靠壁面处的最小值)时,该子程序会自动移除 y_3 处的流管;当 $y_{2.5}^{+}$ 大于 YPMAX(y^{+} 在紧靠壁面处的最大值)时,该子程序会自动在 $y_{2.5}$ 和 y_3 之间插入新的流管,并重新调整网格进行检验。

此外,STAN5 程序中有对动量方程和能量方程中源项进行定义及求解的计算方法。最后程序根据 Patankar-Spalding 数值离散方法求解差分方程系数,并求解差分方程。考虑到边界层方程式是抛物型的,只要在 x 方向上给定初值,便可以向下游推进求解。在 $\omega(x,\psi)$ 坐标系中求得解后,需要转回原来的直角坐标系 $O-xy$。

程序在进行计算时,常湍流普朗特数和变湍流普朗特数、常物性参数和变物性参数等参数也被考虑其中。同时需要注意的是,计算步长的选取是根据边界层的厚度来确定的,此外,对于常物性的工质以及充分发展的流动,计算步长可以适当加大;对于物性变化剧烈的流动建议取较小的计算步长。计算步长过大,可能会造成计算结果失真或者振荡。

STAN5 计算程序通过数值求解流过型面的黏性流控制微分方程来得到燃气边的换热系数,计算沿涡轮叶型局部换热系数,需要求出叶型前驻点、层流和紊流区的换热系数、确定从层流向紊流转变的转捩点，考虑并修正主流紊流度对前驻点和层流区换热以及转捩的影响。

5.4.2　控制方程

1. 边界层连续方程

轴对称可压缩流的边界层连续方程为

$$\frac{\partial \rho ur}{\partial x}+\frac{\partial \rho vr}{\partial y}=0 \tag{5.1}$$

式中　ρ—— 密度；

p—— 压力；

u——x 方向的速度；

v——y 方向的速度；

r—— 径向坐标，可表示为

$$r=r_0+y\sin\alpha \tag{5.2}$$

其中，r_0 为轴对称物体表面的回转半径，m；α 为表面型线的倾角，(°)。

式(5.1)中，x、y 轴的方向分别与物体的型线相切和垂直。

若 r_0 比边界层厚度大得多(大多数情况下)，则式(5.1)写为

$$\frac{1}{r_0}\frac{\partial \rho ur_0}{\partial x}+\frac{\partial \rho v}{\partial y}=0 \tag{5.3}$$

对于平面流动 $r=1$，连续方程为

$$\frac{\partial \rho u}{\partial x}+\frac{\partial \rho v}{\partial y}=0 \tag{5.4}$$

2. 边界层运动方程

轴对称可压缩流的边界层运动方程为

$$\rho u\frac{\partial u}{\partial x}+\rho v\frac{\partial u}{\partial y}=-\frac{\mathrm{d}p}{\mathrm{d}x}+\frac{1}{r}\frac{\partial}{\partial y}\left[r\left(\mu\frac{\partial u}{\partial y}-\rho\overline{u'v'}\right)\right]+z=0 \tag{5.5}$$

$$\frac{\partial p}{\partial y}=0 \tag{5.6}$$

将式(5.4)用于边界层的外边界，则得

$$-\frac{\mathrm{d}p}{\mathrm{d}x}=\rho_e u_e\frac{\mathrm{d}u_e}{\mathrm{d}x}-z \tag{5.7}$$

式中　下标 e—— 边界层外边界的参数。

式(5.5)中的压力梯度$\frac{\mathrm{d}p}{\mathrm{d}x}$是已知的，可由实测的或无黏流计算获得的壁面压力分布得到。

湍流剪切应力可表示为

$$\tau_t=-\rho\overline{u'v'}=\mu_t\frac{\partial u}{\partial y}=\rho\varepsilon_m\frac{\partial u}{\partial y} \tag{5.8}$$

式(5.8)中，μ_t 和 ε_m 都不是流体的物性参数，而是决定于湍流运动情况的量，其数值可用湍流模型得到。湍流边界层内作用于流体上的总剪切应力为

$$\tau=\tau_l+\tau_t=(\mu+\mu_t)\frac{\partial u}{\partial y}=\rho(v+\varepsilon_m)\frac{\partial u}{\partial y}=\mu_{\text{eff}}\frac{\partial u}{\partial y} \tag{5.9}$$

有效黏性系数 μ_{eff} 表示为

$$\mu_{\text{eff}}=\mu+\mu_t \tag{5.10}$$

因此 x 方向的运动方程可写为

$$\rho u\frac{\partial u}{\partial x}+\rho v\frac{\partial u}{\partial y}=\frac{\mathrm{d}p}{\mathrm{d}x}+\frac{1}{r}\frac{\partial}{\partial y}\left(r\mu_{\text{eff}}\frac{\partial u}{\partial y}\right)+z \tag{5.11}$$

3. 边界层能量方程

轴对称可压缩流边界层总焓形式的能量方程为

$$\rho u\frac{\partial I}{\partial x}+\rho v\frac{\partial u}{\partial y}=\frac{1}{r}\frac{\partial}{\partial y}\left\{r\left[\frac{\lambda}{c_p}\frac{\partial i}{\partial y}-\rho\overline{I'v'}+\mu\frac{\partial}{\partial y}\left(\frac{u^2}{2}\right)\right]\right\}+S \tag{5.12}$$

式中　I—— 气体的总焓，J/kg；

i—— 气体的静焓，J/kg；

$-\rho\overline{I'v'}$—— 湍流中由于脉动运动造成的 y 方向总焓通量，$\overline{I'v'}$ 是总焓脉动值与 y 方向脉动速度乘积的时均值；

S—— 单位质量流体中的源项。

式(5.12)中的 $-\rho\overline{I'v'}$ 可表示为

$$-\rho\overline{I'v'}=-\rho\overline{i'v'}-u\rho\overline{u'v'} \tag{5.13}$$

式中　$-\rho\overline{i'v'}$—— 湍流中由脉动运动造成的静焓通量，并可表示为

$$-\rho\overline{i'v'}=\frac{\lambda_t}{c_p}\frac{\partial i}{\partial y}=\rho\varepsilon_h\frac{\partial i}{\partial y} \tag{5.14}$$

与 μ_t、ε_m 相类似，λ_t 和 ε_h 都不是流体的物性参数，而是决定于湍流运动情况的量。

根据式(5.8)、式(5.13)和式(5.14)，可将式(5.12)改写为

$$\rho u\frac{\partial I}{\partial x}+\rho v\frac{\partial u}{\partial y}=\frac{1}{r}\frac{\partial}{\partial y}\left\{r\left[\frac{\mu_{\text{eff}}}{Pr_{\text{eff}}}\frac{\partial I}{\partial y}+\mu_{\text{eff}}\left(1-\frac{1}{Pr_{\text{eff}}}\right)\frac{\partial}{\partial y}\left(\frac{u^2}{2}\right)\right]\right\}+S \tag{5.15}$$

式中　Pr_{eff}—— 有效普朗特数，定义为

$$Pr_{\text{eff}}=\frac{\mu_{\text{eff}}c_p}{\lambda_{\text{eff}}} \tag{5.16}$$

其中，λ_{eff} 为有效导热系数，定义为

$$\lambda_{\text{eff}}=\lambda+\lambda_t \tag{5.17}$$

因此，有效普朗特数可表示为

$$Pr_{\text{eff}}=\frac{(\mu+\mu_t)c_p}{\lambda+\lambda_t}=\frac{1+\varepsilon_m}{\dfrac{1}{Pr}+\dfrac{1}{Pr_t}\dfrac{\varepsilon_m}{v}} \tag{5.18}$$

式中　Pr—— 流体的普朗特数，可表示为

$$Pr=\frac{\mu c_p}{\lambda} \tag{5.19}$$

Pr_t—— 湍流普朗特数，定义为

$$Pr_t=\frac{\mu_t c_p}{\lambda_t} \tag{5.20}$$

计算中一般取 Pr_t 为常数 0.86 ～ 0.9。

由连续方程、运动方程、能量方程和状态方程，用已知的边界条件和初始条件，便可解出 ρ、u、v、I 在边界层内的分布。

4. 湍流的混合长度模型

在计算湍流边界层时必须计算湍流黏性系数，为此要用到湍流模型。Prandtl 提出了混合长度模型。

湍流切应力可表示为

$$\tau_t = \rho l^2 \left(\frac{\partial u}{\partial y}\right)^2 \tag{5.21}$$

式中　l—— 湍流混合长度。

在离壁面不很远的区域，混合长度的计算式为

$$l = \chi y D \tag{5.22}$$

其中，χ 为"卡门" 常数，为 0.41；

D 为阻尼因子，可表示为

$$D = 1 - \exp\left(-\frac{y^+}{A^+}\right) \tag{5.23}$$

y^+ 为垂直壁面的无量纲坐标，表示为

$$y^+ = \frac{y u_\tau}{v} \tag{5.24}$$

u_τ 为摩擦速度，即

$$u_\tau = \sqrt{\frac{\tau_w}{\rho}} \tag{5.25}$$

A^+ 为反映湍流边界层中黏性底层厚度的量，Crawford 等建议用下式计算：

$$A^+ = \frac{25}{a\left[v_w^+ + b\left(\frac{p^+}{1 + c v_w^+}\right)\right] + 1.0} \tag{5.26}$$

其中

$$\begin{cases} v_w^+ = \dfrac{v_w}{u_\tau} \\ p^+ = \dfrac{v_w}{\rho_w u_\tau^3} \dfrac{\mathrm{d}p}{\mathrm{d}x} \end{cases} \tag{5.27}$$

v_w—— 壁面上的法向速度，在实体壁上 $v_w = 0$；

a、b、c—— 常数，分别为

$$v_w^+ \geqslant 0 \text{ 时}, a = 7.1$$

$$v_w^+ < 0 \text{ 时}, a = 9.0$$

$$p^+ \leqslant 0 \text{ 时}, b = 4.25, c = 1.0$$

$$p^+ > 0 \text{ 时}, b = 2.90, c = 0$$

在离壁面较远的区域，混合长度的计算式为

$$l = 0.085\delta \tag{5.28}$$

实际计算中，当用式(5.22)求得的混合长度大于用式(5.28)求得的值时，就用后者。

5.5 管网计算模块

涡轮叶片冷却结构复杂程度高，影响内部空气系统的因素较多，采用严格的分析求解难度较大。科技工作者开发了管网计算来解决这一问题，该方法将冷却结构分割成若干个单元和节点进行设计，用离散的节点温度和速度分布代替温度场与速度场。通过对连续性方程、动量方程及能量方程进行简化，转化为求解代数方程组。由于计算求解方程的简化，使该计算具有速度快、计算周期短等优点，而内部求解换热及流动采用了多种实验关联式，因而采用该计算方法可信度较高。管网计算模型的求解过程分为压力平衡计算及温度平衡计算，两种计算交替进行，直至收敛。如果叶片采用了气膜冷却，管网计算还需要在每次迭代的温度平衡计算完成后进行气膜修正计算。

5.5.1 管网计算流程

1. 建立管网计算模型

进行管网计算，首先需要根据涡轮叶片冷却结构特点建立相应的一维管网计算模型，其次根据冷气流动过程将其简化为多个一维流动，最后根据冷气流动方向将这些一维流动单元组合在一起。其主要步骤如下：

(1) 单元化。将叶片沿叶高方向划分为多段，对于单个流道来说，即分为多个“节流单元”。节流单元相互连接点称为节点或腔室，需要注意的是，每一个孔对应一个节流单元。

(2) 命名编号。对每一个节流单元以及节点进行编号，同时记录每一个节流单元的几何进出口的编号。需要注意的是，几何进出口根据人为确定，无须严格对应流动的进出口，流动的进出口则需按照管网计算来确定。

(3) 连接。将节流单元联系起来，建立起节流单元之间的连接关系，得到管网骨架图。

在建立节流单元时，需要对节流单元内外的换热及流动做假设，具体如下：

(1) 每一节流单元内冷气的温度、换热系数及压力等参数均匀。

(2) 节流单元外部燃气一侧的滞止温度和换热系数均匀，内弧与背弧的参数无须相同。

(3) 节流单元靠内弧与靠背弧的壁厚为其平均值，导热系数为定值。

(4) 热量仅从高温向低温传导，不考虑相邻节流单元之间固体以及节流单元内弧侧与背弧侧固体之间的导热。

(5) 冲击孔、气膜孔、压力平衡孔等节流单元绝热。

(6) 叶根温度近似给一定值。

在建立管网模型时，需要给定每个节流单元几何以及换热流动参数。这些参数主要有：

（1）当量直径、长度、截面面积、进口截面面积、相对于回转轴的进口半径、出口截面面积、出口半径、扰流结构的类型及其相关的几何尺寸。

（2）内弧侧及背弧侧换热面积、外换热面积、平均外换热系数、平均燃气滞止温度及平均导热壁厚。

（3）回转角速度。

（4）材料平均导热系数等。

2. 边界条件

管网计算模型的边界条件包括流动以及换热两大边界条件。流动边界条件主要为冷气入口、每一气膜孔出口的主流、尾缘劈缝出口叶顶节流孔及出口腔室的压力等。

换热边界条件包括冷气入口、每一气膜孔出口的主流、尾缘劈缝出口叶顶节流孔及出口腔室的温度，有外部换热的节流单元外壁面的平均换热系数与燃气滞止温度等。

5.5.2　控制方程

管道流动单元控制方程主要包括动量方程、能量方程及连续性方程，综合考虑了质量变化、截面面积变化、热量交换、功交换、摩擦阻力对流动传热的影响。在建立管道流动单元控制方程之前，需要做以下几点假设：

（1）流动是一维定常的，且气流参数连续变化。

（2）气体符合完全气体状态方程。

（3）忽略重力的影响。

（4）单元内气流的温度、压力、摩阻系数等均匀分布。

图 5.15 所示给出了旋转状态下叶片冷却通道内一维定常管流的物理模型。对管道内取虚线所示的控制体，分析距离为 dx 的两截面间的流动。在微元段内，输入管内的气

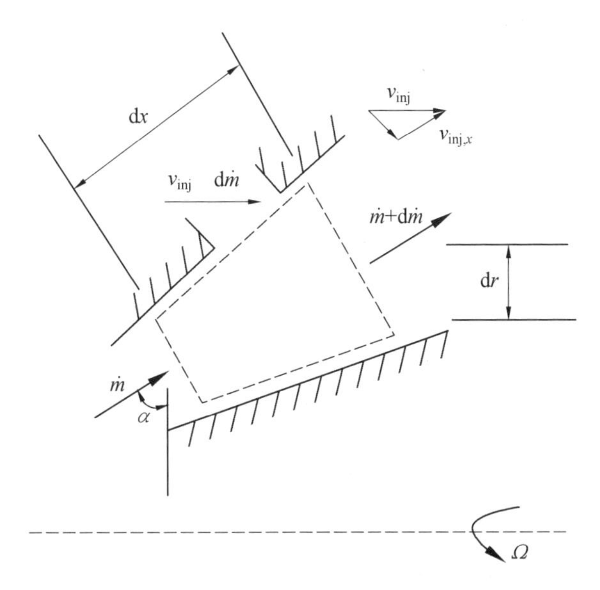

图 5.15　旋转状态下叶片冷却通道内一维定常管流的物理模型

体流量为 $\mathrm{d}\dot{m}$，速度为 V_{inj}，主流方向速度分量 $V_{\mathrm{inj},x}$，从外界热源加给气体的热量为 δQ，气流受到的摩擦阻力为 δF_{f}，单位质量气流受到的旋转离心力为 $r\Omega^2$。

根据动量守恒定律，在旋转坐标系下，忽略重力影响可以得出：

$$\rho r\Omega^2 A\mathrm{d}x\cos\alpha + pA - (p+\mathrm{d}p)(A+\mathrm{d}A) + p\mathrm{d}A - \mathrm{d}F_{\mathrm{f}} = (\dot{m}+\mathrm{d}\dot{m})(v+\mathrm{d}v) - \dot{m}v - v_{\mathrm{inj}x}\mathrm{d}\dot{m} \tag{5.29}$$

其中摩擦阻力为

$$\delta F_{\mathrm{f}} = \tau_{\mathrm{w}}\frac{4A}{Dh} \tag{5.30}$$

定义摩阻系数为

$$C_{\mathrm{f}} = \frac{4\tau_{\mathrm{w}}}{\rho v^2/2} \tag{5.31}$$

则摩擦阻力可变为

$$\delta F_{\mathrm{f}} = C_{\mathrm{f}}\frac{\rho v^2}{2}\frac{A}{Dh}\mathrm{d}x \tag{5.32}$$

将式(5.32)代入动量方程(5.29)并略去高阶小量可得

$$\frac{\mathrm{d}(\dot{m}v)}{\mathrm{d}x} - v_{\mathrm{inj}x}\frac{\mathrm{d}\dot{m}}{\mathrm{d}x} = -A\frac{\mathrm{d}p}{\mathrm{d}x} - \frac{1}{2}C_{\mathrm{f}}\rho v^2\frac{A}{Dh} + \rho r\Omega^2 A \tag{5.33}$$

其中

$$\dot{m} = \rho v A \tag{5.34}$$

$$p = \rho RT \tag{5.35}$$

动量方程(5.33)可简化为一维定常管流动量方程为

$$\left[1-\left(\frac{\dot{m}}{A}\right)^2\frac{RT}{p^2}\right]\frac{\mathrm{d}p}{\mathrm{d}x} = \left[-2\left(\frac{\dot{m}}{A}\right)\frac{RT}{pA} + \frac{v_{\mathrm{inj},x}}{A}\right]\frac{\mathrm{d}\dot{m}}{\mathrm{d}x} - \left(\frac{\dot{m}}{A}\right)^2\frac{R}{p}\frac{\mathrm{d}T}{\mathrm{d}x} + \left(\frac{\dot{m}}{A}\right)^2\frac{RT}{pA}\frac{\mathrm{d}A}{\mathrm{d}x} - \frac{C_{\mathrm{f}}}{2}\frac{RT}{pDh}\left(\frac{\dot{m}}{A}\right)^2 + r\Omega^2\frac{p}{RT}\frac{\mathrm{d}r}{\mathrm{d}x} \tag{5.36}$$

根据能量守恒定律对图 5.15 所示控制体建立能量方程：

$$(\dot{m}+\mathrm{d}\dot{m})\left[h+\mathrm{d}h+\frac{(v+\mathrm{d}v)^2}{2} - \frac{\Omega^2(r+\mathrm{d}r)^2}{2}\right] - \dot{m}\left(h+\frac{v^2}{2}-\frac{\Omega^2 r^2}{2}\right) - \left(h_{\mathrm{inj}}+\frac{v_{\mathrm{inj}}^2}{2}\right)\mathrm{d}\dot{m} = \delta Q \tag{5.37}$$

略去高阶小量得

$$\left(\dot{m}c_p + \frac{\dot{m}^2RT}{pA}\frac{\dot{m}R}{pA}\right)\frac{\mathrm{d}T}{\mathrm{d}x} = \frac{\dot{m}^2RT}{pA}\frac{\dot{m}RT}{p^2A}\frac{\mathrm{d}p}{\mathrm{d}x} + \dot{m}\Omega^2 r\frac{\mathrm{d}r}{\mathrm{d}x} + \frac{\delta Q}{\mathrm{d}x} + \left[-\frac{3}{2}\left(\frac{\dot{m}RT}{pA}\right)^2 - c_pT + c_{p,\mathrm{inj}}T_{\mathrm{inj}} + \frac{1}{2}V_{\mathrm{inj}}^2 + \frac{(\Omega r)^2}{2}\right]\cdot\frac{\mathrm{d}\dot{m}}{\mathrm{d}x} + \frac{\dot{m}^2RT}{pA}\frac{\dot{m}RT}{pA^2}\frac{\mathrm{d}A}{\mathrm{d}x} \tag{5.38}$$

式(5.36)及式(5.38)分别为流动单元管网计算动量方程与能量方程。对于涡轮叶片内部冷却结构,可以忽略出流的影响,因此,式(5.36)可简化为

$$\left[1-\left(\frac{\dot{m}}{A}\right)^2\frac{RT}{p^2}\right]\frac{\mathrm{d}p}{\mathrm{d}x}=-\left(\frac{\dot{m}}{A}\right)^2\frac{R}{p}\frac{\mathrm{d}T}{\mathrm{d}x}+\left(\frac{\dot{m}}{A}\right)^2\frac{RT}{pA}\frac{\mathrm{d}A}{\mathrm{d}x}-\frac{C_{\mathrm{f}}}{2}\frac{RT}{pDh}\left(\frac{\dot{m}}{A}\right)^2+r\Omega^2\frac{p}{RT}\frac{\mathrm{d}r}{\mathrm{d}x} \tag{5.39}$$

式(5.38)可简化为

$$\left(\dot{m}c_p+\frac{\dot{m}^2RT}{pA}\frac{\dot{m}R}{pA}\right)\frac{\mathrm{d}T}{\mathrm{d}x}=\frac{\dot{m}^2RT}{pA}\frac{\dot{m}RT}{p^2A}\frac{\mathrm{d}p}{\mathrm{d}x}+\dot{m}\Omega^2r\frac{\mathrm{d}r}{\mathrm{d}x}+\frac{\delta Q}{\mathrm{d}x}+\frac{\dot{m}^2RT}{pA}\frac{\dot{m}RT}{pA^2}\frac{\mathrm{d}A}{\mathrm{d}x} \tag{5.40}$$

将式(5.40)代入式(5.39)可得

$$C_2\frac{\mathrm{d}p}{\mathrm{d}x}=-\left[\frac{\dot{m}^2RT}{pA}-\frac{C_1}{c_pA}\left(\frac{\dot{m}}{p}RT\right)^2\right]\frac{\mathrm{d}}{\mathrm{d}x}\left(\frac{1}{A}\right)+\left(\frac{p}{RT}-\frac{C_1}{c_p}\right)\frac{r\Omega^2\mathrm{d}r}{\mathrm{d}x}-\left(\frac{\dot{m}}{A}\right)^2\frac{C_{\mathrm{f}}}{2Dh}\frac{RT}{p}-\frac{C_1}{c_p}\frac{4}{Dh}\frac{q}{\dot{m}} \tag{5.41}$$

其中

$$\begin{cases}C_1=\left(\dfrac{\dot{m}}{A}\right)^2\dfrac{R}{pC_T}\\[2ex] C_T=1+\left(\dfrac{\dot{m}}{A}\right)^2\dfrac{TR^2}{p^2c_p}\\[2ex] C_2=1-\left(\dfrac{\dot{m}}{A}\right)^2\dfrac{TR}{p^2}+\dfrac{1}{p}\dfrac{C_1}{c_p}\left(\dfrac{\dot{m}RT}{pA}\right)^2\end{cases} \tag{5.42}$$

采用一阶差分对方程(5.39)离散化,得

$$(p_j-p_i)E_ij=A_ij-B_{ij}\dot{m}_{ij}{}^2-D_ij\dot{m}_{ij}{}^2-C_ijC_f\dot{m}_{ij}{}^2 \tag{5.43}$$

其中

$$\begin{cases}A_{ij}=\left[\dfrac{p_j+p_i}{R(T_j+T_i)}-\dfrac{C_1}{2c_p}\right]\dfrac{r_j{}^2-r_i{}^2}{2}\Omega^2\\[2ex] B_{ij}=\left[\dfrac{R(T_j+T_i)}{2(p_j+p_i)}-\dfrac{C_1R^2}{2c_p}\dfrac{(T_j+T_i)^2}{(p_j+p_i)^2}\right]\left(\dfrac{1}{A_j^2}-\dfrac{1}{A_i^2}\right)-\dfrac{q}{\dot{m}_{ij}^3c_p}\dfrac{2L}{Dh}(A_j+A_i)\\[2ex] C_{ij}=\dfrac{\dot{m}_{ij}}{|\dot{m}_{ij}|}\dfrac{RL}{8Dh}\dfrac{T_j+T_i}{p_j+p_i}\left(\dfrac{1}{A_j}+\dfrac{1}{A_i}\right)^2\\[2ex] E_{ij}=1-\dfrac{\dot{m}_{ij}{}^2R}{2}\dfrac{T_j+T_i}{(p_j+p_i)^2}\left(\dfrac{1}{A_j}+\dfrac{1}{A_i}\right)^2+\dfrac{C_1\dot{m}_{ij}{}^2R}{2c_p}\dfrac{(T_j+T_i)^2}{(p_j+p_i)^3}\left(\dfrac{1}{A_j}+\dfrac{1}{A_i}\right)^2\end{cases} \tag{5.44}$$

对于能量方程也可以简化为

$$\dot{m}_{ij}\left(h_j^* - \frac{1}{2}r_j^{\,2}\Omega^2\right) - \dot{m}_{ij}\left(h_i^* - \frac{1}{2}r_i^{\,2}\Omega^2\right) = Q \tag{5.45}$$

根据已知条件和求解问题不同,式(5.45)中 Q 有不同的表达式,管网计算中常见的3种情况如下:

(1) 只分析涡轮叶片内部流体流动与传热特性,边界条件为第三类边界条件。

$$Q = h_c A_{wc}(T_w - T_c^*) \tag{5.46}$$

(2) 只分析涡轮叶片内部流体流动与传热特性,边界条件为第二类边界条件。

$$Q = \dot{q}A_{wc} \tag{5.47}$$

(3) 考虑涡轮叶片外部流体温度及热流密度分布对内部流体流动传热影响,需要计算内外壁面温度,边界条件给定靠近外壁面燃气温度及热流密度。

$$Q = U_{a1}(T_{g1} - T_c) + U_{a2}(T_{g2} - T_c) \tag{5.48}$$

式中 U_{a1}、U_{a2}—— 叶片压力面与吸力面的当量换热系数:

$$U_{a1} = \left(\frac{1}{h_{g1}A_{g1}} + \frac{2\delta}{\lambda(A_{g1} + A_{c1})} + \frac{1}{h_{c1}A_{c1}}\right)^{-1} \tag{5.49}$$

5.5.3 节点控制方程

流动单元的连接处及进出口称之为节点,节点内满足连续性方程

$$\sum_j \dot{m}_{ij} = 0 \tag{5.50}$$

式中 $\dot{m}_{ij}$—— 节点 i 到节点 j 的流动单元的质量流量。

对于内部节点,同样存在节点的能量方程,即

$$T_i = \frac{\sum_j c_{p,ij}\min(q_{ij},0)\,T_{ij}}{\sum_j c_{p,ij}\min(q_{ij},0)} \tag{5.51}$$

5.5.4 管网计算的求解方法

本节的管网计算方法通过对动量方程做适当变形,将非线性方程求解转化为线性方程求解,相应地发展了一种迭代算法,该计算算法对初值依赖低,同时较牛顿-拉夫逊等方法更加简洁。求解方法如下:

令 $M_{ij} = \dfrac{A_{ij}}{E_{ij}}$,$N_{ij} = \dfrac{B_{ij}q_{ij} + C_{ij}C_f\dot{m}_{ij}}{E_{ij}}$,则方程(5.43)变形为

$$p_j - p_i = N_{ij}\dot{m}_{ij} - M_{ij} \tag{5.52}$$

其中 $N_{ij} = N_{ji}$,M_{ij} 的正负与节流单元中离心惯性力的方向有关,表征离心惯性力对流动的影响,且有 $M_{ij} = -M_{ji}$。由此可以得到流量 $\dot{m}_{ij}$ 的表达式为

$$\dot{m}_{ij} = \frac{p_i}{N_{ij}} - \frac{p_j}{N_{ij}} + \frac{M_{ij}}{N_{ij}} \tag{5.53}$$

结合节点连续性方程(5.50)有

$$\boldsymbol{H}\boldsymbol{p}=\boldsymbol{d} \tag{5.54}$$

其中 $\boldsymbol{H}$—— 系数矩阵，该矩阵对角线元素为 $H_{ii}=-\sum_j \frac{1}{N_{ij}}$，当节点 i、j 之间存在流动单元时，$H_{ij}=\frac{1}{N_{ij}}$，其余位置为 $H_{ij}=0$；而当节点 i 为压力边界时，$H_{ii}=1$，$H_{ij}=0$；

$\boldsymbol{d}$—— 一维数组数据，其中 $d_i=\sum_j \frac{M_{ij}}{N_{ij}}$，当节点 i 为压力边界时 $d_i=p_b i$；当节点为流量边界时，$d_i=\sum_j \frac{M_{ij}}{N_{ij}}-q_b i$

$\boldsymbol{p}$—— 待求的节点压力数组。

通过求解线性方程组(5.54)获得节点压力，而后根据式(5.53)可以求出每个流动单元流量，具体求解方法为：

(1) 根据对每个流动单元 M_{ij} 和 N_{ij}(迭代求解第一步可以给定 $M_{ij}=0$、$N_{ij}=N_0$，令 $N_0=10^5$)，采用式(5.54)得到节点压力 $p_i^{\ 0}$，再根据式(5.53)可求出每个流动单元流量 $m_i^{\ 0}$。

(2) 根据 M_{ij} 和 N_{ij} 的表达式，求解新的 M_{ij} 和 N_{ij}。

(3) 重复步骤(1)得到节点压力 p_i^{01} 和单元流量 m_i^{01}，而后借鉴求解线性方程组的超松弛法(SOR)。

(4) 重复步骤(2)、(3)直至节点压力和单元流量收敛。

5.6 三维导热计算模块

计算采用ANSYS公司下的CFX软件包，在CFX中，控制方程在固体域中没有流动，可以将控制方程中的对流项和扩散项删除，而在固体区域中传热方式只有热传导，所以固体区域能量守恒方程可以化为

$$\frac{\partial}{\partial t}(\rho c_p T)=\nabla\cdot(\lambda\,\nabla T)+S_{\mathrm{E}} \tag{5.55}$$

计算采用固体温度计算的 Thermal Energy 换热模型，内外壁面给定第三类边界条件，即温度与换热系数。

5.7 三维气热耦合计算模块

随着现代航空发动机大幅提高涡轮的入口温度和冷却技术的广泛应用，对热端部件工作的持久性和可靠性产生了严峻的挑战。为了预测发动机热端部件的寿命，必须准确估计热端部件的温度分布，温度分布通过热应力影响其工作寿命。如前所述，航空发动机涡轮流道内的气动和传热过程都非常复杂，传热过程和气动过程相互影响。在航空发动机工程传热设计中，迫切需要了解涡轮叶片的传热过程，但是由于缺乏精密的高温测量装

备和难于将温度与压力测量仪器安装于实际工作状态燃机涡轮中，关于涡轮叶片传热过程的详细测量实验结果非常少见，目前工程上获得涡轮叶片传热参数分布主要通过以下3个途径：① 对涡轮叶片表面的换热系数采用平板或者圆柱流动的换热准则方程来计算，这是一种近似方法，但是根据 NASA 的经验，这种近似结果常常出人意料地接近精确解，但是需要人工指定转捩位置；② 用理论分析方法获得叶片表面换热系数，即通过求解给定问题的边界层积分方程和能量积分方程的方法，当计算中正确设定转捩位置时，计算结果与实验数据吻合得很好；③ 用数值计算方法获得换热系数的分布规律，这是工程设计中普遍采用的辅助方法，其计算结果可以获得叶栅内三维流场的详细参数，在计算过程中可以通过完善计算模型详细考虑各种影响因素，使计算结果尽可能地接近实际情况。

计算流体力学(Computational Fluid Dynamics，CFD) 是20世纪后半期伴随计算机技术发展而迅速崛起的数值计算仿真技术，经过半个世纪的迅猛发展，在工程设计领域已经完成由以实验测量为基础的传统设计向以计算仿真为主的“预测设计” 的转变。根据文献描述，用 CFD 程序与实验相结合，可使航空发动机压气机的研究时间和费用减少50%以上。美国 NASA 指出，CFD 技术的发展目标：① 专业化；② 适用于工程设计要求；③ 能够准确模拟和分析研究对象的物理特性；④ 其预测分析能力必须得到证实；⑤ 必须符合时代发展的特性。HPTET 也提出 CFD 技术发展的 3 个关键：计算程序(Code Development)、物理模型(Physics Modeling) 和实验验证算例(Validate Experiment)。并指出这3方面的发展都必须针对现代燃机透平的结构和工作特点，计算程序的分析和预测能力必须经过实验算例验证，这些算例必须既能提供具有挑战性的相对难度 —— 具有与真实燃机部件的尺寸和相近的工作条件，又能提够提供计算需要的完整数据，并为此专门设计了一批实验以供CFD程序发展使用。最后CFD程序应该被投放到合适的、实际的工作中去应用，在实际工作中通过反馈和随着相关领域的发展而不断发展。

应用三维 CFD 程序有助于进一步理解涡轮叶片内复杂的气动和传热过程。经过20年的发展，CFD 技术成熟的一个重要标志是各种商品化、通用化的 CFD 软件的大规模应用，从 1981 年 CHAM 公司推出第一个商用软件 Phoenics 以来，各种 CFD 商用软件也相继出现，如 Fluent、CFX、STAR－CD、Numeca、Flow3D 等，对叶轮机械研究者而言，CFD 商用软件的出现避免了烦琐的程序编制工作，以近5年 ASME/TURBO 中研究轴流压气机的论文为例，使用商业软件数值模拟方法发表的论文占论文总数的近60%。

5.7.1 控制方程

RNAS 求解所采用的控制方程如下所述：

连续性方程为

$$\frac{\partial(\rho \bar{u}_i)}{\partial x_i}=0 \tag{5.56}$$

动量方程为

$$\frac{\partial(\rho \bar{u}_i \bar{u}_j)}{\partial x_j}=-\frac{\partial(\bar{p})}{\partial x_i}+\frac{\partial}{\partial x_j}\left[(\mu+\mu_t)\left(\frac{\partial \bar{u}_i}{\partial x_j}+\frac{\partial \bar{u}_j}{\partial x_i}\right)\right] \tag{5.57}$$

流体能量方程为

$$c_p \frac{\partial(\rho \bar{u}_i \bar{T})}{\partial x_i} = \frac{\partial}{\partial x_i}\left(\lambda \frac{\partial \bar{T}}{\partial x_i}\right) - c_p \frac{\partial}{\partial x_i}\left(\frac{\mu_t}{Pr_t} \frac{\partial \bar{T}}{\partial x_i}\right) \tag{5.58}$$

固体能量方程为

$$\frac{\partial}{\partial x_i}\left(\lambda \frac{\partial \bar{T}}{\partial x_i}\right) = 0 \tag{5.59}$$

5.7.2　湍流模型

为了计算湍流流动及热量交换，采用了 SST－γ－θ 模型来模拟叶轮机械内的流动换热，其中模型公式如下所示(Menter，1994)。

湍流动能 k 的方程为

$$\frac{\partial}{\partial x_i}(\rho k u_i) = \gamma_{\mathrm{eff}} \tau_{ij} \frac{\partial u_j}{\partial x_i} - \{\min[\max(\gamma_{\mathrm{eff}}, 0.1), 1]\} \beta^* \rho \omega k + \frac{\partial}{\partial x_i}\left[(\mu + \sigma_k \mu_t) \frac{\partial k}{\partial x_i}\right] \tag{5.60}$$

耗散速率 ω 为

$$\frac{\partial}{\partial x_i}(\rho \omega u_i) = \frac{\gamma}{\nu_t} \tau_{ij} \frac{\partial u_j}{\partial x_i} - \beta \rho \omega^2 + \frac{\partial}{\partial x_i}\left[(\mu + \sigma_\omega \mu_t) \frac{\partial \omega}{\partial x_i}\right] + 2(1 - F_1) \frac{\rho \sigma_{\omega 2}}{\omega} \frac{\partial k}{\partial x_i} \frac{\partial \omega}{\partial x_i} \tag{5.61}$$

式中

$$\tau_{ij} = \mu_t \left(2S_{ij} - \frac{2}{3} \frac{\partial u_k}{\partial x_k} \delta_{ij}\right) - \frac{2}{3} \rho k \delta_{ij} \tag{5.62}$$

$$S_{ij} = \frac{1}{2}\left(\frac{\partial u_j}{\partial x_i} + \frac{\partial u_i}{\partial x_j}\right) \tag{5.63}$$

$$F_1 = \tanh(\arg_1^4) \tag{5.64}$$

$$\arg_1 = \min\left[\max\left(\frac{\sqrt{k}}{\beta^* \omega d}, \frac{500\nu}{d^2 \omega}\right), \frac{4\rho \sigma_\omega 2k}{CD_k \omega d^2}\right] \tag{5.65}$$

$$CD_k \omega = \max\left(2\rho \sigma_{\omega 2} \frac{1}{\omega} \frac{\partial k}{\partial x_i} \frac{\partial \omega}{\partial x_i}, 10^{-20}\right) \tag{5.66}$$

$$\nu_t = \frac{a_1 k}{\max(a_a \omega, SF_2)} \tag{5.67}$$

$$F_2 = \tanh(\arg_2^2) \tag{5.68}$$

$$\arg_2 = \max\left(2 \frac{\sqrt{k}}{\beta^* \omega d}, \frac{500\nu}{d^2 \omega}\right) \tag{5.69}$$

其中常数为：$\sigma_{\omega 2} = 0.856$，$\beta^* = 0.09$，$\alpha_1 = 0.31$。

$\gamma - \theta$ 转捩模型为两方程模型(间歇因子 γ 以及控制转捩的动量厚度雷诺数$\widetilde{Re}_{\theta t}$)，方程一般用于修正湍流方程，实现预测流体的层流、层流到湍流及充分湍流。由于计算的流动均有可能存在转捩，因此本节选择了该转捩模型。

其中与间歇因子有关的输运方程为

$$\frac{\partial}{\partial x_j}(\rho\gamma u_j)=2F_{\text{length}}\rho S(\gamma F_{\text{onset}})^{c_{\gamma 3}}(1-\gamma)+2c_{\gamma 1}\rho\Omega\gamma F_{\text{turb}}(1-\gamma)+\frac{\partial}{\partial x_j}\left[(\mu+\mu_t)\frac{\partial\gamma}{\partial x_j}\right] \tag{5.70}$$

式中　S—— 应变力大小；

F_{length}—— 控制转捩区长度的经验关联式；

Ω—— 涡量大小。

转捩发生的位置由以下方程控制：

$$\begin{cases} Re_\nu=\dfrac{\rho y^2 S}{\mu}, R_T=\dfrac{\rho k}{\mu\omega} \\ F_{\text{onset1}}=\dfrac{Re_\nu}{2.193Re_{\theta c}} \end{cases} \tag{5.71}$$

$$\begin{cases} F_{\text{onset}}=\max\left\{\min[\max(F_{\text{onset1}},F_{\text{onset1}}^4),2]-\max\left[1-\left(\dfrac{R_T}{2.5}\right)^3,0\right],0\right\} \\ F_{\text{turb}}=\mathrm{e}^{-\left(\frac{R_T}{4}\right)^4} \end{cases} \tag{5.72}$$

$Re_{\theta c}$ 为间歇因子在边界层内部开始增大位置的临界雷诺数，一般发生在转捩雷诺数 $\widetilde{Re}_{\theta t}$ 之前。F_{length} 及 $Re_{\theta c}$ 的经验公式均为$\widetilde{Re}_{\theta t}$ 的函数，间歇因子公式中 $c_{\gamma 1}=0.03$，$c_{\gamma 2}=50$，$c_{\gamma 3}=0.5$。修正分离导致的转捩公式为

$$\gamma_{\text{eff}}=\max\left\{\gamma,\min\left\{2\max\left[\left(\frac{Re_\nu}{3.235Re_{\theta c}}\right)-1,0\right]\mathrm{e}^{-}\left(\frac{R_T}{20}\right)^4,2\right\}F_{\theta t}\right\} \tag{5.73}$$

转捩的动量厚度雷诺数$\widetilde{Re}_{\theta t}$ 输运方程为

$$\frac{\partial}{\partial x_j}(\rho\widetilde{Re}_{\theta t}u_j)=c_{\theta t}\frac{\rho^2u^2}{500\mu}(Re_{\theta t}-\widetilde{Re}_{\theta t})(1-F_{\theta t})+\frac{\partial}{\partial x_j}\left[\sigma_{\theta t}\left(\mu+\frac{\mu_t}{\sigma_\gamma}\right)\frac{\partial\widetilde{Re}_{\theta t}}{\partial x_j}\right] \tag{5.74}$$

$$\begin{cases} F_{\theta t}=\min\left\{\max\left[F_{\text{wake}}\mathrm{e}^{-\left(\frac{y}{\delta}\right)^4},1-\left[\dfrac{\gamma-\frac{1}{50}}{1-\frac{1}{50}}\right]^2\right],1\right\} \\ \delta=\dfrac{50\Omega y}{u}\dfrac{15\widetilde{\mathrm{Re}}_{\theta t}}{2\rho u},F_{\text{wake}}=\mathrm{e}^{-\left(\frac{\rho\omega y^2}{10^5\mu}\right)^2} \end{cases} \tag{5.75}$$

其中，$c_{\theta t}=0.03$，$\sigma_{\theta t}=2$。

本节还研究了表面粗糙度对叶片表面换热的影响。为了准确预测表面粗糙度对换热的影响，这里引入一套表面粗糙度的修正公式。表面粗糙度主要是增大了壁面剪切力并打碎湍流中的黏性底层。表面粗糙度将改变对数速度剖面（McLean，2012），修正方式如下所示：

$$u^+=\frac{1}{k}\ln(y^+)+B-\Delta B \tag{5.76}$$

式中　$B=5.2$，

u^+ —— 近壁面无量纲速度；

k—— 冯卡门常数；

(y^+)—— 壁面的无量纲距离；

ΔB—— 偏移量，即

$$\Delta B = \frac{1}{k}\ln(1 + 0.3k_s^+) \tag{5.77}$$

其中，k_s 为粗糙高度（当 $k_s < 5$ 时，代表光滑壁面），$k_s^+ = \frac{k_s u_\tau}{\upsilon}$，$u_\tau$ 为摩擦速度。

一般来说，表面粗糙度将会产生堵塞效应，堵塞厚度大约为高度的 50%。处理方法为将壁面放置在 50% 粗糙单元高度上：

$$y = \max[y, 0.5\min(k_s, kr)] \tag{5.78}$$

采用了 $k\omega$ − SST $\gamma - \theta$ 模型来进行数值分析，表面粗糙度对转捩的修正为

$$Re_{\theta t,\mathrm{rough}} = \widetilde{Re}_{\theta t} \cdot f(kr) \tag{5.79}$$

其中，将 $Re_{\theta t,\mathrm{rough}}$ 代替 $\widetilde{Re}_{\theta t}$ 在转捩发生以 Re_θ 及转捩长度 F_{length} 的经验公式中。

5.8　平台搭建

设计平台是设计体系具体形式的一种体现，也是一个科研设计单位设计水平的体现。虽然本书给出的涡轮叶片冷却结构设计分析方法较传统方法设计难度降低、设计效率提高，但在设计冷却结构时，由于冷却结构的复杂性，导致设计中需要输入参数较多，设计流程复杂程度高。

为了规范涡轮叶片冷却结构设计，简化设计中数据输入的复杂程度进而提高设计效率，本节搭建了涡轮叶片冷却结构设计平台。对于设计经验不足的设计者，通过搭建好的涡轮叶片冷却结构设计平台能够快速进行冷却结构设计，并可较为方便地采用设计平台中的评估方法快速评估冷却结构的优劣。为了保证程序较高的兼容性，平台及界面编写基于与本设计计算分析方法相同的编程语言，即 Matlab 内部的 GUI 模块。

图 5.16 给出了本节得出的涡轮冷却结构设计平台。平台包含几何及外换热输入模块、厚度偏置设计模块、冷却结构拓扑设计模块、边界条件输入模块、特殊结构设计、冷却结构计算分析方法模块、三维导热及热应力分析模块及后处理与实体模型模块。由于规

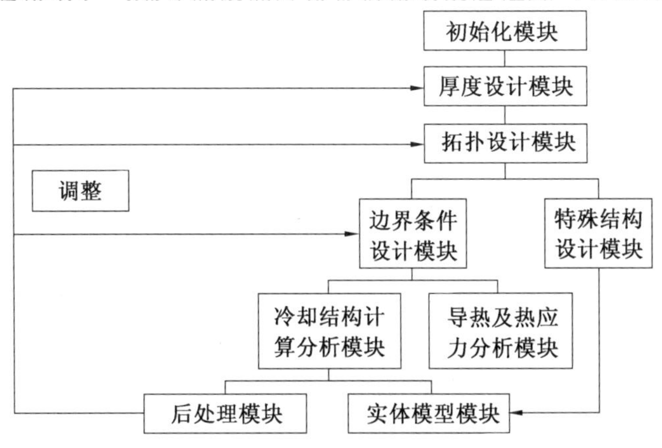

图 5.16　涡轮冷却结构设计平台

范了数据的输入输出，各个模块间数据可以不需要进行人工干预就可进行无缝传输。采用该平台设计出的冷却结构通过后处理模块对该冷却结构流量温度场等进行评估，当评估不满足设计要求时，可再回到厚度设计模块或冷却结构拓扑设计模块、边界条件输入模块进行调整，如此往复直至满足设计要求。

图 5.17 给出了本节的涡轮叶片冷却结构设计平台及其相关子模块，下面具体介绍各个模块的功能。

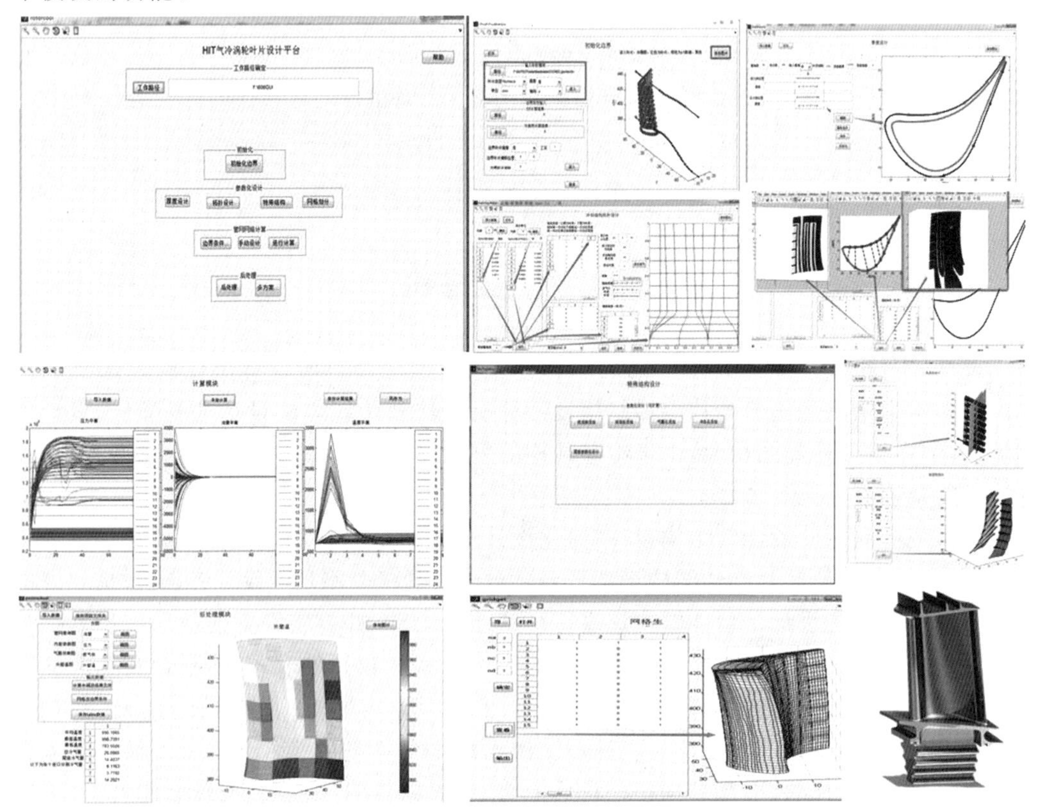

图 5.17　涡轮叶片冷却结构设计平台及相关子模块

1. 初始化模块

初始化边界的主要目的是导入叶型数据、外换热数据和叶片表面静压及燃气温度数据，程序通过插值得到叶片表面压力、温度及换热系数。由于导入叶型与外表面静压计算、外换热计算使用的叶型可能不重合，需要通过镜像、平移、旋转处理使三者基本重合，以保证插值精度和插值成功。

2. 厚度设计模块

导入了叶片的叶型数据、添加了叶片表面边界条件后，需要对内部冷却通道进行参数化设计。冷却通道设计的第一步，是根据叶片型线生成叶片的冷却腔(内型面)，生成的依据为叶片的壁面厚度分布。对于典型的涡轮动叶，每个叶型截面叶身中部的壁面厚度最大、尾缘壁面厚度较小，并且叶根截面的平均厚度大于叶顶截面的平均厚度，内弧的厚度略小于背弧的厚度。这就要求生成冷却腔时需要在弦向与径向均为变厚度设计。

3. 拓扑设计模块

对于涡轮叶片，叶身和叶根的隔板数量与位置有多种变化，而且蛇型通道形式也多种多样，这将给设计带来一定困难。为了解决这一问题，采用了“拓扑设计法”设计叶身与叶根过渡段的冷气通道。拓扑设计法的具体思路为：将叶片内型面或叶根过渡段型面同时沿弦向与径向进行分割（分别给定叶身前缘沿径向、叶身尾缘沿径向、叶根冷气进口截面沿弦向、叶片底部截面沿弦向和叶片顶部截面沿弦向分割点无量纲位置），得到规则而紧密排列的若干个四边形曲面；内弧与背弧对应的一对四边形曲面组成一个单元，根据单元几何形式不同将其分为11种，每种不同形式以一数字代表，根据冷却结构的设计需要，每个单元可以为直管（分为径向、弦向2个方向）或90°弯管（分为圆折转与方折转，每种折转又分为4种不同方向），不同单元的直管与弯管相互连接，形成冷气通道。采用拓扑设计法便于设计与修改冷气通道形态：改变型面分割时的位置，可以对通道位置与面积进行调整；改变单元的流管类型分布，可以改变冷气通道的拓扑结构。

4. 特殊结构设计模块

为了减轻UG建模的难度，对冷却通道中扰流肋、扰流肋、气膜孔、冲击孔，分别编制了参数化设计程序生成通道肋、气膜孔及冲击孔片体。

5. 边界条件设计模块

进行涡轮冷却结构计算分析时，需要输入包含冷气进口总温总压、尾缘出口、叶顶除尘孔、气膜孔静压等边界数据，并完成冷却结构计算分析模型建立。

6. 冷却结构计算分析模块

获得冷却结构计算分析的模型后，通过求解5.5.1节中的控制方程，即可获得包含内部冷却通道流量分布、内部通道雷诺数、压力、压降、外壁温、外壁面吹风比、外壁面燃起恢复温度等数据。

7. 导热及热应力分析模块

由于采用了拓扑设计法，通过代数法即可通过插值获得涡轮叶片冷却结构固体域网格，依靠前面模块获得内外壁面温度及换热系数即可完成三维热分析。将由三维热分析得出的数据及网格输入到热应力分析计算中完成热应力评估。

8. 后处理模块

为了直观地评估叶片表面温度计内部流动是否符合设计要求，开发了后处理模块。该模块可以通过人机交互，显示温度、流量等一维数据，显示内部冷却结构流量及流动二维图，还可显示三维壁面云图，方便设计者评估冷却结构的优劣。

9. 实体模型模块

由于采用了拓扑设计，可将涡轮叶片冷却通道数据、叶片型线及子午通道数据以片体形式输送到三维建模软件中。同时，采用本平台的特殊结构设计可以完成如气膜孔、冲击孔、扰流肋、尾缘劈缝等多种结构参数化，并以片体形式输入至三维建模软件中。设计者仅需要将片体缝合成实体并进行相关布尔操作即可完成涡轮冷却结构三维建模。

本章参考文献

[1] MEITNER P. Computer code for predicting coolant flow and heat transfer in turbomachinery[R]. Cleveland: NASA Report TP－2985, 1991:31-50.

[2] MEITNER P. Computer code for predicting coolant flow and heat transfer in turbomachinery[R]. Cleveland: NASA Report TP－2985, 1992:41-60.

[3] MEITNER P. Computer code for predicting coolant flow and heat transfer in turbomachinery[R]. Cleveland: NASA Report TP－2985, 1993:11-42.

[4] MENTER F R. Two－equation eddy－viscosity turbulence models for engineering applications[J]. AIAA Journal, 1994, 32(8): 1598-1605.

[5] MCLEAN D. Understanding aerodynamics: arguing from the real physics[M]. Hoboken:John Wiley & Sons, 2012.

第6章　涡轮冷却叶片设计及其应用

6.1　概　　述

根据航空发动机需求不同,发动机涡轮叶片工作温度不同,所需要的冷却结构温降也存在不同。若温度不高,可以采用简单的光滑通道冷却,如 MARK Ⅱ 冷却结构;若温度进一步提高,可以考虑在蛇型通道中添加扰流柱等结构增加内部换热,进而提高冷却效果;若温度较高,可以考虑再进一步加入冲击冷却结构,利用冲击冷却高换热能力的优点;当温度进一步提高时,就要在叶片表面开设气膜孔来实现更高冷却效果。

本章根据第5章介绍的设计方法,进行某无气膜冷却直升机用涡轴冷却动叶叶片冷却结构设计,无气膜、有气膜航空发动机动叶冷却结构设计,组合发动机涡轮动叶冷却结构设计、航空发动机涡轮导叶冷却结构设计,以验证该设计系统。

6.2　无气膜冷却的直升机用涡轴冷却叶片设计及其应用

图6.1所示为一直升机用涡轴燃气发动机的涡轮第1级结构模型。涡轮第1级叶片直面来自燃烧室的高温燃气,其主流温度较高。与第1级静叶的入口温度相比,第1级动叶的入口温度相对较低。为了减少由冷气掺混而增加的气动损失,此处动叶冷却结构设计不采用气膜冷却,仅依靠内部冷却来降低叶片温度,冷气由叶片根部进入叶片,在内部冷却通道内发生折转扰流,一部分冷气通过叶顶除尘孔排出,另一部分经由尾缘劈缝排出,与主流发生掺混。

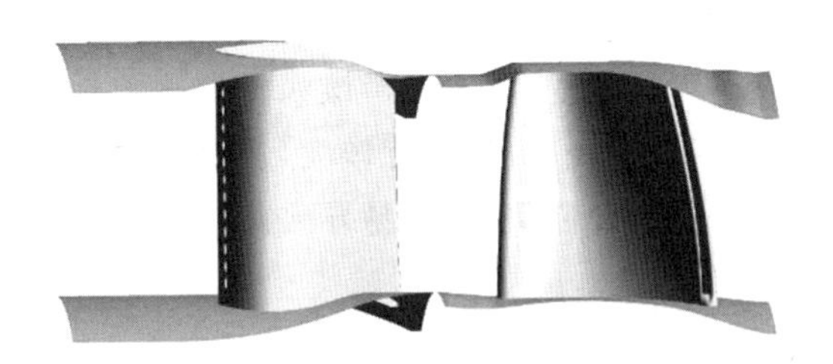

图6.1　涡轮第1级结构模型

本节冷却结构设计主要由以下3部分组成:

(1) 管网计算。根据5.2节管网计算内容,采用哈尔滨工业大学自主开发的管网计算程序进行计算,得到设计结果。

(2) 三维导热温度场计算。通过管网计算得出的温度场较为粗糙,管网划分的分块数决定了温度场分块数,同时管网计算仅能得到固体域内外表面温度分布,无法得到S1截面的温度分布。三维温度场计算作为管网计算后续计算,具有计算速度快、计算精度较高的优点，能够得到设计者关心的细致温度分布；但是存在计算依赖于管网计算所提出的内外边界条件、网格生成困难等缺点。由于采用了参数化设计方法，叶片冷气通道计算网格能够快速生成，网格采用哈尔滨工业大学自主开发的网格生成程序，提取拓扑设计法中所获得的光滑内部冷气通道数据，然后补充网格在各个方向的布点数量，完成网格分块。以叶片内外第三类边界(温度与换热系数）换热数据和光滑通道计算网格为基础进行气冷叶片的三维温度场计算，得到叶片的三维温度分布，每进行一次三维温度场计算时间小于 5 min。

(3) 全三维气热耦合计算。管网计算结果只能作为初步方案设计，并不能确定最终的冷却结构。虽然后续开发了三维导热温度场计算，但三维导热温度场计算在一定程度上依赖于基于经验公式的管网计算，并不能作为冷却结构的最终评估。全三维气热耦合计算一般作为冷却结构最终方案的详细设计。全三维气热耦合计算采用 ANSYS 公司下的 CFX 软件包。其主流湍流强度为 5%，给定来流的进口总压沿叶高分布、总温沿叶高分布，出口给定背压沿叶高分布。计算边界条件取自整级计算，参数无量纲处理方式如下：

叶片无量纲温度定义为

$$\bar{T} = \frac{T}{T_m} \tag{6.1}$$

式中 T_m—— 该金属耐受温度。

无量纲压力定义为

$$\bar{p} = \frac{P}{P_m} \tag{6.2}$$

式中 P_m—— 参考压力。

6.2.1 冷却结构设计特点

设计要求：尾缘劈缝出流量低于 2.66 g/s，最大叶片无量纲温度低于 1。

燃气涡轮第 1 级动叶冷却结构设计特点：冷气量小，进口温度较高，设计中不采用气膜冷却，仅依靠内部蛇型通道来进行冷却，因此，需要一种高效的内部冷却结构。基于该涡轮的冷却结构设计是一个设计过程，并未参考该涡轮的原始冷却结构的数据及经验，依靠控制内部蛇型通道流阻来控制冷气流量难度较大，若设计流阻过小，易导致冷气流量过大，促使涡轮气动效率下降，若设计流阻过大，易导致某些局部区域出现燃气倒灌，引起局部温度过高。

6.2.2 管网计算

第 1 级动叶工作环境并不恶劣，但是较小的冷气量对于该冷却结构设计来说是一个难点。根据估算，冷气进口相对压力约为 0.7 MPa，叶顶及尾缝出口静压均取自三维气动计算中局部的流量平均。

为了充分利用冷气，叶片内部采用单条蛇型通道结构，通道内布置平行扰流肋，肋高为 0.3 mm，肋间距为 3 mm，肋宽为 0.3 mm，角度沿流向为 45°。

叶片采用弦向与径向变壁厚设计，叶片弦向由前到后分为 5 个腔：单股冷气进入第 1

腔，往复折转 4 次依次流过 2、3、4 腔，最后进入第 5 腔从尾缘劈缝处流出。

尾缘劈缝处添加了圆柱扰流肋，以强化叶片尾缘局部换热并增大尾缘区强度。

叶顶处开有两个除尘孔：第一个孔位于弦长 30% 位置，孔径为 1.5 mm。此处开孔除了保证叶顶冷却及除尘外，同时也考虑到降低动叶叶顶间隙泄漏涡产生的损失。第二个孔位于第三与第四回转通道交汇处，此处主要是为了保证叶顶冷却与除尘。考虑到发动机长期工作在沙漠、海洋等恶劣环境，各个孔直径太小，容易堵塞，大孔径能够有效排尘，因而本节设计的除尘孔相对其他航空发动机涡轮叶顶除尘孔直径都大。

管网设计结果表明，在第四通道至第五通道处需开设节流孔，以防止劈缝顶部冷气流量过小而导致产生局部高温区。

图 6.2 所示为管网计算得到的冷气流量分布图，图中箭头所指方向为冷气流动方向。从图中可以看出，流量分布符合设计要求，劈缝冷气流量为 2.076 g/s，小于设计流量 2.66 g/s，但在叶顶第二除尘孔处存在燃气倒灌，初步认定产生这种情况的原因有以下两个：

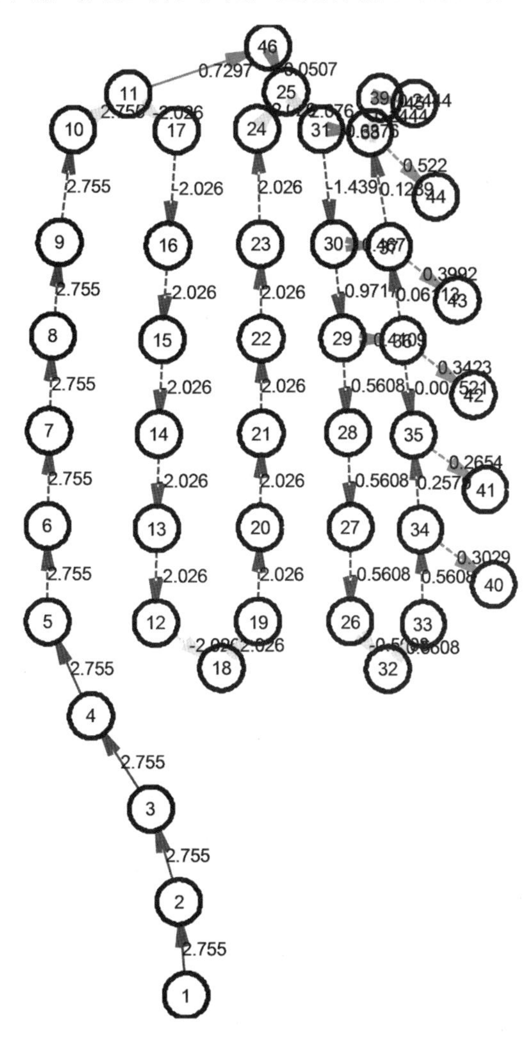

图 6.2　管网计算得到的冷气流量分布图(单位为 g/s)

(1) 这个区域设计不合理，存在燃气倒灌的现象。

(2) 管网计算在给定叶顶除尘孔边界条件时统一给定一个压力，对于处于叶顶不同位置的除尘孔的压力是有差异的，因此两个除尘孔给定一个边界条件不够准确。

为了验证上述原因，仍然采取该设计方案进行下一步三维导热计算。在管网计算中，为了进行计算，需要将叶片分割成若干个单元，在计算的简化过程中，假定每个单元的温度都相同，忽略了径向以及周向的导热，这样无法得出细致准确的温度分布，因此有必要进行三维温度场计算。三维导热温度场计算通过给定内外壁面的温度及换热系数来得到叶片固体域温度分布，其中内外壁面的温度以及换热系数由管网计算自动提取。

为了评估冷却效果，引入冷却效率，冷却效率定义为

$$\eta_{\mathrm{eff}}=\frac{T_{\mathrm{g}}-T_{\mathrm{w}}}{T_{\mathrm{g}}-T_{\mathrm{c}}} \tag{6.3}$$

式中　T_{g}—— 燃气无量纲温度；

T_{c}—— 冷气无量纲温度；

T_{w}—— 壁面无量纲温度；

η_{eff}—— 冷却效率，由式(6.3) 得出冷却效率为 0.522。

表 6.1 给出了燃气、冷气无量纲温度以及在三维导热温度场计算得出的叶片壁面无量纲温度，其中温度无量纲化见式(6.1)。

表 6.1　动叶无量纲温度

	最高无量纲温度	最低无量纲温度	平均无量纲温度
根部截面	0.844	0.651	0.761
中间截面	0.821	0.665	0.793
顶部截面	0.933	0.771	0.846
壁面(T_{w})	0.933	0.698	0.774
进口燃气温度(T_{g})	—	—	0.957
进口冷气温度(T_{c})	—	—	0.606

分析表 6.1 可以看出，叶片顶部温度最高，但是不同截面最高无量纲温度均小于设计无量纲温度。实际上，当叶片顶部存在径向间隙时，叶顶间隙处温度较高，管网计算中，由于没有考虑叶顶除尘孔对叶片顶部的冷却作用，因此顶部温度将会过高估计。图 6.3 给出了 10%、50% 和 90% 叶高处叶片截面的无量纲温度分布云图。从图 6.3(c) 中可以看出，高温区主要集中于叶片前缘及叶片顶部区域。

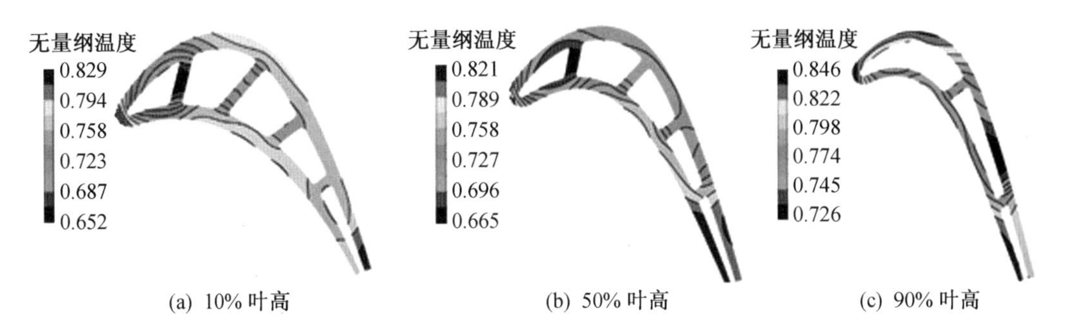

(a) 10% 叶高　(b) 50% 叶高　(c) 90% 叶高

图 6.3　三维温度场计算的 3 个截面无量纲温度分布云图(彩图见附录)

6.2.3　全三维气热耦合计算

获得叶片内部以及外部通道内的详细流动和换热分布情况,即可进行全三维气热耦合计算。图 6.4(a) 所示为叶片内部蛇型冷却通道流线图。从图可以看出,冷气由叶片根部进入蛇型通道,在蛇型通道中经过回转后,一部分冷气由叶顶除尘孔流出,另一部分冷气经由尾缘劈缝排出,该冷气分配合理。与上节管网计算结果相比,全三维气热耦合计算结果的不同之处在于第二除尘孔并未发生倒灌。通过对管网计算产生倒灌原因的分析,可以排除设计方案不合理导致的叶顶倒灌,且进一步可推断为管网计算中给定除尘孔边界条件产生较大误差所致,即叶顶不同位置的除尘孔给定单个边界导致管网计算的不准确。在叶片第四通道与第五通道上部区域布置 3 个节流孔,冷气能够直接从第四通道进入第五通道,用以防止尾缘顶部的燃气发生倒灌。图 6.4(b)、(c) 给出了尾缘区域的流动情况。由图中可以看出,从叶片根部流入的冷气,在大约 80% 叶高处,冷气量已经非常少。因此在此处布置三排节流孔能够补充这部分冷气,这样端部区域也能够得到充分冷却。然而这 3 个节流孔的加入会导致尾缘顶部存在一定的流动死区。

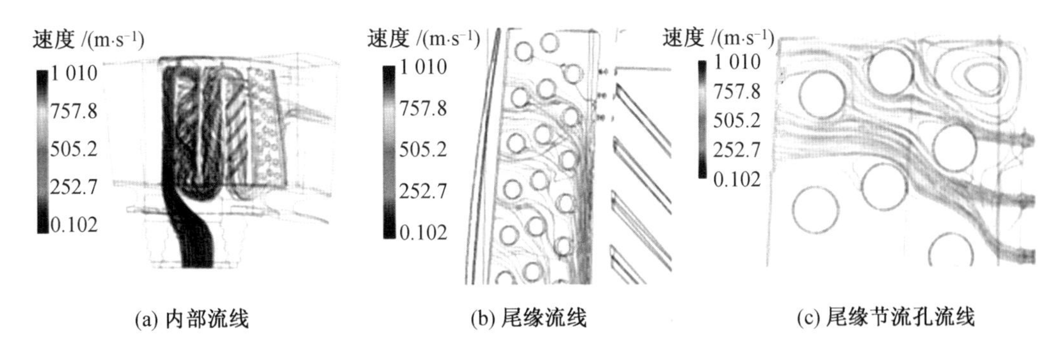

(a) 内部流线　(b) 尾缘流线　(c) 尾缘节流孔流线

图 6.4　气热耦合计算流线分布云图(彩图见附录)

图 6.5 所示为 10%、50% 及 90% 叶高处叶片各截面的温度分布云图。对于叶片顶部、中部及根部 3 处截面来说,其相同点在于高温区主要聚集在叶片前缘及部分尾缘区域,这与三维温度场计算结果趋势大致相同。进一步与三维导热计算结果对比可以发现,叶片顶部区域的尾缘区域温度并不高,这主要由于三维导热温度计算忽略了叶顶除尘孔冷气被卷吸至吸力面中间部位后对叶片吸力面的冷却作用,导致局部温度过高,而全三维

气热耦合计算考虑了这部分冷却气体对叶片的冷却。

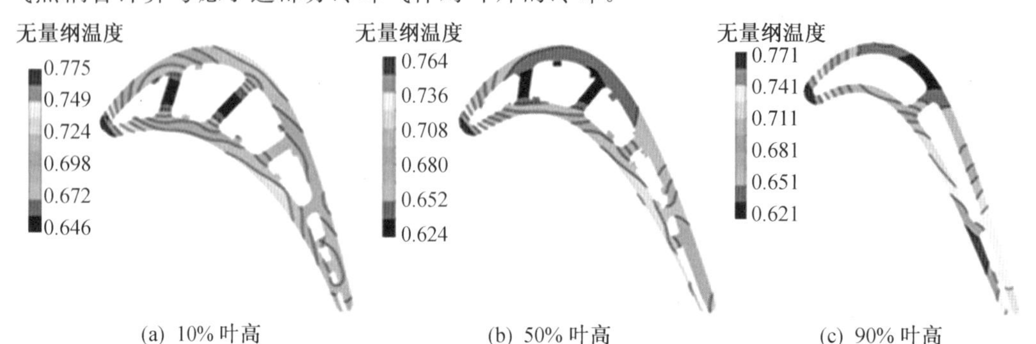

图 6.5　10%、50% 及 90% 叶高处叶片各截面的温度分布云图(彩图见附录)

图 6.6(a) 所示为叶片内部相对总压分布。从图中可以看出,总压在尾缘劈缝位置处急剧下降。图 6.6(b)、(c) 给出了叶片表面温度分布云图,由图中可以看出,高温区域主要聚集于叶片前缘和尾缘顶部区域,这主要归因于蛇型通道尾缘顶部壁角处的流动死区现象。

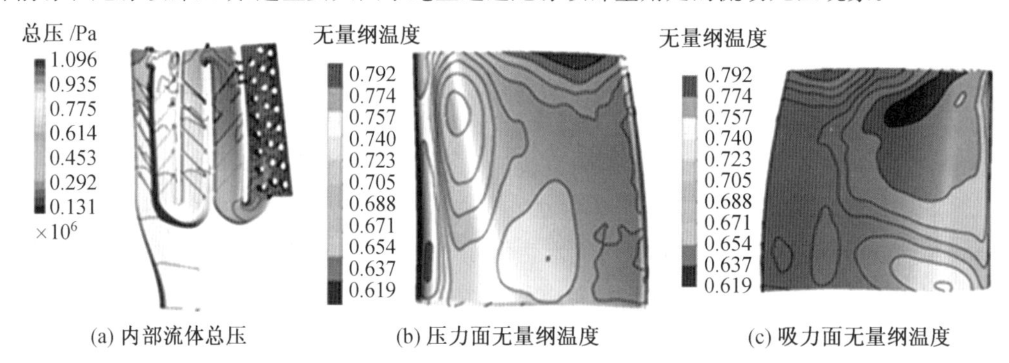

图 6.6　气热耦合计算内部流体总压及表面无量纲压力分布云图(彩图见附录)

6.2.4　对比分析

管网计算、三维导热温度场计算以及全三维气热耦合计算为分层次传热设计,对比其中差异,并提出针对各种计算方法的改进方案是有必要的。表 6.2 对比了由 3 种计算方法得到的各种数据。由表中可以看出,管网计算与全三维气热耦合计算流量差异为 8.8%,可以认定方案设计中采用的管网计算是可行的,但是流量分配存在一定差异。从

表 6.2　冷却结构设计中一维参数对比

方法	流量 /$(g\cdot s^{-1})$	第 1 除尘孔流量 /$(g\cdot s^{-1})$	第 2 除尘孔流量 /$(g\cdot s^{-1})$	尾缝流量 /$(g\cdot s^{-1})$	表面平均温度(无量纲值)	最高温度(无量纲值)
管网计算	2.755	0.729	−0.051	2.076	0.780	0.956
三维导热温度场计算	2.755	0.729	−0.051	2.076	0.774	0.933
气热耦合计算	3.022	1.145	0.179	1.697	0.701	0.792

管网计算的计算模型简化方法可知，管网计算中第 1 除尘孔与第 2 除尘孔边界是统一给定的，然而叶顶不同位置压力变化较大，因此实际上叶顶不同位置的流量是有差异的；实际工况下，尾缘劈缝区域的压力、温度会随着位置的改变产生相应的变化，在管网计算中，尾缘劈缝的边界条件仍然给定一个定值，因此同样会产生一定的误差。

图 6.7 为 3 种计算方法计算得出的叶片表面温度分布云图。从图中对比可以看出，管网计算与三维导热温度场计算的温度分布结果差异不大，但是这两种计算结果与全三维气热耦合计算结果差异较大，平均温度相差 17.1%。在吸力面位置，全三维气热耦合计算结果中并未发现前两种计算结果中的叶顶区域在 20% 轴线弦长位置的高温区，这主要是由于全三维气热耦合计算中考虑了从叶顶除尘孔喷出的冷气被叶顶由压力面到吸力面的叶顶泄漏涡卷吸到吸力面，然后被叶顶泄漏涡与通道涡所产生的二次涡卷吸，向叶片吸力面中间移动的现象。而管网计算并没有考虑叶顶除尘孔冷气对叶片表面的冷却，三维导热温度场计算边界条件取自管网计算，同样没有考虑叶顶除尘孔冷气对叶片表面的冷却。因此全三维气热耦合计算的温度较前两种计算温度低。另外，对比压力面的结果可以看出，3 种计算得出的温度分布大致趋势一致，但是也有差异，产生差异的原因有以下两条：① 管网计算依赖于经验公式，经验公式的精确程度决定了管网计算结果的精度；② 在管网计算中，对计算模型做了相关假设，包括忽略吸力面到压力面的热传导。然而实际中吸力面由于叶顶除尘孔冷气冷却后温度低，通过热传导，导致压力面温度也相对变低。

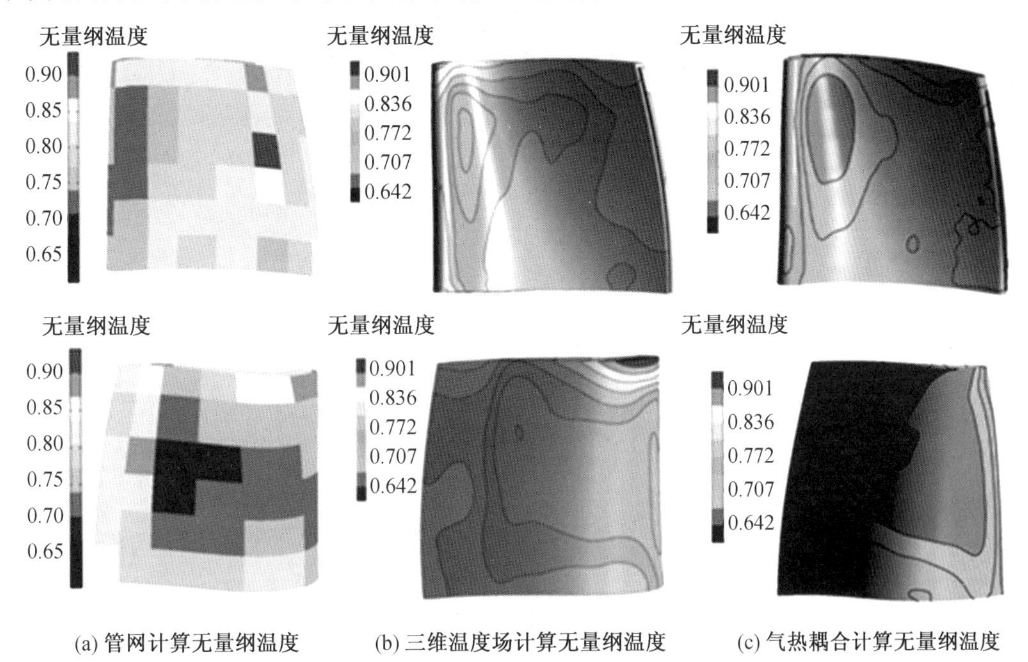

图 6.7　由 3 种计算方法得出的叶片表面温度分布云图(彩图见附录)

前面提到，在管网计算中，由于叶顶边界条件及尾缘劈缝边界条件设置不准确，导致叶顶出现倒灌的现象。然而在全三维气热耦合计算中，这种倒灌现象并未发生。因此，这里需要对管网计算方法进行改进，即分别对每个出口边界重新进行定义，最终确定整个计算流量分配，计算出口的每个边界由初始三维气动计算得出。改进后管网计算模型的流量分配图如图 6.8 所示。

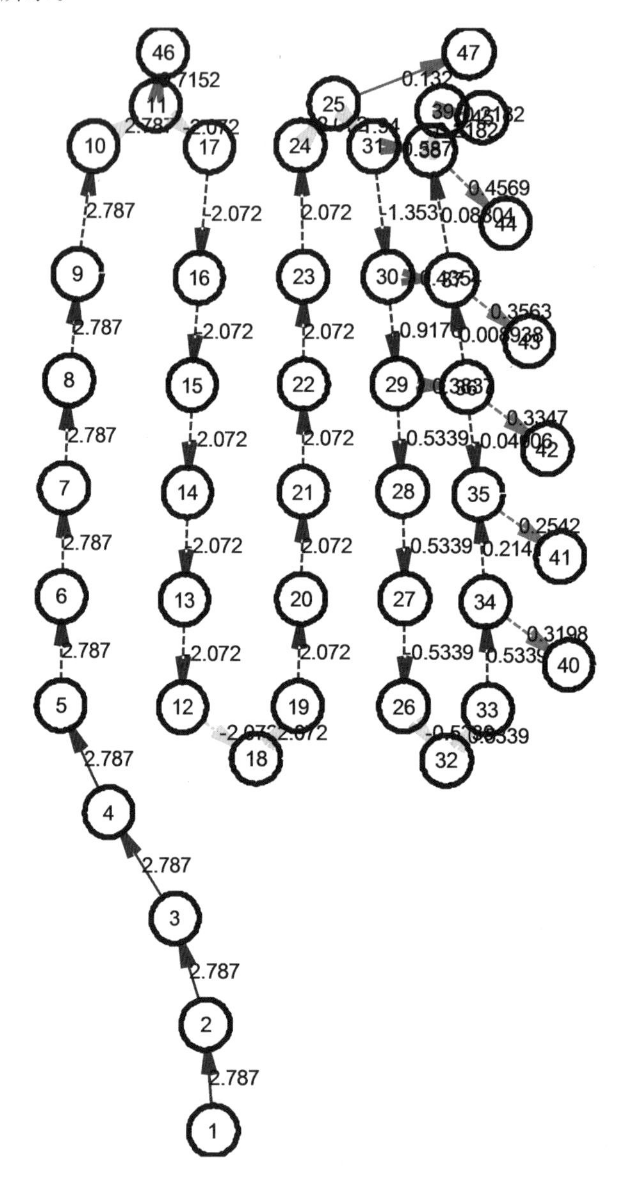

图 6.8　改进后管网计算模型的流量分配图(单位为 g/s)

6.3　无气膜冷却的航空发动机涡轮冷却叶片设计及其应用

6.3.1　物理模型及边界条件

本节计算模型为一航空发动机燃气涡轮第 1 级动叶,图 6.9 所示为本节采用的气动计算模型。给定的边界条件见表 6.3。

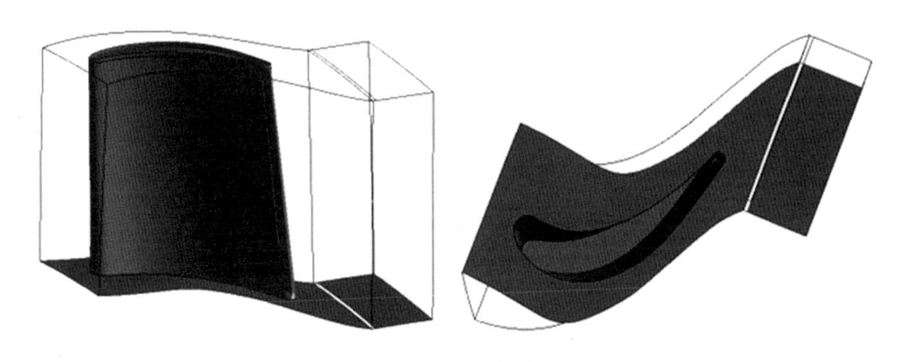

图 6.9　气动计算模型

表 6.3　边界条件

无量纲参数	数值
入口总温	0.909
入口总压	1
出口压力	0.372
$\dfrac{\text{主流流率}}{g\sqrt{T}/p}$	1.544
$\dfrac{\text{冷气流率}}{m/t}$	5.3
冷气总压	1.099
冷气总温	0.472
$\dfrac{\text{速度}}{n/\sqrt{T_{\min}}}$	224.993

其中，温度的无量纲参数定义为

$$\bar{T}=\frac{T}{T^*} \tag{6.4}$$

式中　T^*——考虑 OTDF 后的主流进口总温，并以每次设计方案中的无量纲温度低于材料许用温度的无量纲结果 0.74 为迭代依据。

压力的无量纲参数定义为

$$\bar{p}=\frac{p}{p^*} \tag{6.5}$$

式中　p^*——主流进口总压。

主流流量的无量纲参数定义为

$$\bar{Q}=\frac{W\sqrt{T^*}}{p^*} \tag{6.6}$$

式中　W——流量。

转速的无量纲参数定义为

$$\bar{N}=\frac{N}{\sqrt{T^{*}}} \tag{6.7}$$

式中　N—— 转速。

对于动叶来说，单个叶片冷气量为

$$q_{c}=\frac{Q_{c}}{N_{b}}=58.9\ \mathrm{g/s} \tag{6.8}$$

式中　Q_{c}—— 总的冷气量；

N_{b}—— 叶片个数。

进口冷气采用来自压气机次末级气体，考虑沿程的流动损失(2% ～ 5%)，冷气进口无量纲绝对总压为

$$\bar{p}_{\mathrm{cool}}=\bar{p}_{c}^{*}\times(1-\xi_{\mathrm{loss}})=1.044 \tag{6.9}$$

式中　$\bar{p}_{c}^{*}$—— 压气机进口无量纲总压；

ξ_{loss}—— 沿程流动损失。

燃气轮机中，燃烧室出口存在周向温度不均匀现象(OTDF)，因此本设计对考虑 OTDF 及不考虑 OTDF 两种工况分别展开。图 6.10 给出了两种情况下的总温云图对比图。在考虑 OTDF 时，根据工程实际情况，进口温度提升，叶片表面无量纲总温最高值为 1.033，这严重增加了设计难度。

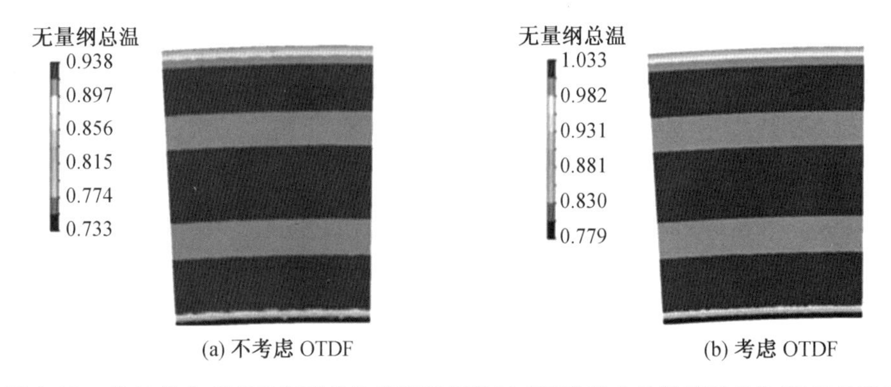

图 6.10　进口考虑 OTDF 和不考虑 OTDF 两种工艺下的叶片总温云图对比(彩图见附录)

图 6.11 所示为壁面换热系数分布云图。图中，前缘区域出现高换热区。

图 6.12 所示为无冷却条件下叶片表面温度分布云图。从图中可以看出，叶片前缘部分以及叶片吸力侧尾缘区域靠近叶顶部分存在高温区域。

已知高温区聚集在前缘位置，若要设计出较高冷却效率的冷却结构，前缘部分是冷却设计中最需要考虑的。接下来就不考虑 OTDF 及考虑 OTDF 两种情况，分别对叶片冷却结构进行设计。

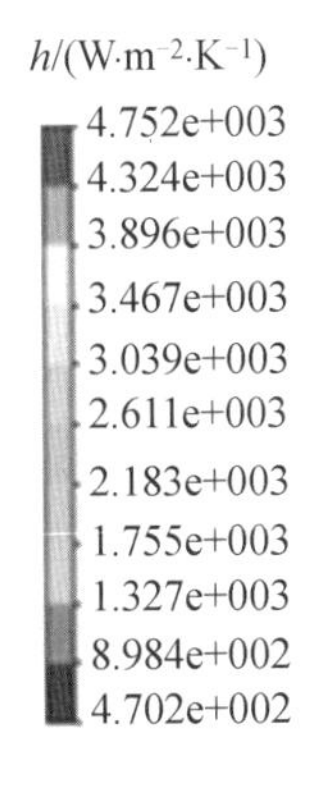

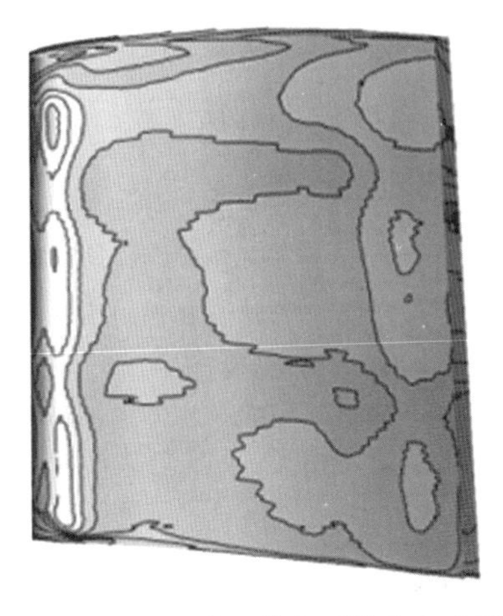
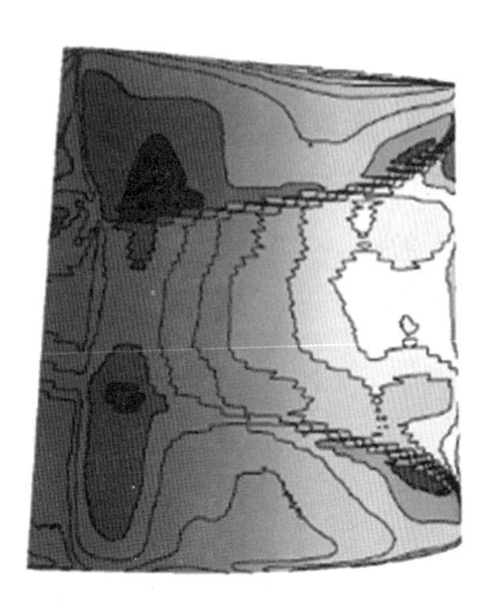

图 6.11　壁面换热系数分布云图(彩图见附录)

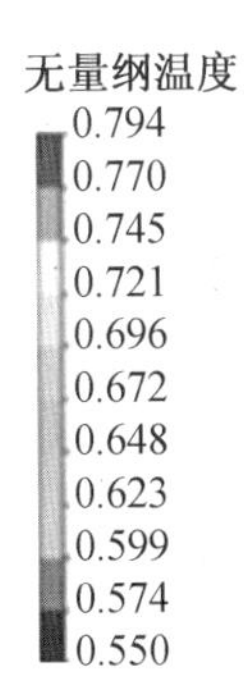

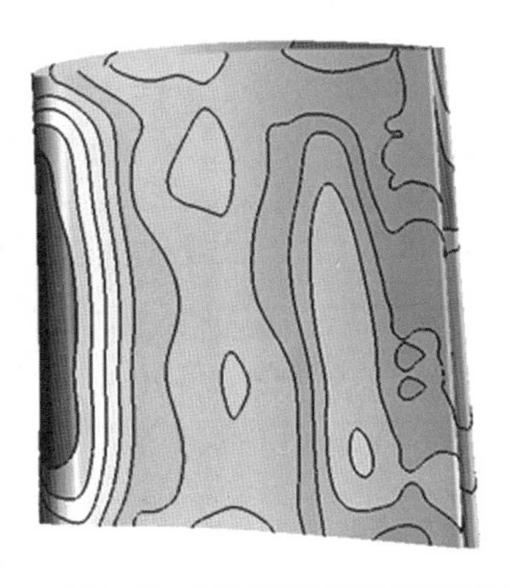
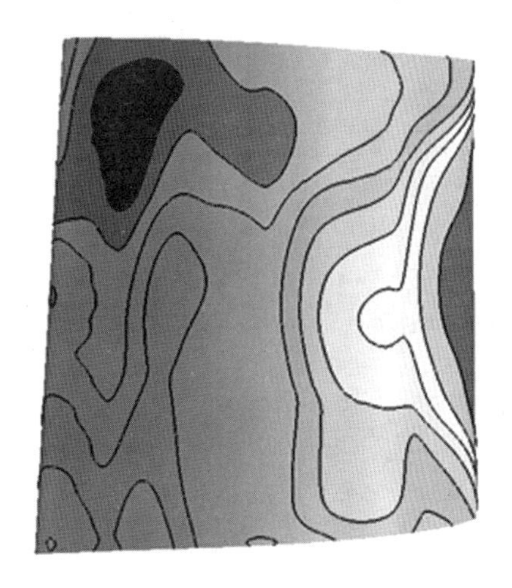

图 6.12　无冷却情况下壁面温度分布云图(彩图见附录)

6.3.2　不考虑 OTDF 情况的冷却结构设计

1. 管网计算

为了减弱前缘位置高温区，设定为双进口冷却结构，第 1 股冷气由根部冷气进口进入，冲刷前缘后，由顶部横向通道进入主流中，其中，在顶部位置开设除尘孔；第 2 股冷气由根部冷气入口进入，依次经过第 2、3、4 腔后由尾部横向通道进入主流中。通过该冷却结构，冷气能够较好地冲刷前缘，实现了前缘较好冷却。图 6.13 所示为不考虑 OTDF 情况的冷却结构内部示意图。

图 6.14 所示分别为不考虑 OTDF 情况下，通过管网程序得到的冷却拓扑结构以及几何实体。

下面对比通过管网计算所得的两套方案。

(1) 原始方案。

表 6.4 给出了不考虑 OTDF 情况的原始方案数据。

图 6.13　不考虑 OTDF 情况的冷却结构内部示意图(彩图见附录)

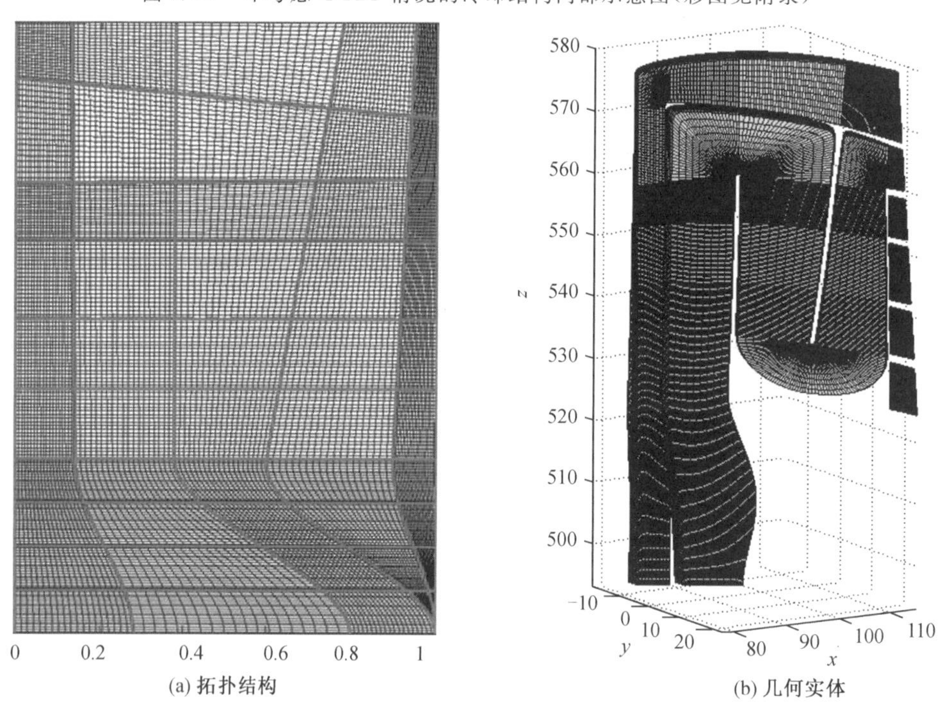

(a) 拓扑结构　　(b) 几何实体

图 6.14　不考虑 OTDF 情况的冷却拓扑结构及几何实体

表 6.4　不考虑 OTDF 情况的原始方案数据

参数	数值
第 1 腔室流量 $q_{c1}/(g \cdot s^{-1})$	13.9
第 2 腔室流量 $q_{c2}/(g \cdot s^{-1})$	44.9
最高温度 T_{max}(无量纲)	0.780
平均温度 T_{av}(无量纲)	0.672
最低温度 T_{min}(无量纲)	0.527

从表中可以看出，第 1 腔室流量较小，第 2 腔室流量过多，最高温度较高，无法达到设计要求。图 6.15 和图 6.16 分别给出了管网计算不考虑 OTDF 的叶片吸力侧、压力侧无量纲温度分布云图以及管网流量图。从图 6.15 可以看出，叶片前缘部分温度较高，但是前缘的冷气量与中弦位置的冷气量相比较少(图 6.16)。因此冷气量分配不合理是原始设计中前缘区域存在较高温度的主要原因，经多次调整，得出以下改进方案。

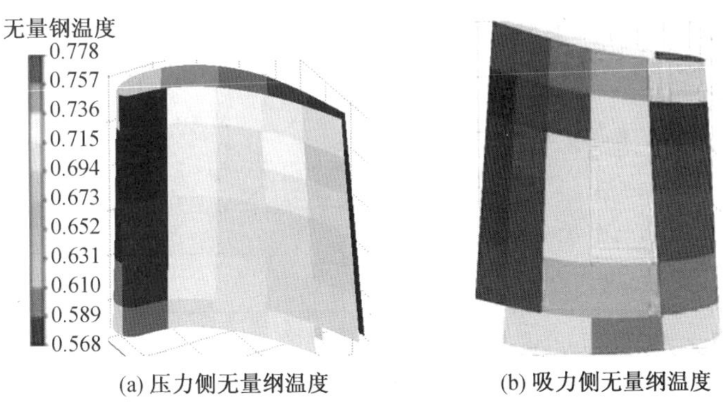

图 6.15　管网计算温度场分布云图(彩图见附录)

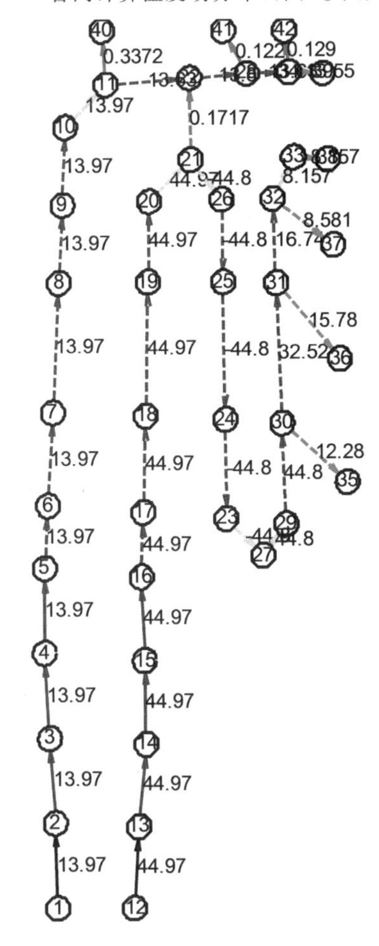

图 6.16　不考虑 OTDF 情况的管网计算流量图(单位为 g/s)

(2) 改进方案。

在原始方案的基础上对冷却结构进行相应的调整。表 6.5 给出了调整后冷气分布之后的数据。在提高第 1 腔冷气流量,将第 2 腔室冷气流量减小之后,可以看出,流量保持不变的前提下,叶片最高温度及平均温度均有所下降,最低温度有较小提升。

表 6.5　不考虑 OTDF 情况的改进方案

参数	数值
第一腔室流量 $q_{c1}/(g \cdot s^{-1})$	16.9
第二腔室流量 $q_{c2}/(g \cdot s^{-1})$	40.8
最高温度 T_{max}(无量纲)	0.700
平均温度 T_{av}(无量纲)	0.634
最低温度 T_{min}(无量纲)	0.537

图 6.17 为不考虑 OTDF 情况的改进方案的温度场分布云图及流量分布。从图中可以看出,通过调整后,最高温度得到下降,前缘最高无量纲温度为 0.700,低于设计要求的无量纲温度 0.714,满足设计要求。

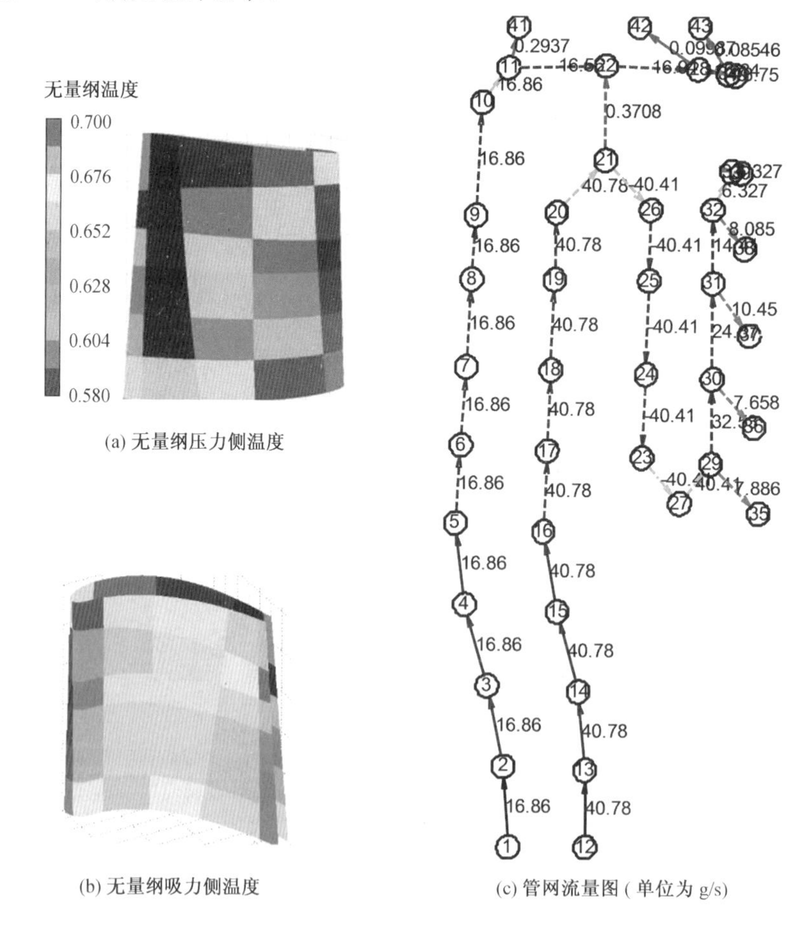

(a) 无量纲压力侧温度

(b) 无量纲吸力侧温度

(c) 管网流量图(单位为 g/s)

图 6.17　不考虑 OTDF 情况的改进方案的温度场分布云图及流量分布(彩图见附录)

2. 三维导热计算

管网计算能得到叶片内部冷气通道表面的冷气温度与换热系数分布，而在有气膜冷却时，气膜修正计算程序能够得到考虑冷气掺混后的燃气温度与换热系数分布。由于采用了参数化设计方法，叶片冷却通道计算网格能够快速生成。以叶片内外第三类边界（温度与换热系数）换热数据和光滑通道计算网格为基础，即可进行气冷叶片的三维温度场计算，得到叶片的温度分布。图 6.18 所示为不考虑 OTDF 情况的三维导热计算网格。计算采用固体温度计算的 Thermal Energy 换热模型，内外壁面给定第三类边界条件，即温度与换热系数。

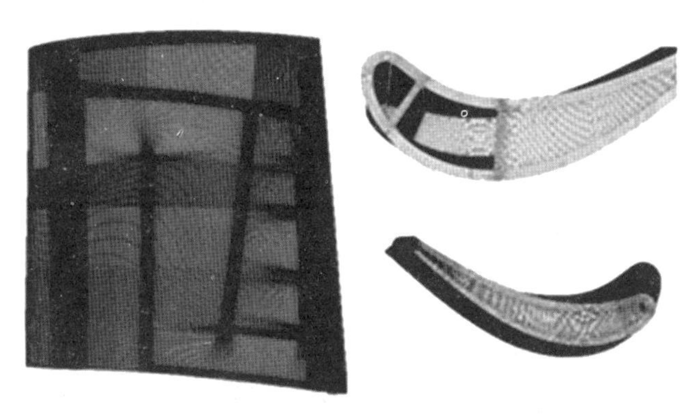

图 6.18　不考虑 OTDF 情况的三维导热计算网格（彩图见附录）

图 6.19 所示给出了不考虑 OTDF 情况的三维导热计算得出的温度场分布云图。从

(a) 压力侧温度　(b) 吸力侧温度

(c) 10% 叶高　(d) 50% 叶高　(e) 90% 叶高

图 6.19　不考虑 OTDF 情况的三维导热计算得出的温度场分布云图（彩图见附录）

图中可以看出，最高温度与管网计算得出的温度分布相比有所上升。其主要原因是管网计算中，将每一个区域温度进行平均，未能考虑极值温度，因此，三维导热计算是非常必要的。同时从给出的3个截面温度场可以看出，温度场符合设计要求，前缘位置存在一定高温区，但是最高温度低于设计要求，温度较为均匀。

3. 内流三维流场计算

管网计算可以调整出一个大致的方案，无法考虑到内部的流动细节，因此，对内部流动进行细微调整的内流三维流程计算就成为一个精细调整的手段。

内流三维流场计算，边界条件按照外壁面给定换热系数与温度分布，尾缘劈缝出口给定静压，冷气进口给定总温总压，不需要外部流体域，同样能够形容冷却结构内部的流动细节，计算周期短，计算精度较高。

图6.20给出了通过调整内部三维结构后几个方案对比。从图中可以看出，当调整第3腔隔板倾斜时，可以有效控制第3腔流动，实现对第3腔尾部位置低速回流区的控制，降低第3腔位置的高温。另外，由于第2腔根部冷气流动雷诺数较低，使得该区域温度分布较高，通过将60°平行肋改为60°V型肋的形式将最高温度降低了10 K。

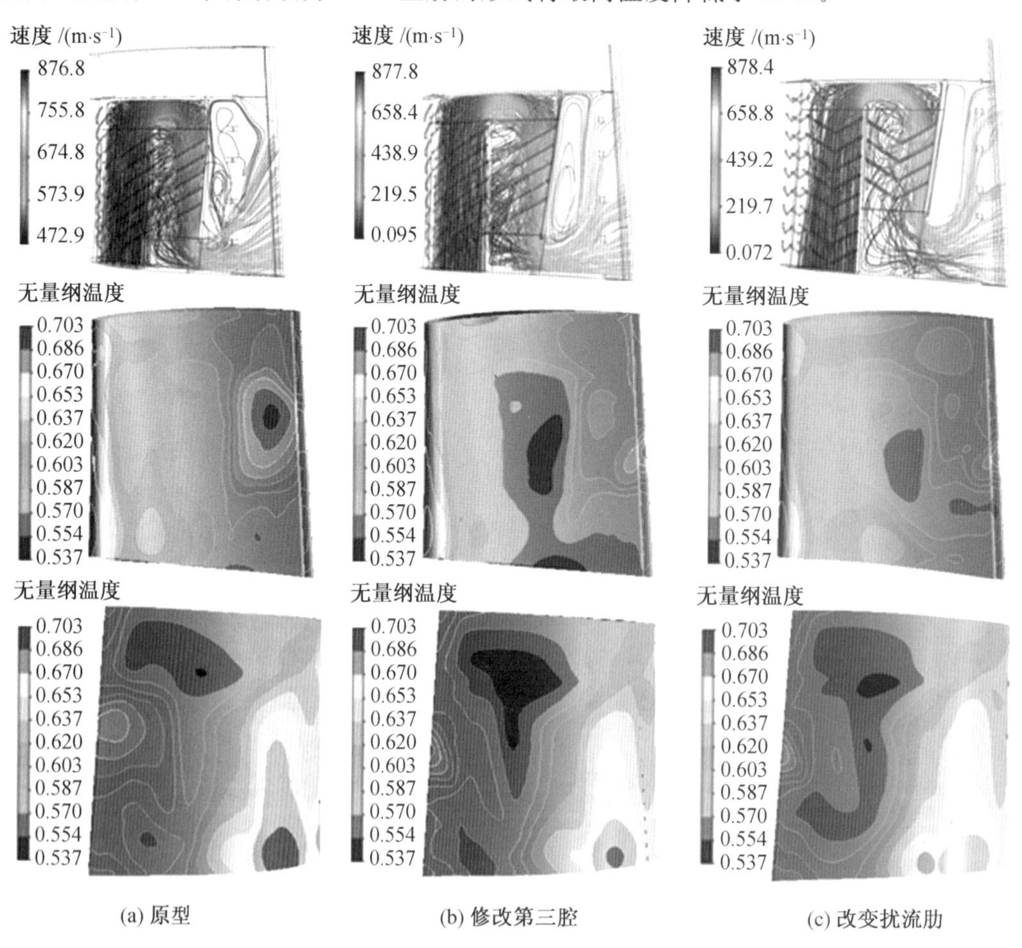

图 6.20　通过调整内部三维结构后几个方案对比(彩图见附录)

4. 全三维气热耦合计算

管网计算结果只能作为初步方案设计，并不能确定最终的冷却结构。三维导热温度场计算在一定程度上依赖于经验公式的管网计算，但并不能作为冷却结构的最终评估。而内流三维流场计算未考虑叶片外部通道流动及换热的情况，同样无法作为冷却结构的最终评估方案。全三维气热耦合计算一般作为冷却结构最终方案的详细设计。下面介绍对全三维气热耦合计算进行的几个方案。

在考虑 OTDF 的情况下，对冷却结构的几何进行了细微调整，包括节流孔的位置、个数、大小等参数，并对第 3 腔流动问题进行探讨，通过调整第 3 腔进口面积，实现对第 3 腔流量的控制。

(1) UG 模型。

图 6.21 给出了全三维气热耦合计算微调方案。其中方案 1 为原型方案，方案 2 为修改扰流柱方案，方案 3 为修正出口方案。

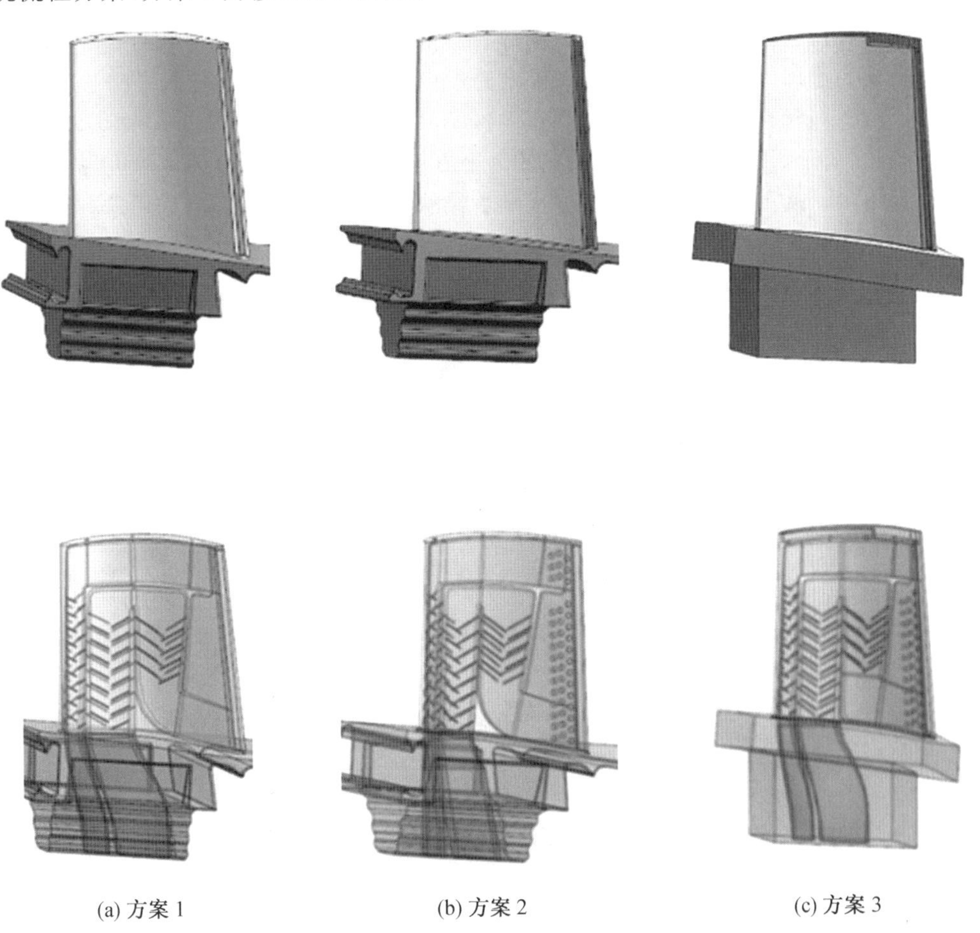

(a) 方案 1　　(b) 方案 2　　(c) 方案 3

图 6.21　全三维气热耦合计算微调方案

(2) 计算结果。

计算结果数据对比见表 6.6。

表 6.6　不考虑 OTDF 的情况的 3 个方案气热耦合计算结果

参数	方案 1 结果	方案 2 结果	方案 3 结果
$q_{c1}/(g \cdot s^{-1})$	23	19	16.5
$q_{c2}/(g \cdot s^{-1})$	37	37.6	36.7
T_{max}（无量纲）	0.712	0.699	0.761
T_{av}（无量纲）	0.626	0.59	0.685
η	0.59	0.7	0.53

表中，η 为冷却效率，定义为

$$\eta = \frac{T_g - T_w}{T_g - T_c} \tag{6.10}$$

式中　T_g——燃气温度；

T_w——壁面温度；

T_c——冷气温度。

从表中可以看出，各方案设计结构简单，换热效率较高。

方案 3 为添加 OTDF 因素后计算得出的参数，由于进口总温的增大导致换热效率下降，所以需要重新设计一套能够承受高温的冷却结构。

图 6.22 所示为不考虑 OTDF 情况的 3 个方案全三维气热耦合计算温度场云图及内部流线对比图。从图中可以看出，高温区随着结构的改变而发生改变，采用这种冷却结构

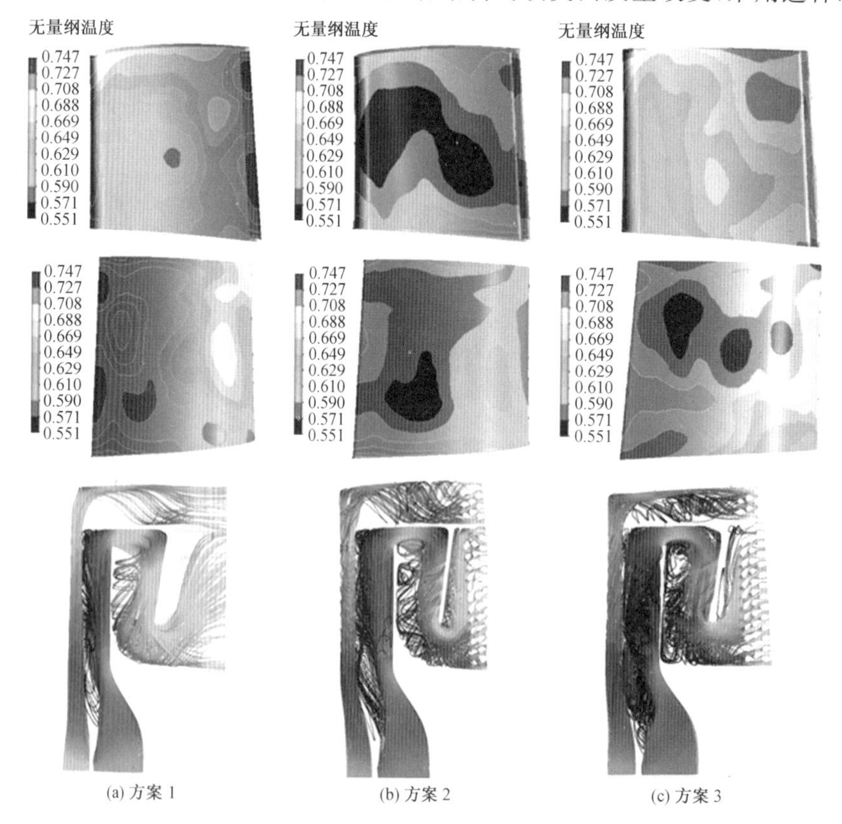

图 6.22　不考虑 OTDF 情况的 3 个方案全三维气热耦合计算温度场云图及内部流线对比图（彩图见附录）

参数化程序，进行一次完整的 UG 建模时间为 5 h，进行一次完整的设计时间为 4 h，也就是说，9 h 内可以完成一套冷却结构从无到有的过程。

6.3.3　考虑 OTDF 情况的冷却结构设计

1. 管网计算设计

为了进一步减小冷气量，增大换热效果，冷却结构中，第 1 股冷气由第 1 腔进入，冲刷前缘，自顶部横向通道到流入至主流中，第 2 股冷气由第 2 腔进气，依次通过 2、3、4、5、6 腔后，自尾缘进入主流中，第 3 股冷气较少，通过第 6 腔进气，自尾缘排气，其中第 3 股冷气主要由尾缘根部出气，第 2 腔冷气自第 5 腔到第 6 腔节流孔排入，自第 6 腔尾缘出气。图 6.23 所示为考虑 OTDF 情况的冷却结构内部示意图。

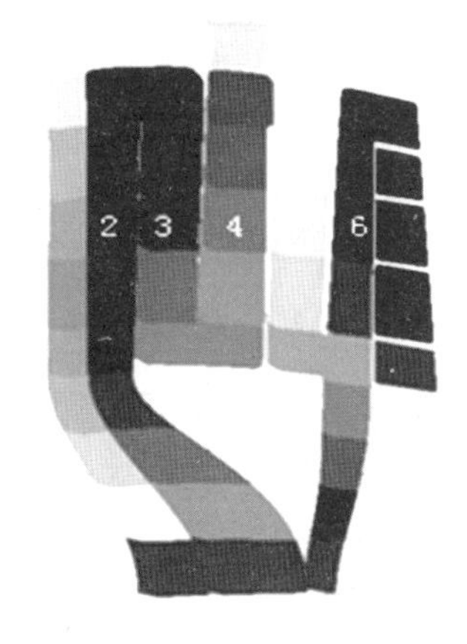

图 6.23　考虑 OTDF 情况的冷却结构示意图(彩图见附录)

图 6.24 给出了考虑 OTDF 情况的冷却拓扑结构及内部几何结构图。

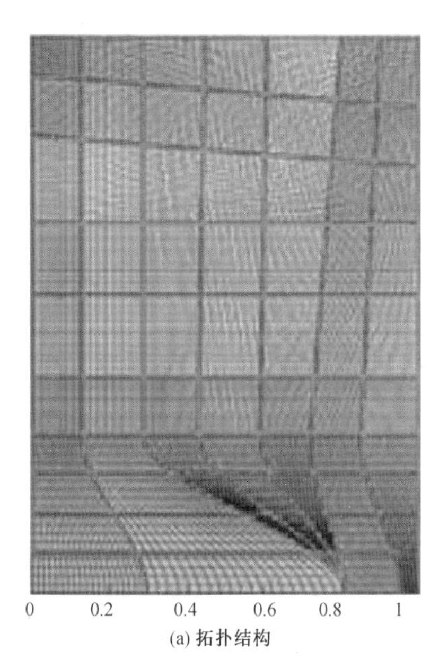

(a) 拓扑结构

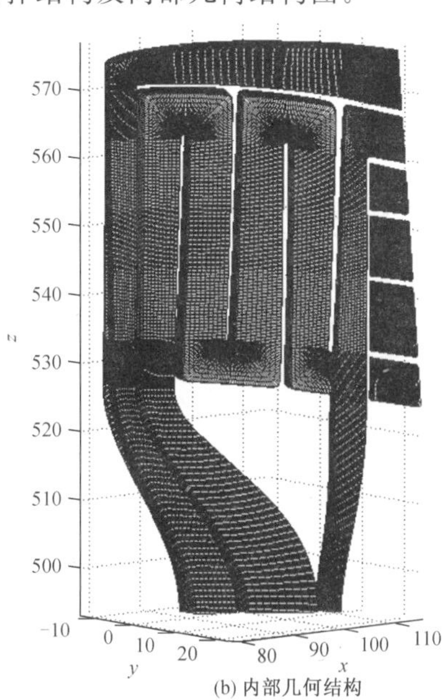

(b) 内部几何结构

图 6.24　考虑 OTDF 情况的冷却拓扑结构及内部几何结构图

此处不一一列举方案设计中的中间结果，直接给出最终设计结果。从表 6.7 中可以看出，最高温度较高，平均温度以及最低温度较佳，存在一定的温度极值点。

表 6.7　考虑 OTDF 情况的一维数据

参数	数值
$q_{c1}/(\mathrm{g\cdot s^{-1}})$	18.2
$q_{c2}/(\mathrm{g\cdot s^{-1}})$	25.4
$q_{c3}/(\mathrm{g\cdot s^{-1}})$	5.3
T_{max}（无量纲）	0.752
T_{av}（无量纲）	0.664
T_{min}（无量纲）	0.539

图 6.25 给出了考虑 OTDF 情况的温度场计流量分布云图。从图中可以看出，流量分配较为合理，各个参数调整较为均匀，大部分壁无量纲温低于 0.718。但是在第一腔顶部压力侧部分存在一个最高无量纲温度 0.751，该高温区附近的温度并不高。在全三维气热耦合计算中考虑各个方向热传导，这个高温区并不一定会存在，因此忽略此处高温区，进行下一步设计。

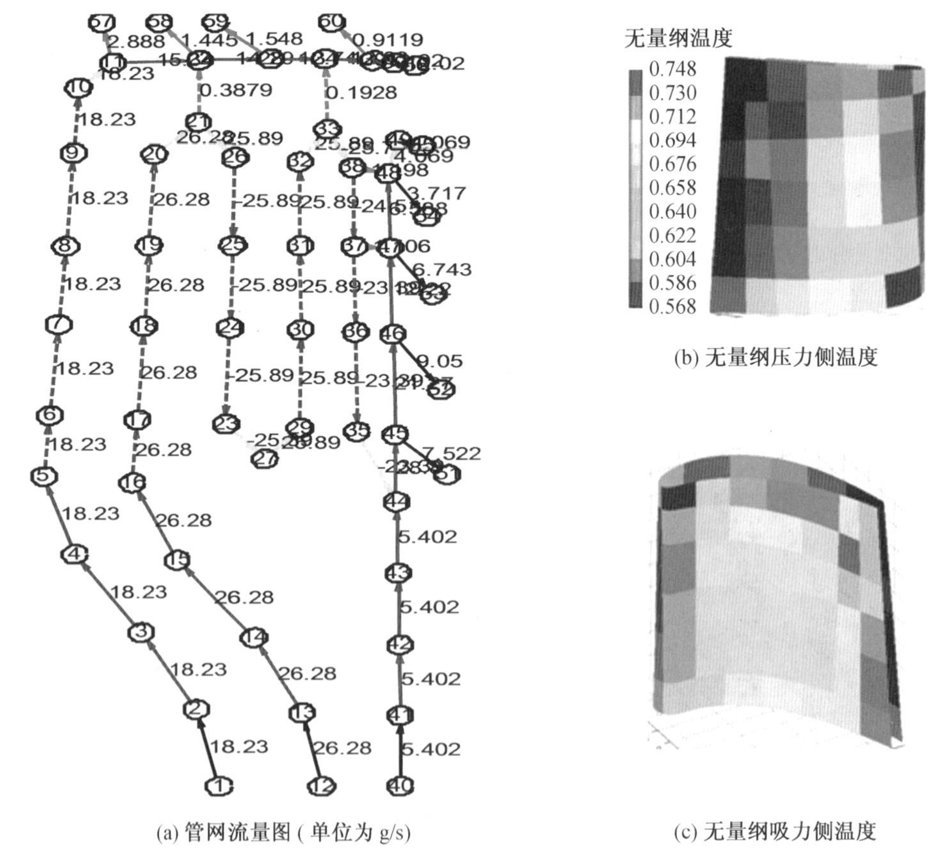

(a) 管网流量图 (单位为 g/s)

(b) 无量纲压力侧温度

(c) 无量纲吸力侧温度

图 6.25　考虑 OTDF 情况的温度场计流量分布云图（彩图见附录）

2. 三维导热计算

管网计算能得到叶片内部冷气通道表面的冷气温度与换热系数分布，而在有气膜冷却时，气膜修正计算程序能够得到考虑冷气掺混后的燃气温度与换热系数分布。由于采用了参数化设计方法，叶片冷气通道计算网格能够快速生成。以叶片内外第三类边界(温度与换热系数)换热数据和光滑通道计算网格为基础，进行气冷叶片的三维温度场计算，得到叶片的温度分布。图 6.26 为考虑 OTDF 情况的三维导热计算网格。计算采用固体温度计算的 Thermal Energy 换热模型，内外壁面给定第三类边界条件，即温度与换热系数。

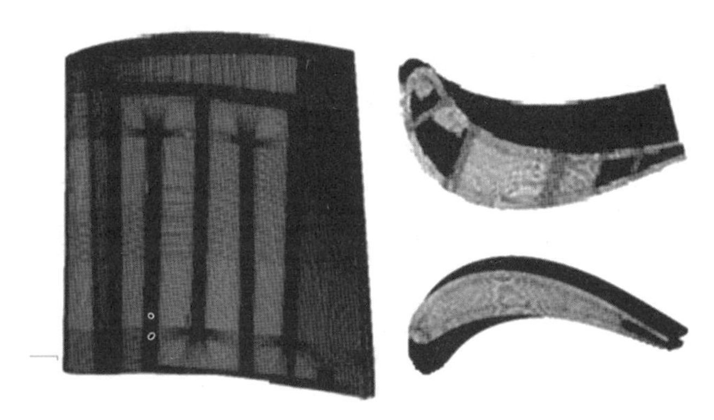

图 6.26　考虑 OTDF 情况的三维导热计算网格(彩图见附录)

图 6.27 给出了考虑 OTDF 情况的三维导热计算得出的温度场分布云图。从图中可以看出，虽然采用了高效冷却结构，但前缘的高温区域仍然存在，可以在全三维气热耦合计算中进一步调整。从图中也可以看出，3 个截面温度场分布较为均匀，设计得出的结构能够大体符合设计要求。

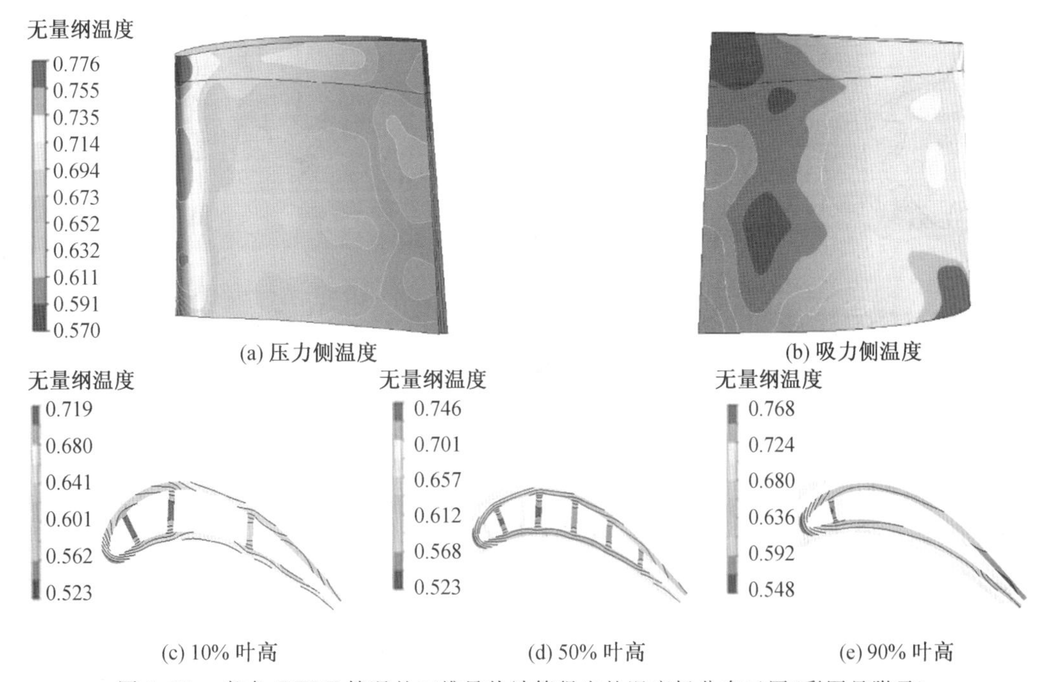

图 6.27　考虑 OTDF 情况的三维导热计算得出的温度场分布云图(彩图见附录)

3. 全三维气热耦合计算

(1)UG 模型。

图 6.28 给出了根据考虑 OTDF 情况的冷却结构 UG 模型。从图中可以看出，通过管

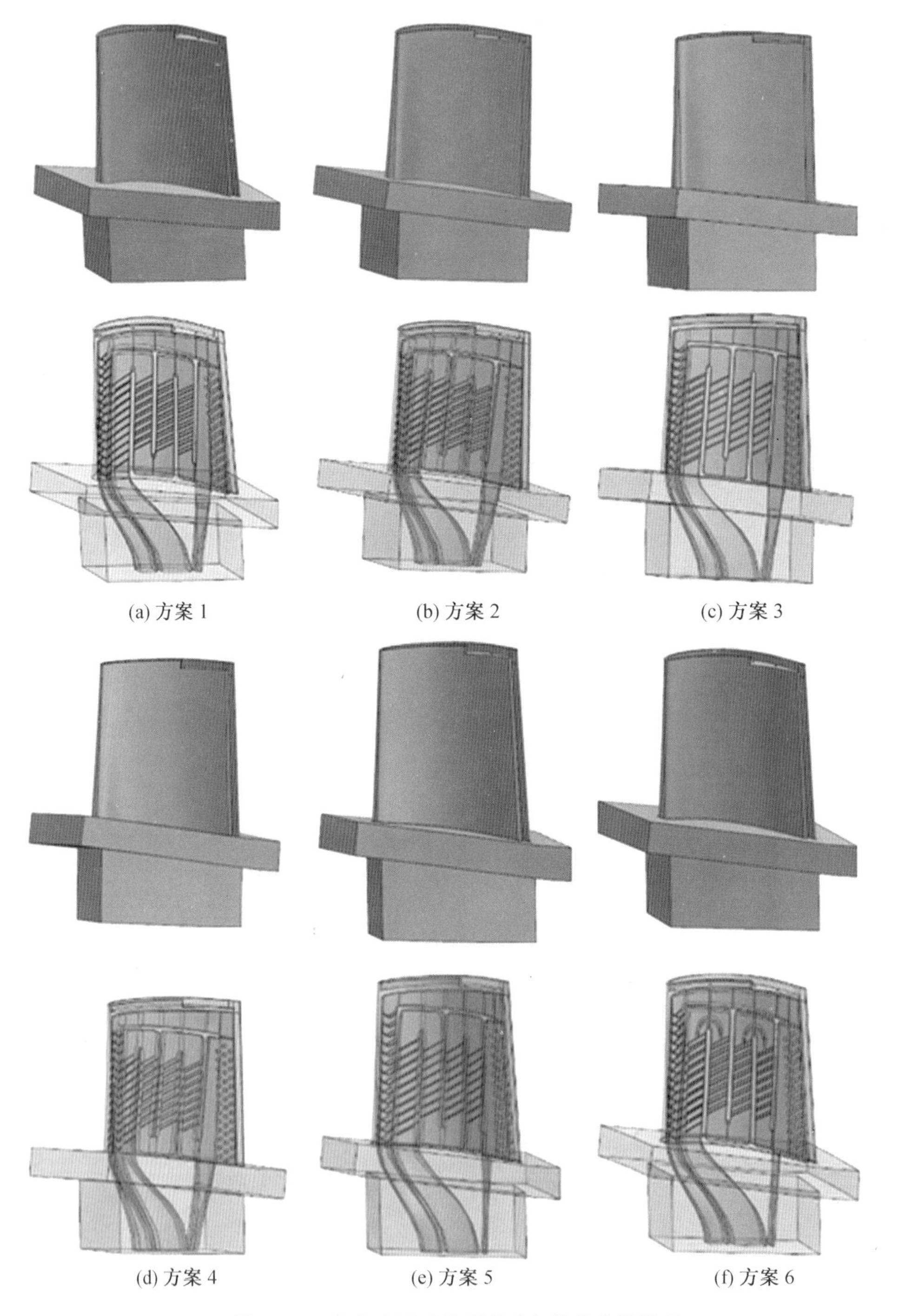

(a) 方案 1　(b) 方案 2　(c) 方案 3

(d) 方案 4　(e) 方案 5　(f) 方案 6

图 6.28　考虑 OTDF 情况的冷却结构实体模型

网设计后的 UG 模型导入到此次设计中，并没有对模型进行大量修改，仅修改局部节流孔位置、直径和个数等参数，以及冷却进口位置，方案 6 添加了导流片。

(2) 计算结果。

表 6.8 给出了考虑 OTDF 情况的全三维计算得到的各个方案一维参数。

表 6.8　考虑 OTDF 情况的全三维计算得到的各个方案一维参数

	方案 1	方案 2	方案 3	方案 4	方案 5	方案 6
$q_{m1}/(g \cdot s^{-1})$	18.7	17.7	17.2	14.1	17.9	18.1
$q_{m2}/(g \cdot s^{-1})$	24.4	27.5	22.6	28.1	26.5	27.2
$q_{m3}/(g \cdot s^{-1})$	13.7	6.5	14.0	6.8	6.2	6.3
T_{max}（无量纲）	0.706	0.713	0.728	0.723	0.715	0.713
T_{av}（无量纲）	0.648	0.648	0.653	0.650	0.649	0.648
T_{min}（无量纲）	0.579	0.586	0.581	0.583	0.586	0.583
η	0.62	0.62	0.61	0.62	0.62	0.62

表中，q_m 为各个冷气进口流量；T_{max} 为叶片表面最高温度；T_{av} 为设计得出叶片表面的平均温度；T_{min} 为设计后得出叶片表面最小温；η 为进口采用相对总温得出的冷却效率。

从表中可以看出，方案 1 中，最大无量纲温度为 0.706，较低，但是总冷气量较大，与管网计算中得出的第 3 腔流量 5.3 g 差距较大。其原因是管网计算给定了出口位置流动阻力，但是在实际过程中，不同位置对应不同流动状态，采用单一阻力系数存在一定误差，导致该区域流量预估差距较大，因此，方案 1 的第 3 冷气进口流量应当缩小，以保证较好的温度场。在调整过程中发现，当减小了第 3 冷气进口后，在尾缘中部区域存在一定高温区，这是由于冷气在根部位置喷射较多，到达尾缘中部位置后，这个区域冷气过少，导致该区域的温度较高。为了较好冷却尾缘中部位置，特在冷气第 5 腔与第 6 腔位置添加一定的节流孔，通过该节流孔为此区域提供冷气，实现了这个区域的温度降低，最后得出方案 2。方案 2 中第 3 冷气进口流量得到减少，最大无量纲温度为 0.713，能够达到设计要求。为了简化冷却结构，尝试着通过减小尾缘扰流柱径向间距，但在尾缘中部位置适当减小扰流柱个数以代替方案 2 中的节流孔，在此次设计中不减小第 3 腔的冷气流量，通过计算发现，这个设计并不能够减小该区域的高温区，因此，在此次设计中，这种不均匀扰流柱方法实现难度较大。方案 4 在方案 2 的基础上，通过在顶部横向通道位置添加三列扰流柱，实现该区域的冷却。结果发现，第 1 冷气进口流量减小，并导致在叶片顶部过早出现高温区，但是这里并没有考虑叶片顶盖的冷却，在完整的空气系统计算设计中，顶盖区域存在一定的冷气，能够较好地冷却叶片。方案 5 在方案 2 的基础上，将节流孔的个数及位置进行一定调整，结果发现，第 2、3 冷气进口流量在一定程度上减小，特别是第 2 冷气进口流量减小较多，导致最高温度上升，但并不代表这种结构不合理。方案 6 在方案 5 的基础上，在第 2、3 腔和第 3、4 腔 180° 回转位置增加 2 个扰流片，通过计算发现，相对方案 5，冷气量得到增大，最大无量纲温度得到减小。

图 6.29 ～ 6.31 分别列出了设计中得出的各个方案的压力侧及吸力侧温度云图、流线分布以及内部几何结构。由图 6.29 可以看出，设计出的冷却结构温度分布较为合理，通过调整第 3 冷气进口后，最大无量纲温度有所上升，但并未达到金属耐受温度。通过对冷却结构的几次调整发现，通过细微调整冷却结构温度场能够产生一定的改善。但是某

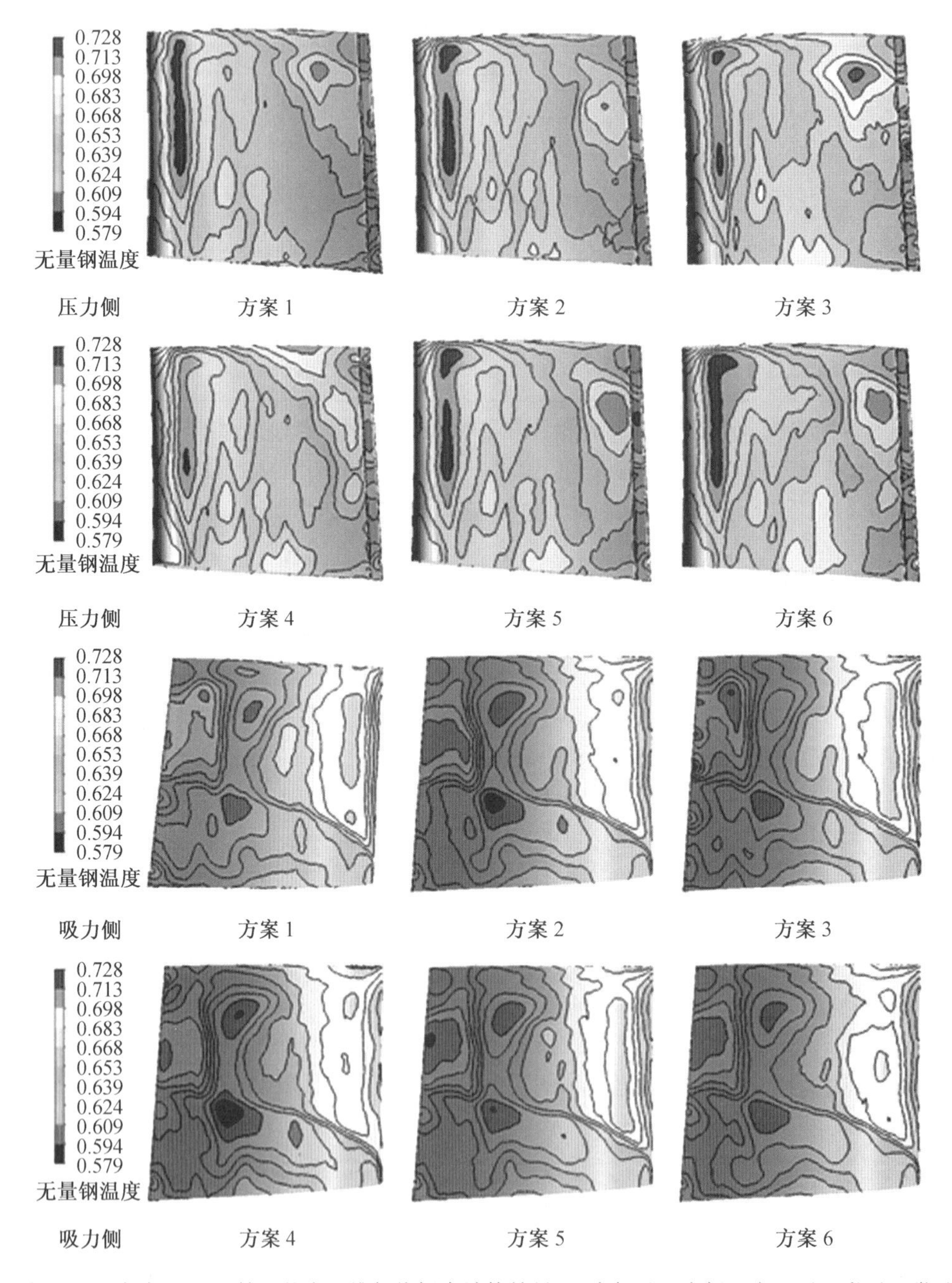

图 6.29　考虑 OTDF 情况的全三维气热耦合计算结果(压力侧及吸力侧温度云图)(彩图见附录)

些冷却结构改动，例如顶部横向通道添加扰流柱，虽然减小了冷气量，但是由于冷气量的减小增大了顶部位置的温度。对比方案 5 与方案 6 可以看出，通过添加扰流片后，冷气量有所上升，但是最大无量纲温度有所减小，且高温区范围有所减小，特别是在吸力面第二腔位置处的高温区消失，使得温度场更加均匀。在以往的设计研究中，添加导流片可以减少 180° 回转区域的流动阻力，从而增大该区域的流量，同时，添加导流片能够使由于折转导致的低速回流区减小甚至消失，从而增大该区域的换热，而由于流动阻力的减小，使得流量的增大，也能够较好冷却其他区域。

如图 6.30 所示，对比流线可以发现，通过对方案进行调整、添加节流孔等，可以有效地减小尾缘位置的低速回流区，这对于减小壁面温度有较大作用，特别是在温度均匀性上作用较大。在传热设计中，主要考虑两个方面，一个是最大无量纲温度，另外一个则是热应力，而反映热应力最强的一个概念是温度均匀性，因此，通过减小低速回流区从而减小温度梯度，增大温度均匀性是非常有必要的。

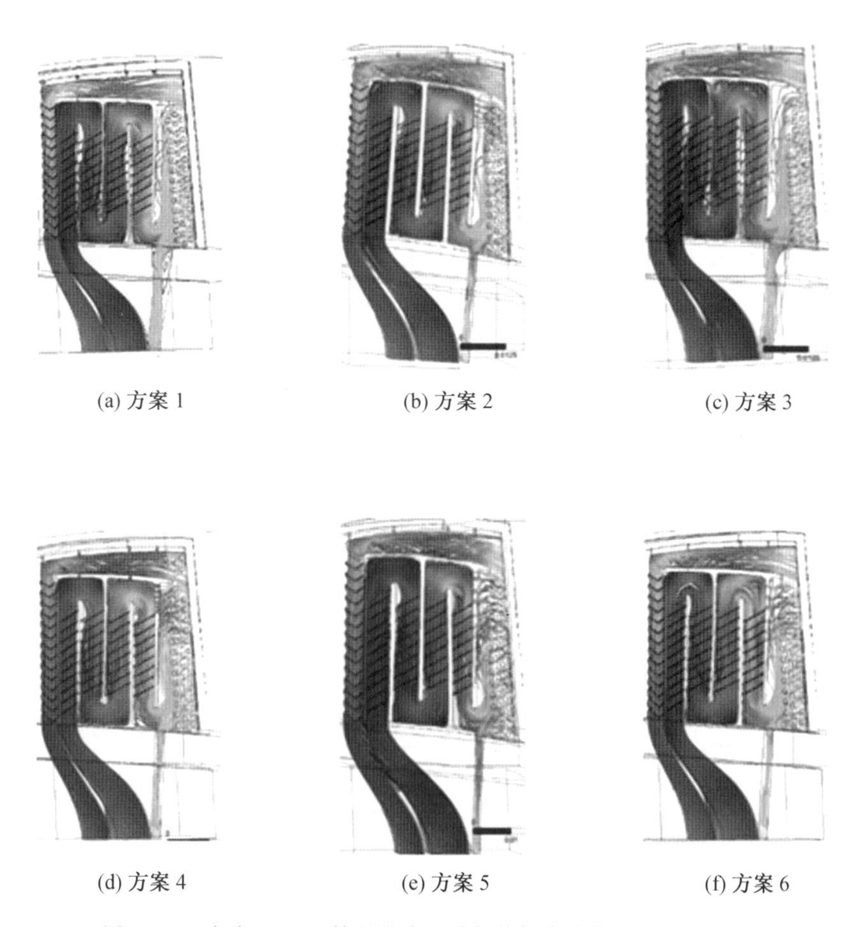

(a) 方案 1　(b) 方案 2　(c) 方案 3

(d) 方案 4　(e) 方案 5　(f) 方案 6

图 6.30　考虑 OTDF 情况的全三维气热耦合计算结果(流线分布)

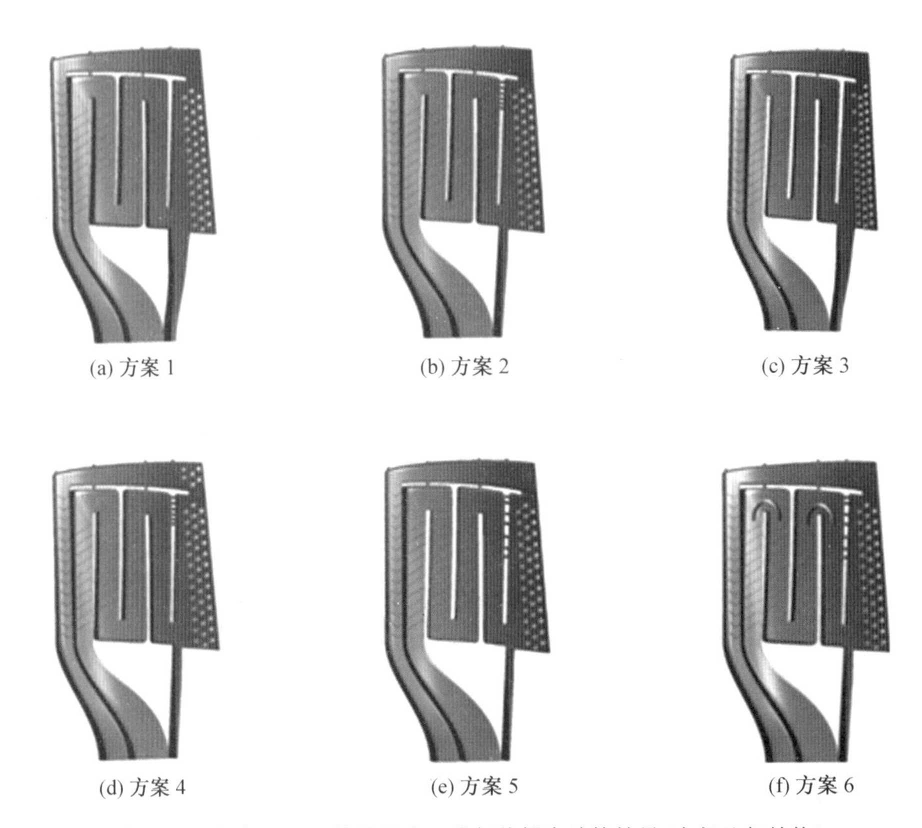

(a) 方案 1　(b) 方案 2　(c) 方案 3

(d) 方案 4　(e) 方案 5　(f) 方案 6

图 6.31　考虑 OTDF 情况的全三维气热耦合计算结果(内部几何结构)

6.4　带气膜冷却的航空发动机涡轮冷却叶片设计及其应用

对于现代先进航空发动机,其涡轮入口温度已超过 2 200 K,仅仅内部冷却很难满足设计要求,因此通常采用带气膜冷却的复合冷却结构。因此,有必要进行带气膜孔冷却结构设计进一步验证设计平台的设计能力。

6.4.1　物理模型及设计特点

本节研究的燃气涡轮为输油管道中所用的小型燃气轮机第 1 级动叶,转速为 9 200 r/min,为了保证寿命,本次设计要求透平叶片表面温度不得高于 1 250 K。图 6.32 及图 6.33 给出了该动叶叶片表面温度分布图及进口总温分布云图。从图中可以看出,前缘温度较高,冷却结构设计中应重点考虑该部分的换热。由于前缘采用气膜冷却,希望消耗尽可能少的冷气实现尽可能高的冷却效果,因此,设计中采用三列径向孔来冷却前缘。其余区域温度较为均匀,但温度值较高,因而必须细致地设计内部冷却结构。同时,从动叶进口绝对总温分布图可以看出,最高温度为 1 727 K,温度较高,平均温度为 1 672 K。

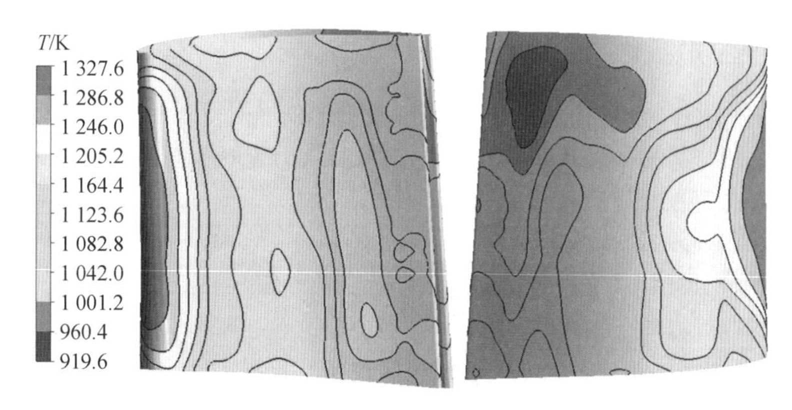

图 6.32　叶片表面温度分布图(彩图见附录)

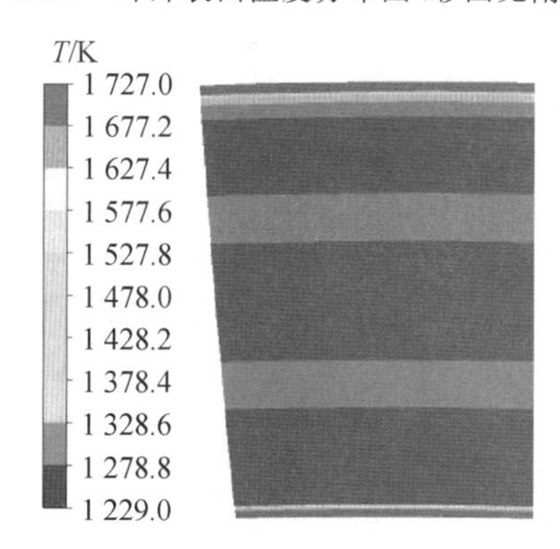

图 6.33　进口总温分布云图(彩图见附录)

6.4.2　结构设计及分析

为了保证叶片强度，且借鉴现有成功冷却结构缩短设计周期，需寻找在大致同一几何、近似边界条件情况下的壁厚分布。《高效节能发动机》第 2 级动叶叶高约为 58 mm，转速为 12 510 r/min，与本动叶转速相差不大，因此，壁厚分布参考该叶片。但该叶片温度场与本设计相差较远。进口温度接近本节设计工况的较为成功的已知冷却结构有两个：①《高效节能发动机》高压透平第 1 级动叶(高温高原起飞动叶入口温度为 1 651 K)；② 某型燃机(MX) 高压透平第 1 级动叶(考虑出口温度分布系数 OTDF 情况的动叶入口温度为1 693 K)，如图 6.34 所示。

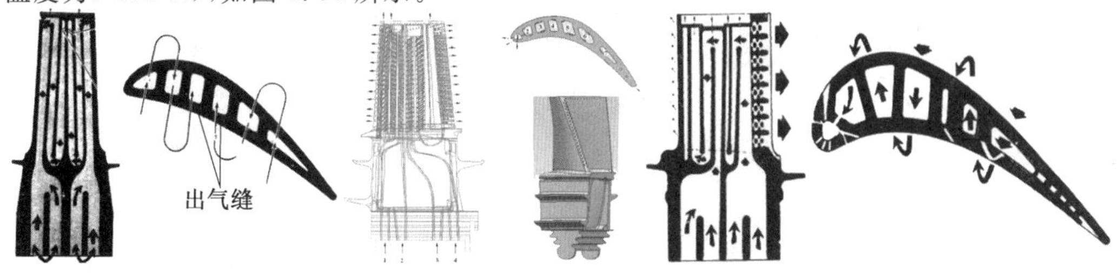

(a) E3 高压涡轮第 2 级动叶　(b) MX 高压涡轮第 1 级动叶　(c) E3 高压涡轮第 1 级动叶

图 6.34　E3 涡轮第 2 级动叶、MX 高压涡轮第 1 级动叶及 E3 涡轮 1 级动叶

6.4.3 管网设计

为了获得较为优良的冷却结构方案，本节采用了以下两套冷却结构设计方案：

(1) 采用类似 E3 第 1 级动叶冷却结构，但叶片压力面叶片弦长中部区域不布置冷却孔，仅仅在前缘布置三排气膜孔。

(2) 采用 MX 冷却结构方案。

初步预计采用类似 E3 这种自尾部进气叶片弦长中部区域不开孔的冷却结构，有可能造成叶片中间区域冷却不足，尾缘区域冷气利用不充分。图 6.35 及图 6.36 分别给出了两套不同方案冷却结构拓扑及内部冷却通道实体模型。

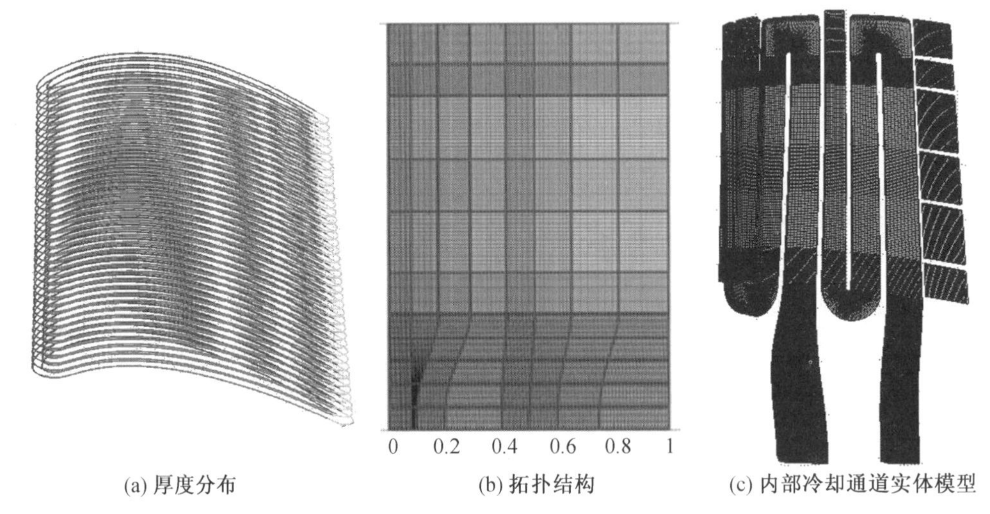

图 6.35　E3 方案管网计算冷却结构拓扑及内部冷却通道实体模型(彩图见附录)

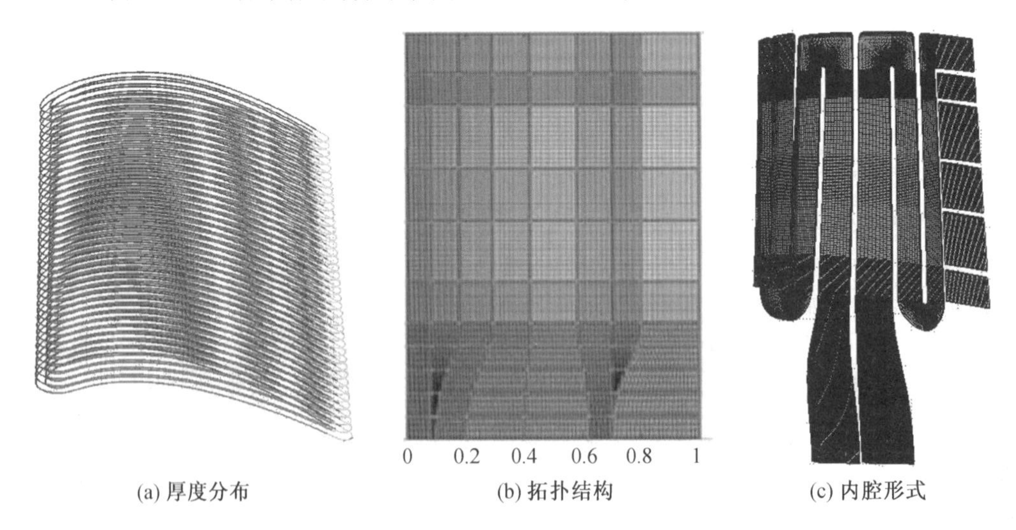

图 6.36　MX 方案管网计算拓扑结构及其内腔形式(彩图见附录)

由于采用了冷却结构的参数化设计方法，管网计算作为方案设计评估，由于其高效的计算速度，因此在设计中可以快速地进行多方案设计。表 6.9 对比了通过管网计算所得的两套方案，从一维数据可以看出，由于 E3 与 MX 方案中第 1 冷气进口冷却结构大体相同，因此前腔流量相同。而 E3 方案后腔冷气量远远大于 MX 方案。但并非冷气量越大，冷却效果越佳，无论是从最高温度还是平均温度上，MX 方案的传热效果均要优于 E3 方案。

表 6.9　E3 方案和 MX 方案管网计算结果

参数	前腔流量 /(g·s^{-1})	后腔流量 /(g·s^{-1})	最高温度 /K	平均温度 /K	最低温度 /K
E3 方案	15.8	31.7	1 290.2	1 106.6	890.8
MX 方案	15.8	23.4	1 222.2	1 074.2	890.8

图 6.37 ~ 6.39 给出了 E3 方案和 MX 方案管网计算流量分布图及其燃气恢复温度分布图。

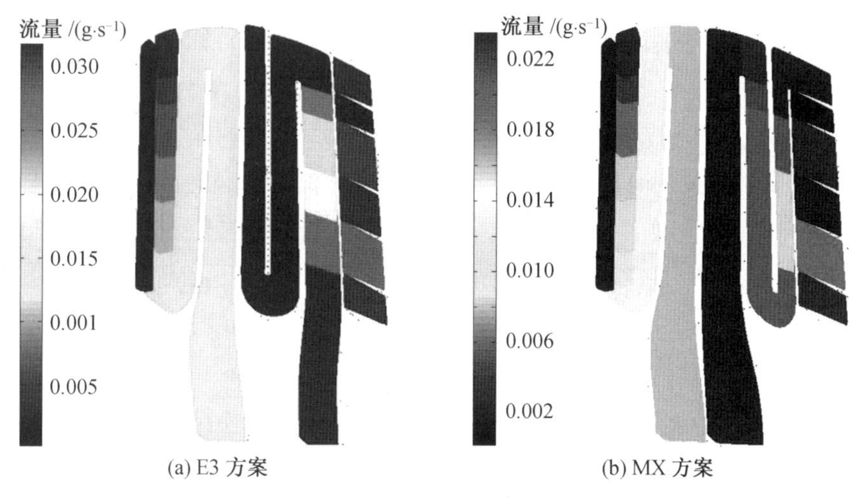

图 6.37　E3 方案和 MX 方案管网计算流量分布图(彩图见附录)

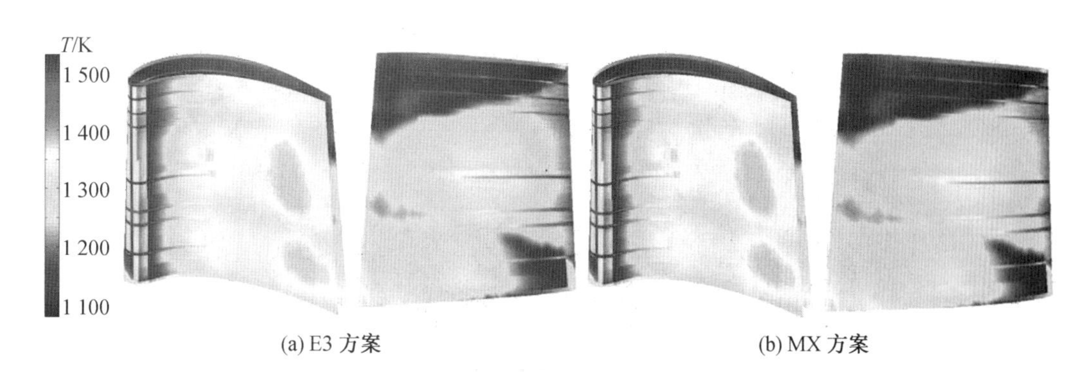

图 6.38　E3 方案和 MX 方案管网计算燃气恢复温度分布图(彩图见附录)

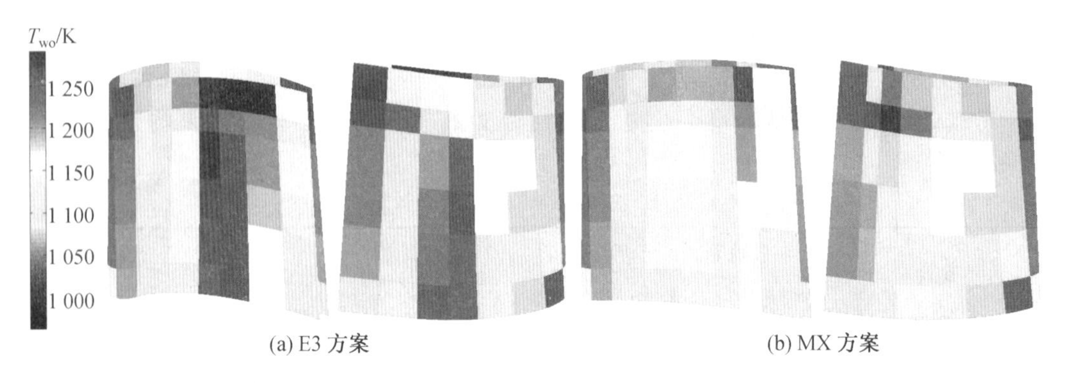

图 6.39　E3 方案和 MX 方案管网计算外壁温度分布图(彩图见附录)

从图中可以看出,两个方案前缘位置的气膜冷却覆盖、修正的外壁面燃气温度大致相同,这主要是由于两次计算方案第 1 腔结构相同导致的。分析第 2 腔可以看出,采用 E3 方案导致了第 2 腔冷气进口往前部流动时,由于尾缘区流量消耗过大,导致叶片中间区域温度过高,尾缘区域温度过低。E3 方案如此大的温度梯度,将会导致叶片热应力增大,叶片寿命过低。同时,采用 E3 方案时,最高温度高,这对涡轮叶片寿命也会造成较大影响。

带气膜冷却结构设计的最主要目的在于保证叶片温度场合理的前提下,尽可能减少冷气量。E3 方案由于尾缘冷气量消耗过大,导致第 2 腔进口冷气量过大,很难降低冷气量。采用 MX 冷却结构有效地避免了上述问题,叶片表面最高温度、平均温度以及高温区所覆盖的面积均小于 E3 方案的冷却结构,冷气量大大减小,温度较为均匀。因此,本次设计中,带气膜动叶冷却结构采用 MX 方案。

图 6.40 和图 6.41 分别给出了 E3 方案和 MX 方案通过固体网格自动生成程序得出的固体域结构化网格。

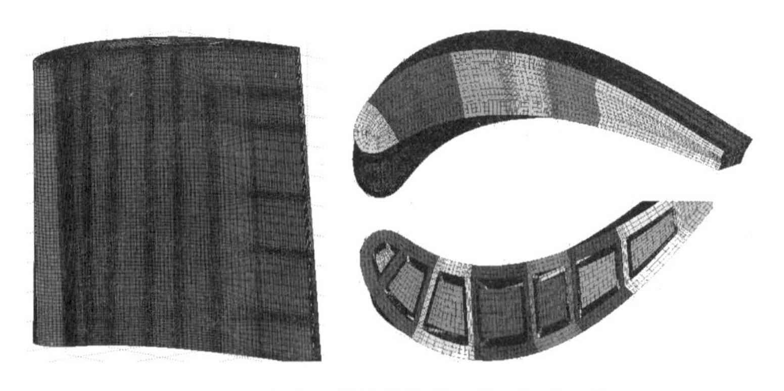

图 6.40　E3 方案固体域结构化网格(彩图见附录)

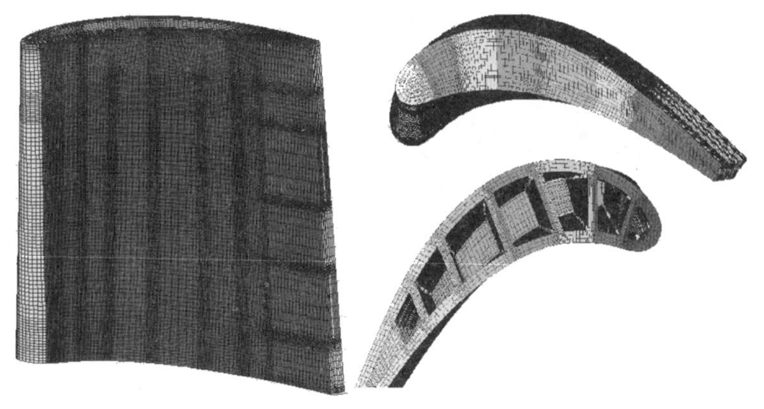

图 6.41　MX 方案固体域结构化网格(彩图见附录)

6.4.4　三维导热温度场计算

图 6.42 和图 6.43 分别给出了三维导热计算的 E3 方案、MX 方案三维导热计算叶根、中径、叶顶温度分布以及叶片表面三维温度场分布图。从图中可以看出，前缘区存在一定高温区，从计算经验上来说，前缘区域由于存在气膜冷却，温度大大降低。在设计中，由于管网计算将一整块的温度进行平均，导致无法计算出局部高温区，造成前缘区域温度高达 1 265 K，高于管网计算 1 222 K 的温度。在设计中，比较 E3 方案与 MX 方案可以看出，E3 方案温度梯度较大，高温区面积以及最高温度远远大于 MX 方案，这种设计会造成热应力

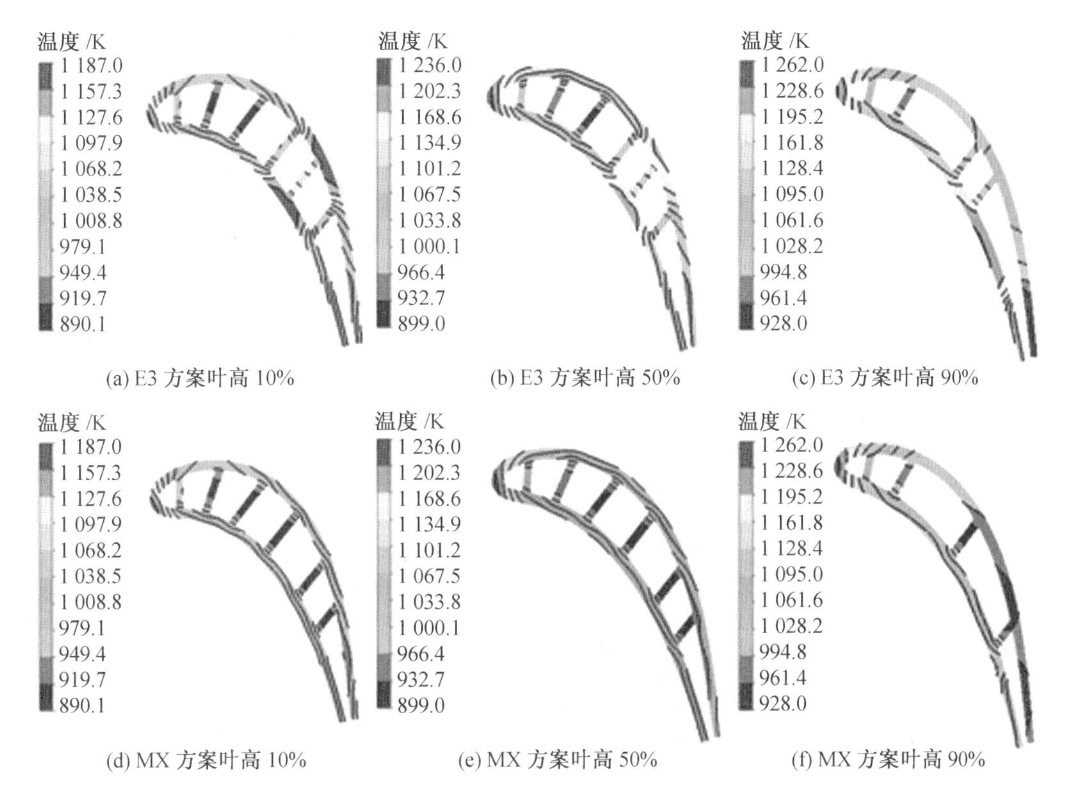

(a) E3 方案叶高 10%　(b) E3 方案叶高 50%　(c) E3 方案叶高 90%

(d) MX 方案叶高 10%　(e) MX 方案叶高 50%　(f) MX 方案叶高 90%

图 6.42　E3 方案、MX 方案三维导热计算叶根、中径、叶顶温度分布以及叶片表面三维温度场分布图(彩图见附录)

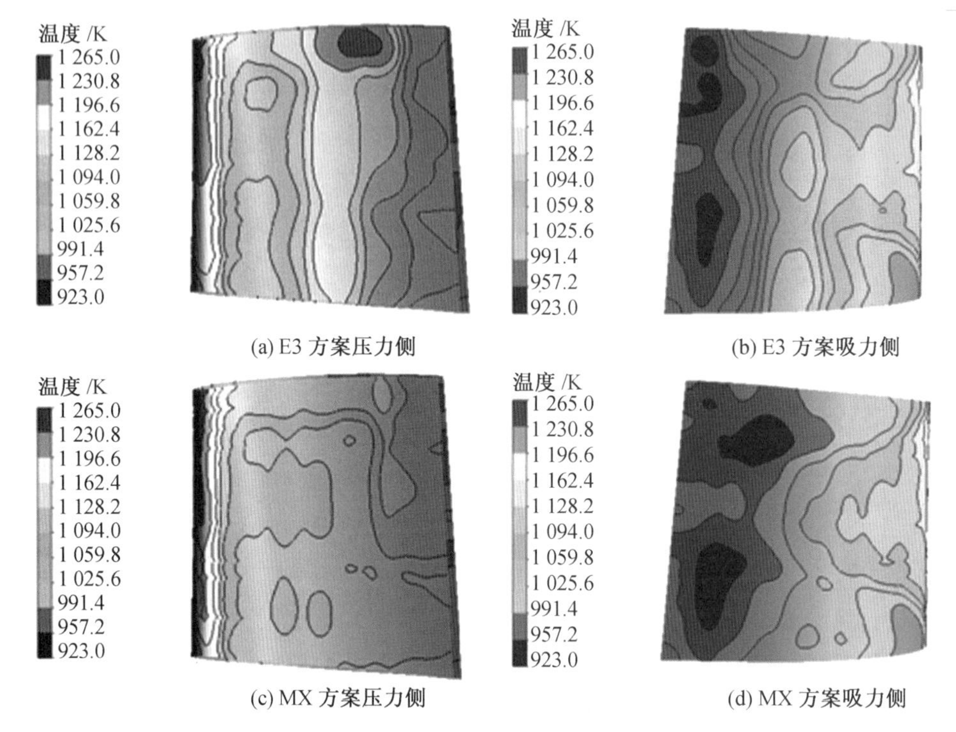

图 6.43　三维导热计算叶片表面温度场分布(E3 方案、MX 方案)(彩图见附录)

过大,从而减小叶片寿命。从 3 个截面的温度分布同样可见,MX 方案的温度比较均匀,基本符合设计要求。

6.4.5　全三维气热耦合计算

通过管网计算只能得到备选设计方案,全三维气热耦合计算时,需要对备选方案冷却结构进行微调。图 6.44 给出了设计中全三维气热耦合计算 UG 模型。

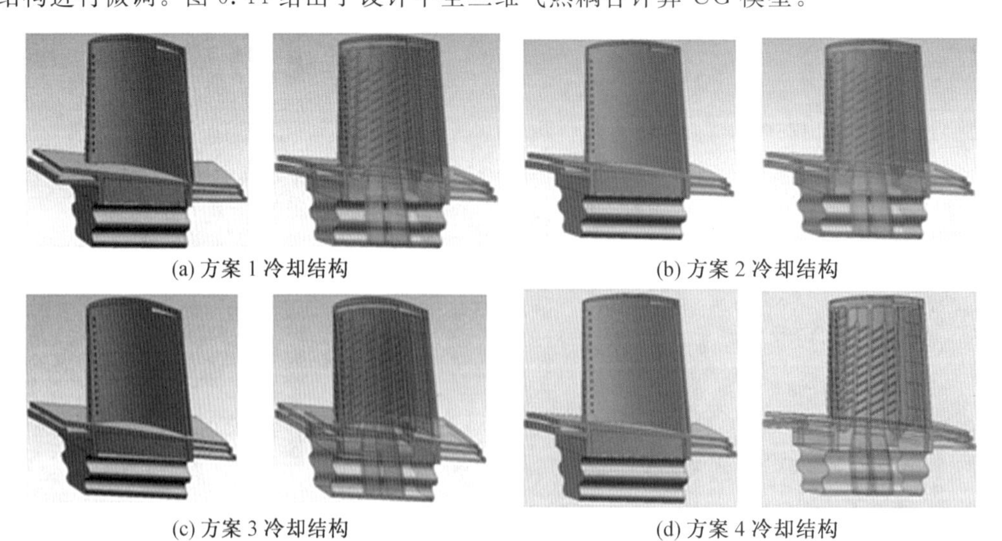

图 6.44　全三维气热耦合计算 UG 模型

表 6.10 给出了通过全三维气热耦合计算后得出的一维数据，其中 q_c 代表各个冷气进口流量，T_{max}、T_{av}、T_{min} 分别代表设计后得出的叶片表面最高温度、平均温度、最低温度，η_{eff} 为进口采用相对总温得出的冷却效率。从表中可以看出，4 种方案总冷气流量与管网计算得出的总冷气量 39.2 g/s 相比都略微偏大，最小差距 1.204 g/s，最大差距为 3.494 g/s，其原因是管网计算给定了出口位置流动阻力，但是在实际过程中，不同位置对应不同流动状态，采用单一阻力系数存在一定误差。在 4 种方案中，方案 1 中的最高温度为1 287 K，位于第 2 腔吸力面靠近叶顶处及叶片尾缘靠近底部端壁。其主要原因如下：对于第 2 腔吸力面靠近叶顶处，该位置距离叶片前缘燃气高温区较近，同时从第 1 个冷气进口进入的冷气在经过第 3、4 腔后达到该位置时冷气温度已经较高，而观察流线可以发现气膜在该处基本没有覆盖，因而该处温度较高。对于叶片尾缘靠近底部端壁处，冷却气体到达该处温度已经最高，观察流线同样可以发现尾缘靠近底部端壁处冷气流动也较少，温度必然很高。考虑方案 1 最低温度及平均温度都不是很高，方案 2 主要为了消除方案 1 中两处高温区，因此在方案 1 的基础上，在吸力面第 1、2 腔靠近顶部分别添加 1 个及 2 个气膜孔，同时去掉若干个尾缘扰流柱。方案 2 中的两个冷气进口流量都比方案 1 有所提高，最高温度为1 208 K，平均温度为 1 065 K，较方案 1 都有较大降低，第 2 腔吸力面靠近叶顶处以及尾缘依然是高温区，后者温度为 1 208 K，但前者最高温度已经降到 1 200 K 以下。由于方案 2 已经基本符合要求，方案 1 主要在方案 2 的基础上对第 7、8 腔叶根过渡段进行圆角处理，以期改善该处流动，增大尾缘靠近底部端壁处的冷气流量。方案 3 在尾缘靠近底部端壁处高温区较方案 2 有所下降，符合预期。方案 3 最高温度、平均温度较方案 2 都变化不大，甚至略有上升，而冷气流量却有所提高，但是相差都不大。由于方案 3 的处理对于消除尾缘靠近底部端壁处高温区效果不大，方案 4 在方案 2 的基础上对第 7、8 腔叶根过渡段进行更大圆角处理，同时删除最后一列尾缘扰流柱，并且改变节流孔位置及调整除尘孔孔径。方案 4 最高温度为 1 188 K，最低温度为 921 K，是 4 种方案中的最佳方案，而总的冷气流量只有 40.404 g/s，是 4 种方案中最低的。由于减少尾缘扰流柱及参考方案 3 对第 7、8 腔叶根过渡段进圆角处理，第 2 冷气进口冷气量应该有所提高，但实际却相反，这应该与除尘孔孔径减小以及节流孔位置下移的改变有关。查看尾缘高温区，相比方案 2、3，方案 4 尾缘靠近叶顶高温区并没有明显减小，而尾缘靠近叶底高温区消失，因而方案 4 冷气流量较方案 2、3 减少，最高温度和平均温度却有所降低，主要是尾缘靠近叶底流量相对增加的缘故。

表 6.10　全三维气热耦合计算数据表

参数	方案 1	方案 2	方案 3	方案 4
$q_{c1}/(g \cdot s^{-1})$	16.83	17.61	18.02	16.95
$q_{c2}/(g \cdot s^{-1})$	23.71	24.33	24.68	23.46
T_{max}/K	1 286.58	1 208.17	1 212.5	1 188.15
T_{av}/K	1 081.48	1 065.1	1 065.82	1 067.1
T_{min}/K	929.42	923.87	932.65	921.21
η_{eff}	0.626	0.649	0.648	0.647

图 6.45 和图 6.46 分别列出了各个方案的温度分布云图及流线分布。由图 6.45 可以

看出，叶片表面温度分布较为合理。比较几个方案可以看出，尾缘特别是尾缘靠近叶底端壁、第 2 腔吸力面靠近叶顶处为共同的高温区，而第 6 腔吸力面靠近叶顶为共同低温区。高温区原因上文已经分析过，第 6 腔吸力面靠近叶顶为共同低温区主要是因为该处位于第 5、6 腔转角及除尘孔附近，冷气折转后湍流强度较大，因而该处冷气换热系数很高，同时由于离第 2 个冷气进口处不是很远，此时冷气温度还不是很高，因此对外壁冷却充分。

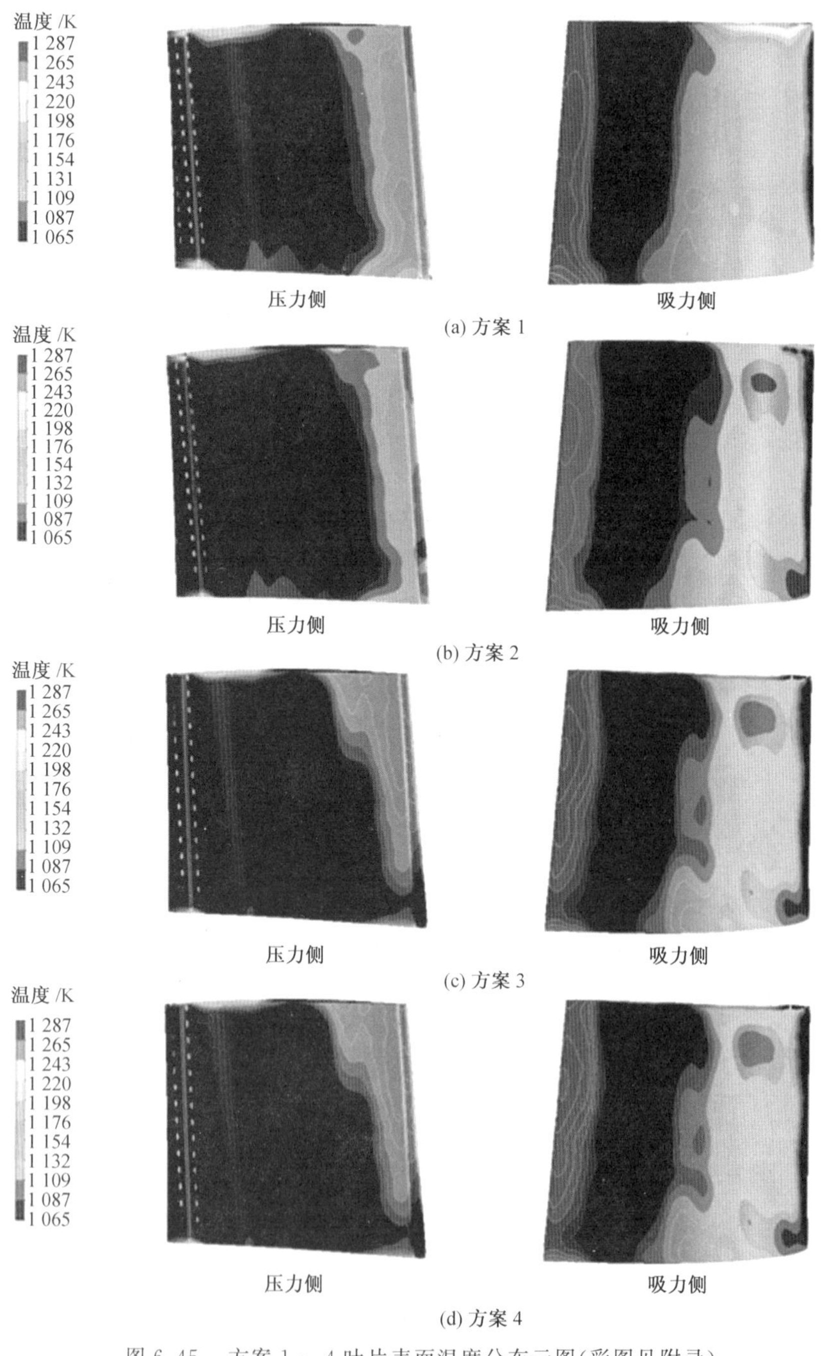

(a) 方案 1

(b) 方案 2

(c) 方案 3

(d) 方案 4

图 6.45　方案 1 ～ 4 叶片表面温度分布云图(彩图见附录)

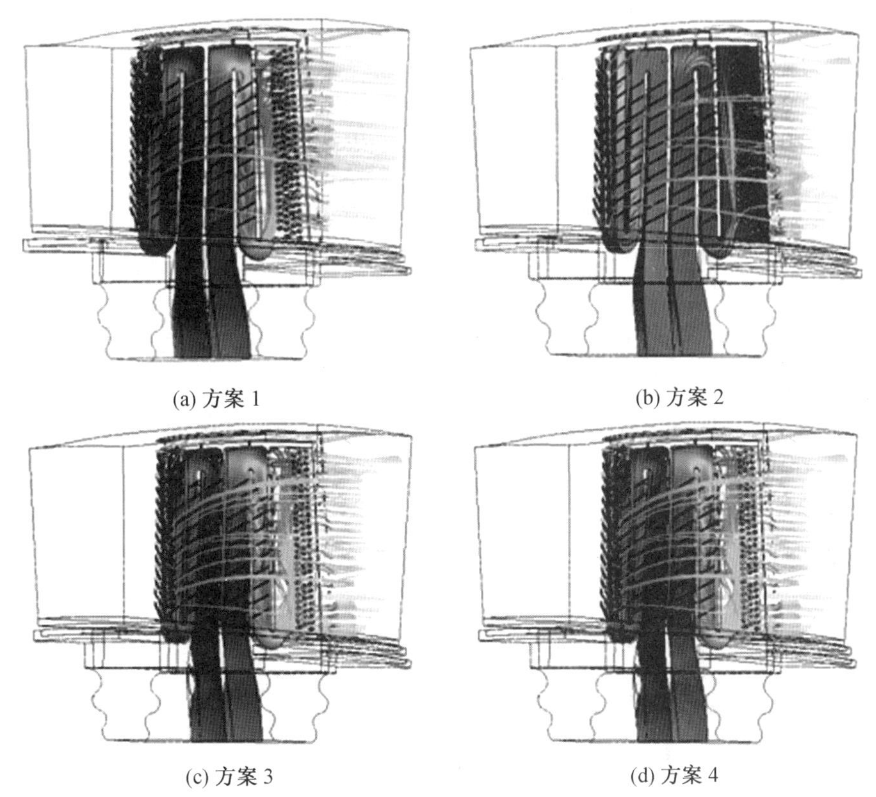

(a) 方案 1　(b) 方案 2

(c) 方案 3　(d) 方案 4

图 6.46　全三维气热耦合计算的流线及内部冷却结构图(彩图见附录)

如图 6.46 所示,对比流线可以发现,方案 4 是通过对方案 2 进行调整得来的,可以有效改善尾缘靠近叶底端壁的出流,有利于减小壁面温度。

6.5　组合发动机涡轮冷却叶片设计及其应用

本节介绍用于组合发动机的涡轮冷却叶片设计。影响涡轮叶片动叶寿命的应力因素主要为热应力及旋转导致的离心力。而离心力导致的根部拉伸应力 σ_p 占叶片总应力的 70% ～ 80%,在叶型面积变化形状系数一定情况下,σ_p 与 An^2 成正比,因此,为了考虑叶片应力范围,对叶片厚度以及叶片冷却结构形式,需要选定合适的冷却结构。对比而言,本涡轮叶片第 1 级动叶出口 An^2 为 30.6,第 2 级动叶出口 An^2 约为 23.3。E3 涡轮叶片第 2 级出口 An^2 约为 23.6,因此可以在 E3 涡轮叶片厚度分布基准上,增大根部冷却腔壁厚,从而使其在设计阶段考虑强度影响。

6.5.1　冷却结构设计特点

图 6.47 给出了第 1 级涡轮动叶进口燃气温度云图。从图中可以看出,涡轮第 1 级动叶入口最高温度为 1 602 K,最高温度出现的位置约为进口 30% 处,这也许可以归因于燃烧室出口温度 RTDF 引起的热斑迁移现象。为了降低涡轮温度,需要采用较为高效冷却结构冷却叶片,特别是冷却涡轮前缘温度。

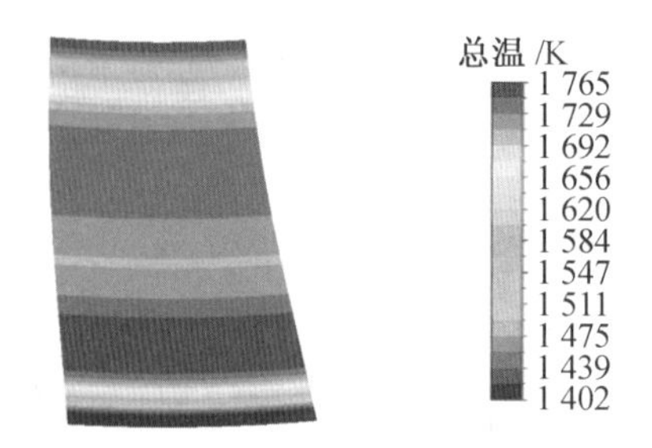

图 6.47 第 1 级涡轮动叶入口燃气温度云图(彩图见附录)

冷却结构设计形式方面:海平面起飞情况下,E3 涡轮叶片第 1 级动叶入口燃气温度约为 1 699 K,与本涡轮情况相似。此外,XM 叶片方案涡轮动叶入口燃气温度约为 1 620 K,也作为冷却结构设计基准。设计分别对比了该两种结构冷却结构的换热效果。

前面提到 E3 方案及 XM 方案冷却结构两种方案。进气前腔(第 1、2、3、4 腔)的冷却结构形式两者叶片方案相似,均由第 4 腔进气,仅有 4－3－2 腔蛇型通道冷却叶片,而后由第 2 腔冲击孔冲击到第 1 腔,此外,在第 1 腔开设 5 列气膜孔充分冷却前缘。而后腔(5、6、7、8 腔)的方式有所不同,E3 方案冷气经由第 7 腔进气,一部分冷气从尾缘劈缝位置直接流出,另一部分冷气经由 7、6、5 腔流动,冷气自第 5 腔气膜孔以及叶顶除尘孔排除,这种冷却结构能够充分冷却尾缘区域,并通过第 5 腔气膜冷却降低叶片压力侧中部的温度。而 XM 方案第 2 进口的冷气自第 5 腔进气,经由 5、6、7 自尾缘排气,该冷却方式能够充分利用冷气,并尽可能冷却叶片中部区域,但是有可能造成尾缘部分冷却不足。

6.5.2 管网设计

图 6.48 给出了第 1 级动叶方案设计的冷却结构拓扑及冷却结构简图。前部冷气自

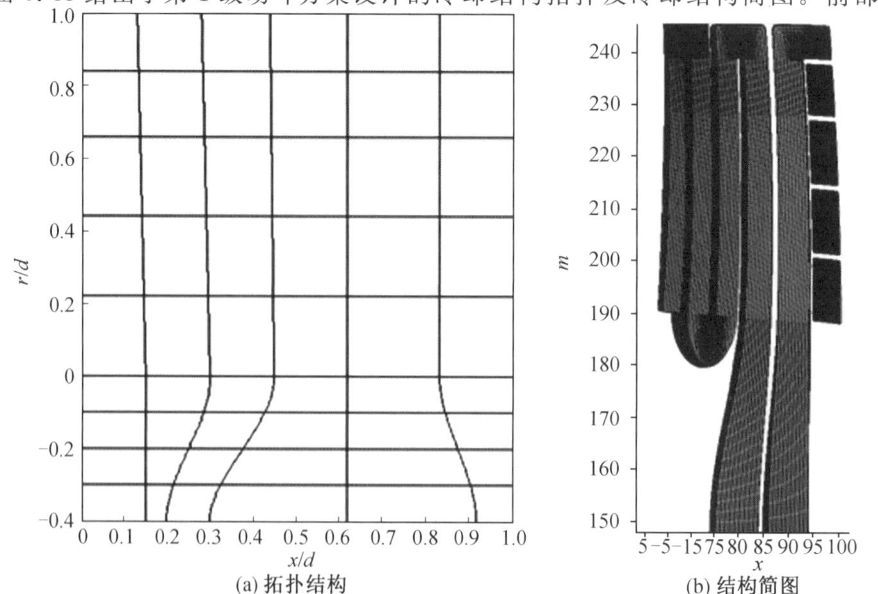

图 6.48 第 1 级动叶方案设计的冷却结构拓扑及冷却结构简图

第 4 腔进入，经由第 3、2 腔后，由第 2 腔至第 1 腔之间的冲击孔冲击到前缘(冲击孔当量直径由 1.8 ～ 3 不等)，冲击前腔后，由前缘三排气膜孔流出，其中气膜孔直径为0.6 mm。第二部分冷气自第 5 腔进入，一部分自尾缘直接流出，另一部分经由叶顶除尘孔出气。

(1) 一维参数。

表 6.11 给出了方案设计得出的结果。从表中可以看出，冷却结构设计得出的最高温度为 1 215.2 K，冷气总流量为 14.635 6 g/s。从一维参数方面来看，各参数均满足设计要求。

表 6.11　第 1 级动叶一维参数

总流量 /(g·s^{-1})	第 1 腔流量 /(g·s^{-1})	第 2 腔流量 /(g·s^{-1})	尾缝流量 /(g·s^{-1})	平均温度 /K	最高温度 /K
16.833 5	6.791 9	10.041 6	9.957 5	1 052.7	1 247.7

(2) 管网网络图。

图 6.49 给出了第 2 级动叶管网网络图，其中单元旁的数字代表了冷气流量图可以看出流量分布情况。图 6.50 给出了内腔的 Nu 数分布图。从图中可以看出，尾缘附近的换热能力较差，而在叶片的前半部分换热系数较大。对于尾缘的换热能力还有很大的提升空间。

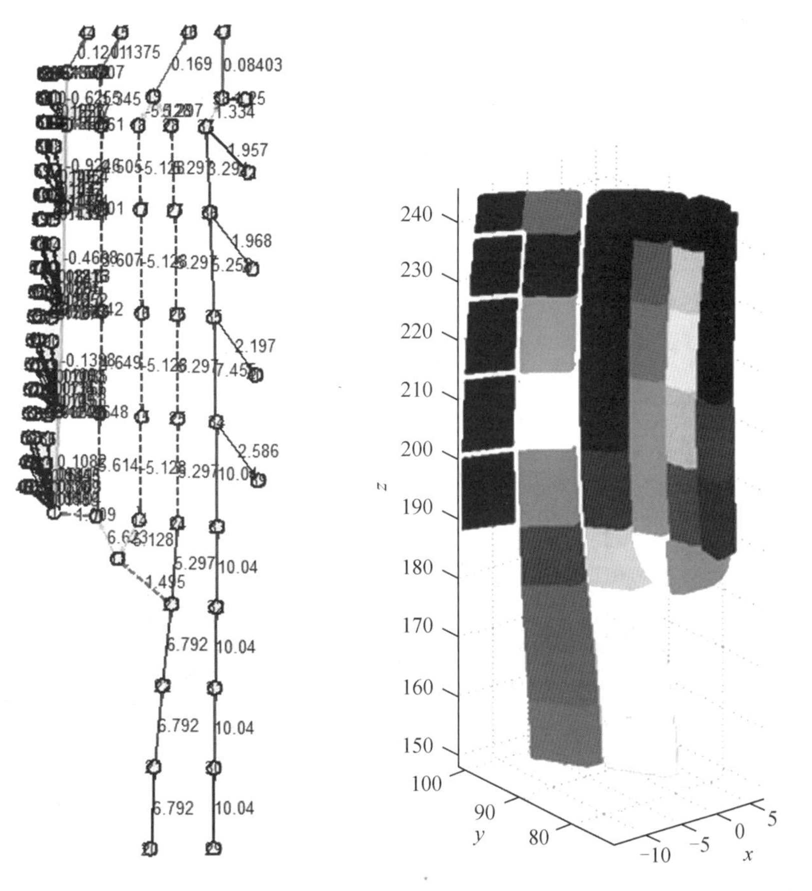

图 6.49　第 2 级动叶管网网络图　　图 6.50　腔室 Nu 数分布图(彩图见附录)

图 6.51 给出了添加气膜孔后的第 1 级动叶燃气恢复温度。从图中可以看出,前缘添加的气膜孔仅仅在前缘附近降低了燃气的温度,在叶片尾缘的恢复温度较高。

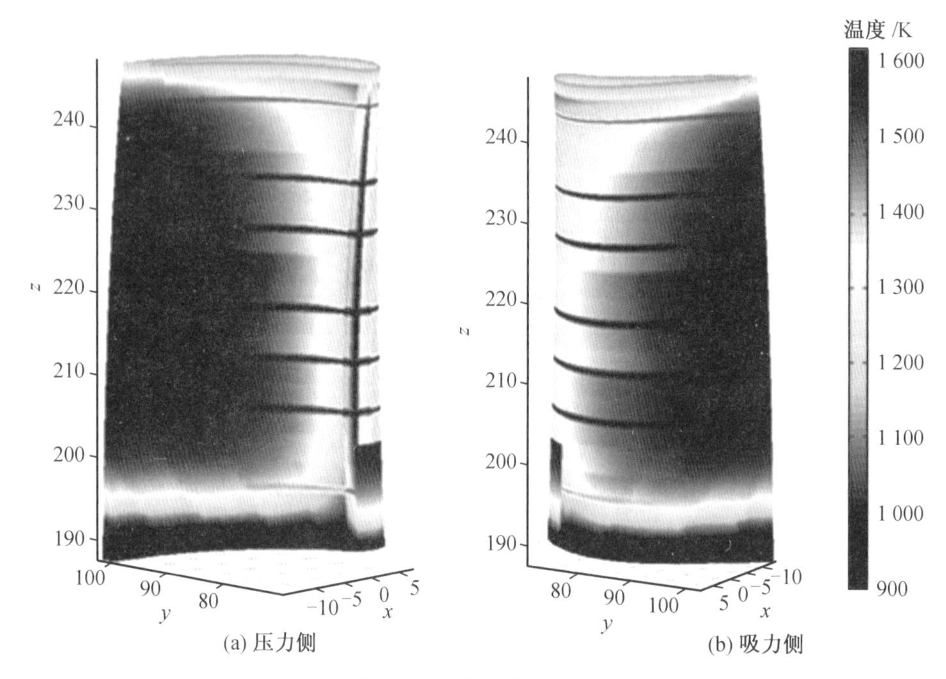

图 6.51　第 1 级动叶燃气恢复温度(彩图见附录)

图 6.52 给出了管网计算得出的第 1 级动叶管网计算温度分布云图。从图中可以看出,最高温度出现在叶片前缘以及对应内腔第 5、6 腔位置,该区域的冷却流体依靠叶顶除尘孔出气,因此冷气量不大,冷却效果较差。事实上,设计中也尝试过在第 5 腔开设气膜

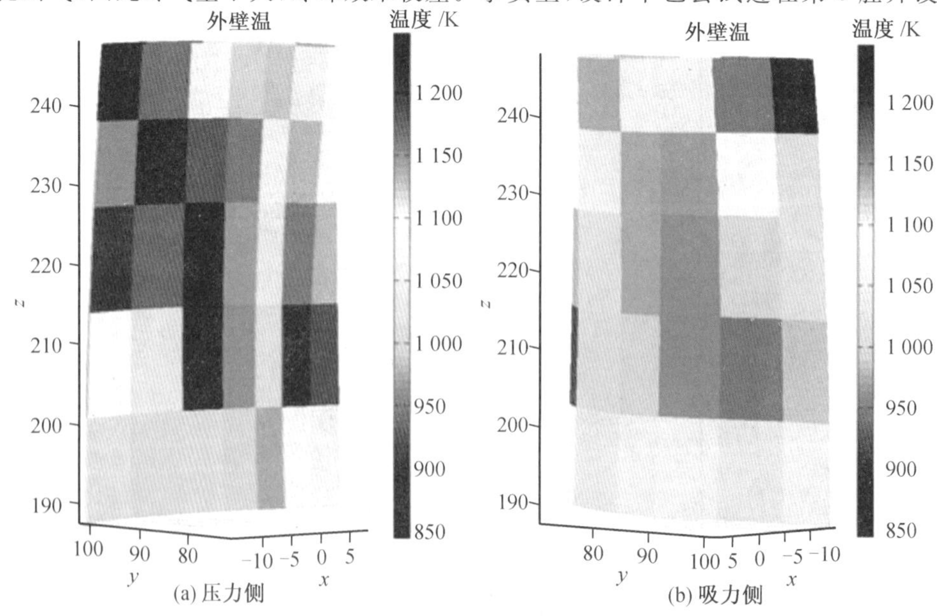

图 6.52　第 1 级动叶管网计算温度分布云图(彩图见附录)

孔，然而，由于尾缘劈缝的出气，第 5 腔开设气膜孔出现了燃气倒灌，这将导致冷却效果急剧恶化。

图 6.53 所示为第 1 级动叶管网计算云图。从图中可以看出，在叶片尾缘由于流动面积收缩厉害，压力降低较大；在蛇型通道折转的地方的压力相对较高。

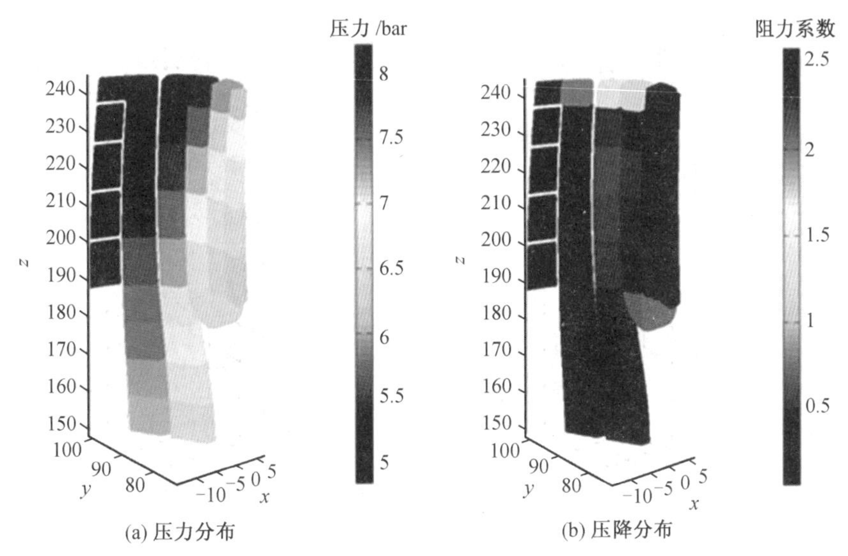

图 6.53　第 1 级动叶管网计算云图(1 bar = 100 kPa)(彩图见附录)

6.5.3　三维导热计算部分

管网计算将单元内、外换热系数及温度进行了平均，无法获取局部高温点，为了获得更为详细的温度分布，有必要进行三维导热计算。由于采用了拓扑设计法，通过代数法即可通过插值获得涡轮叶片冷却结构固体域网格，依靠前面模块获得内外壁面温度及换热系数即可完成三维热分析。图 6.54 给出了三维导热计算用模型及网格。

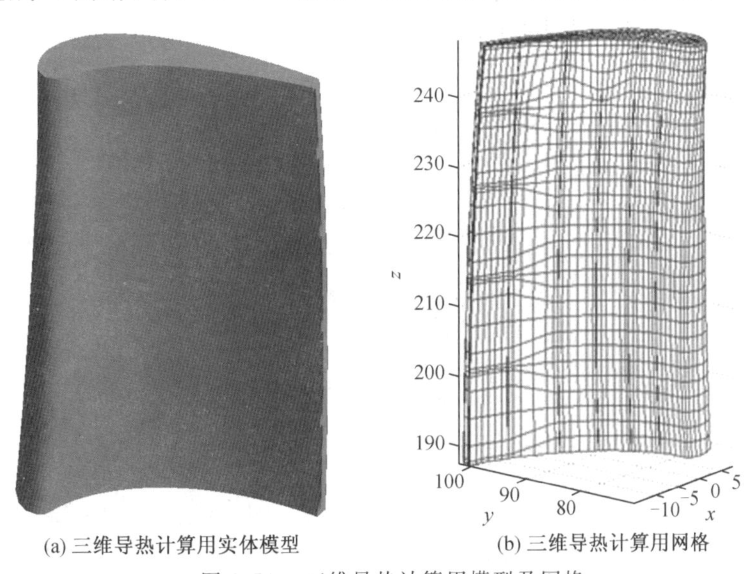

图 6.54　三维导热计算用模型及网格

图 6.55 给出了三维导热计算得出的温度分布云图。从图中可以看出，最高温度出现在叶片前缘位置，而由于固体的导热效果，使得管网计算中发现的第 5、6 腔对应温度过高位置并未出现，总体温度低于 1 289 K，符合设计要求。

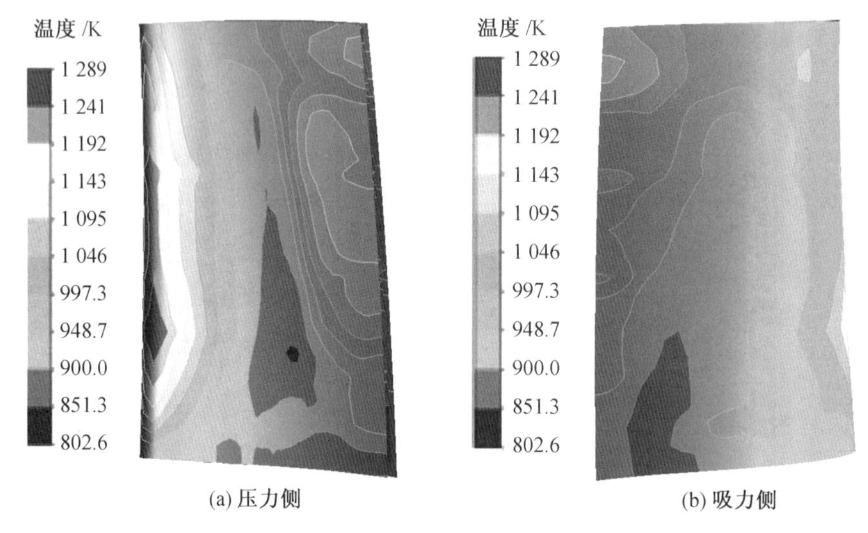

图 6.55　三维导热计算得出的温度分布云图(彩图见附录)

图 6.56 给出了三维导热计算热流密度分布云图。从图中可以看出，最大热流密度出现在前缘位置和压力侧尾缘处，同时在吸力面靠近上下端壁的位置处也有较大的热流密度区域。

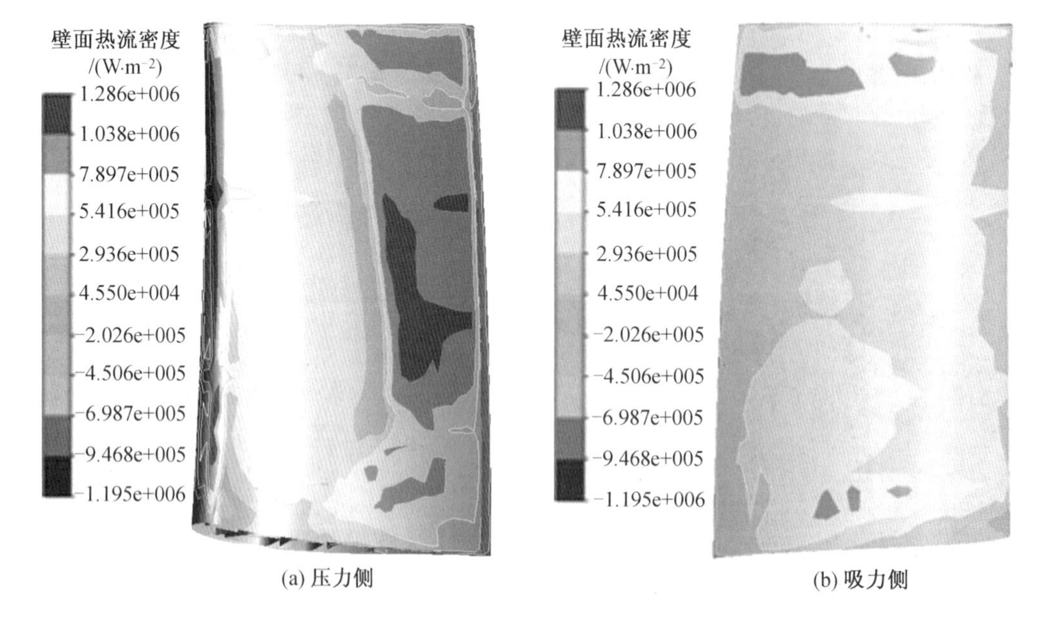

图 6.56　三维导热计算热流密度分布云图(彩图见附录)

图 6.57 给出了 10%、50%、90% 叶高位置温度分布云图。从图中可以看出，前缘温度是最高的部位，这是因为前缘的热负荷最高。同时尾缘处的温度也高，特别是 50% 叶高处。

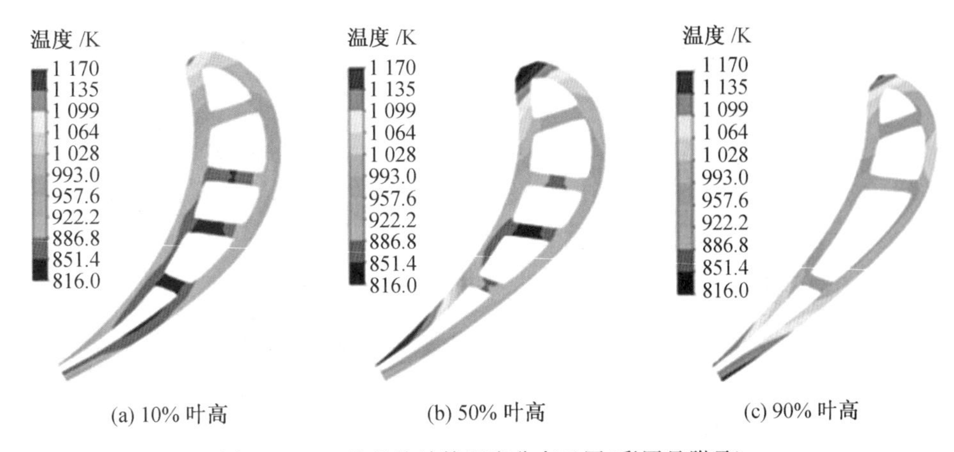

(a) 10% 叶高　(b) 50% 叶高　(c) 90% 叶高

图 6.57　三维导热计算温度分布云图(彩图见附录)

6.5.4　全三维气热耦合计算

根据前面的管网设计结果,用 UG 软件建立相应的三维模型,使用 ICEM 划分非结构化网格,使用 CFX 进行气热耦合计算。将三维结果和管网结果,导热计算结构进行对比分析。第 1 级动叶 UG 模型示意图如图 6.58 所示。

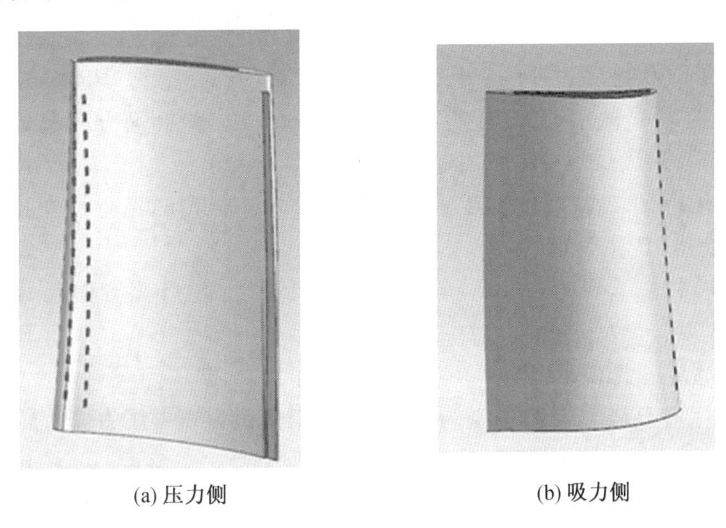

(a) 压力侧　(b) 吸力侧

图 6.58　第 1 级动叶 UG 模型示意图

1. 几何模型具体参数

第 1 级动叶的前缘采用冲击加气膜冷却,中部地区采用蛇型通道加肋片冷却,尾缘采用扰流肋冷却。其中冲击冷却的气体来源于第 1 个蛇型通道,尾缘冷却的气体来源于第 2 个蛇型通道。其示意图如图 6.59 所示。

(1) 前缘一共布置有 3 列气膜孔,每一列的参数如下:

第 1 列孔的第 1 个孔起始于相对弧长 0 处,沿叶高方向起始于无量纲位置 0.1 处,终止于 0.92 处,每列 18 个孔。

第 2 列孔的第 1 个孔起始于压力面相对弧长 0.1 处,沿叶高方向起始于无量纲位置

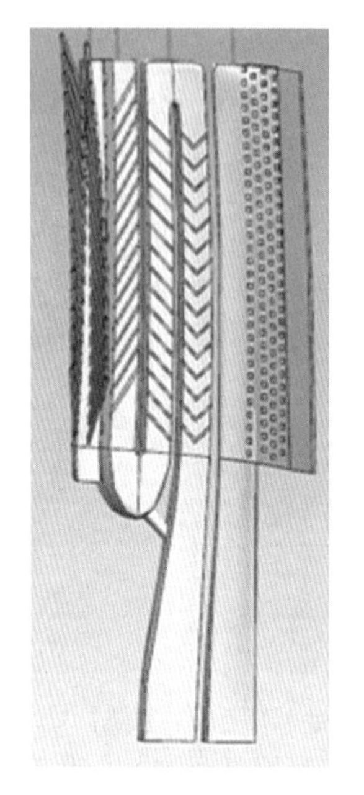

(a) 冷却通道压力侧

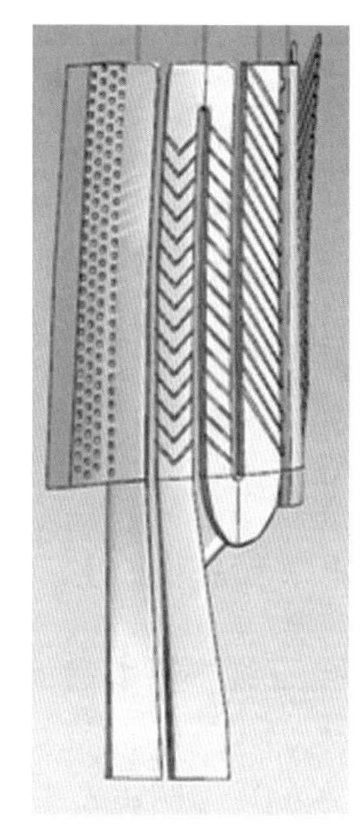

(b) 冷却通道吸力侧

图 6.59　冷却通道示意图

0.08 处，终止于 0.9 处，每一列 18 个孔。

第 3 列孔的第 1 个孔起始于吸力面相对弧长 0.1 处，沿叶高方向起始于无量纲位置 0.08 处，终止于 0.9 处，每一列 18 个孔。

(2) 冲击孔共有 1 列，来自于第 1 个蛇型通道的冷却气体，通过冲击孔冲击到叶片前缘，强化前缘换热，其参数如下：

冲击孔共 12 个，直径为 2 mm，均匀布置在叶片上，沿叶高方向起始于无量纲位置 0.05 处，终止于 0.95 处。

(3) 蛇型通道一共有 3 列肋片。具体参数如下：

第 1 列肋片位于第 2 通道，类型为倾斜肋，倾斜角偿为 60°，压力面肋高为 0.3 mm，吸力面肋高为 0.3 mm，肋片间距为 3 mm。

第 2 列肋片位于第 3 通道，肋片为倾斜肋，倾角为 45°，压力面肋高为 0.3 mm，吸力面肋高为 0.3 mm，肋片间距为 3 mm。

第 3 列肋片位于第 4 通道，肋片为人字形肋片，倾角为 45°，压力面肋高为 0.3 mm，吸力面肋高为 0.3 mm，肋片间距为 3 mm。

(4) 尾缘采用扰流肋冷却。具体参数如下：

第 1 列圆柱，直径为 1 mm，径向间距为 1.8 mm，起始位置为 1.4 mm，终止位置为 3.4 mm，距单元前位置 −0.6 mm。

第 2 列圆柱，直径为 1 mm，径向间距为 1.8 mm，起始位置为 2.3 mm，终止位置为 4.3 mm，距单元前位置 1.2 mm。

第 3 列圆柱，直径为 1 mm，径向间距为 1.8 mm，起始位置为 1.4 mm，终止位置为

3.4 mm，距单元前位置 3 mm。

第 4 列圆柱，直径为 1 mm，径向间距为 1.8 mm，起始位置为 2.3 mm，终止位置为 4.3 mm，距单元前位置 4.8 mm；

(5) 叶顶除尘孔共 4 个，直径均为 0.5 mm。

为了增大前缘的流量，防止倒灌，在蛇型通道的第 1 个入口附近增加旁路，连接第 1 个蛇型通道的折转位置。

2. 气热耦合计算

根据上面的几何参数，采用 UG 10.0 进行建模。首先得到的是固体域的几何模型。然后根据上下端壁和叶片数得到流体域的几何模型，由于榫头参数与强度、振动息息相关，而对冷却影响不大，因此此处榫头不进行建模，具体如图 6.60 和图 6.61 所示。

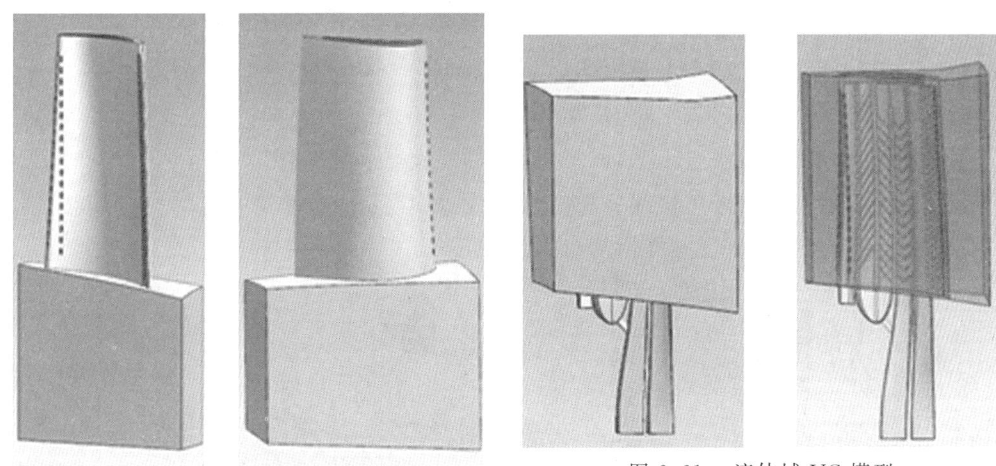

图 6.60　固体域 UG 模型

图 6.61　流体域 UG 模型

得到几何模型后，使用 ICEM15 对网格进行划分，最后流体域的网格数量在 500 万左右，同时考虑附面层的影响，添加了边界层。网格质量大于 0。同时生成固体域网格，固体域网格数量为 100 万左右，网格如图 6.62 和图 6.63 所示。

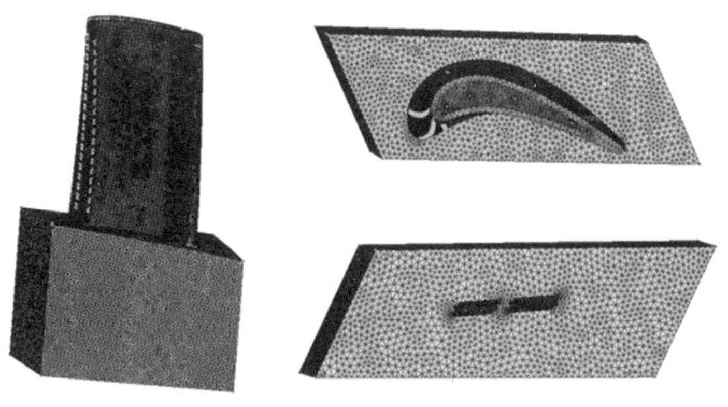

图 6.62　固体域网格示意图

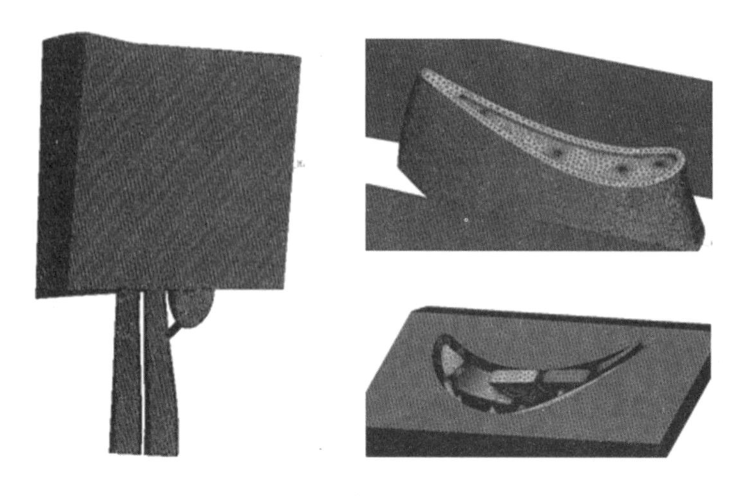

图 6.63　流体域网格示意图

3. 流场及温度场分析

图 6.64 所示为壁面极限流线分布图，此分布与气动计算得到的流场类似，同时流动没有发生倒灌，表明流阻设计是符合设计要求的。

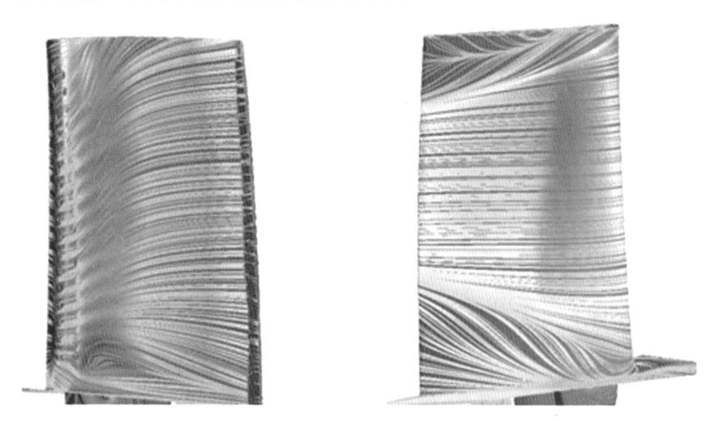

图 6.64　壁面极限流线分布图

图 6.65 给出了壁面温度分布云图。从图中可以看出，温度都是符合要求的，只是在叶片顶部地区出现了一个高温区域。其原因是此次没有考虑叶顶泄漏对传热的影响。如果采取了防泄漏的措施，该区域的温度可以进一步降低。同时在吸力侧的前缘附近也出现了一个局部高温。

图 6.66 给出了不同截面的温度分布云图。从三维气热耦合的结果来看，对于根部截面，前缘温度较高；对于中间截面，吸力面侧前缘附近温度较高，有可能是流动转捩引起；对于顶部截面，压力侧温度较高。

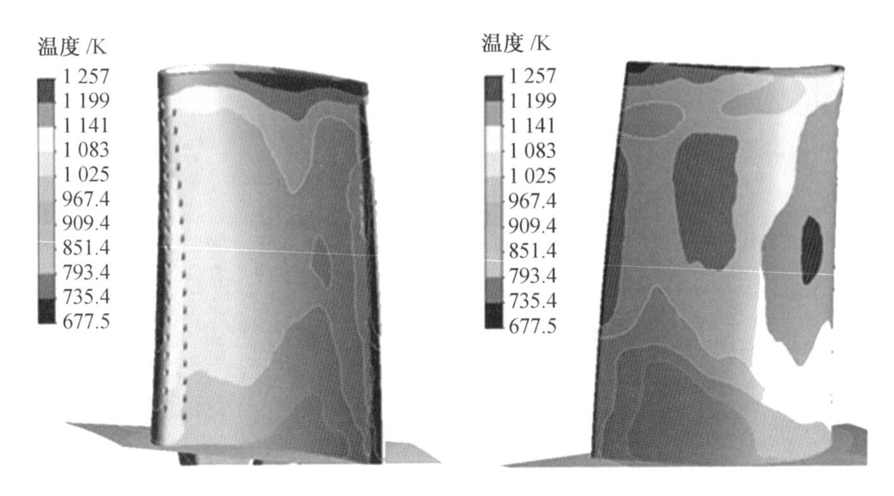

图 6.65　壁面温度分布云图(彩图见附录)

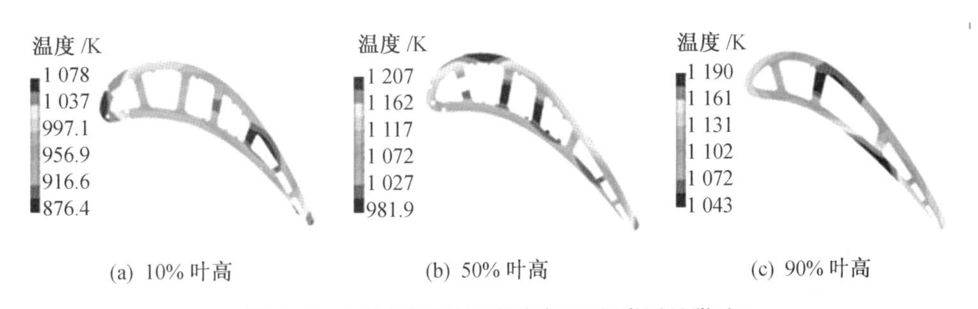

(a) 10% 叶高　(b) 50% 叶高　(c) 90% 叶高

图 6.66　不同截面的温度分布云图(彩图见附录)

6.6　航空发动机涡轮导叶冷却结构设计

前面介绍的都是冷却设计难度大的动叶，本节介绍涡轮导叶冷却结构设计，以某航空发动机第 1 级导叶为对象进行设计。

第 1 级导向叶片入口温度较高。由于导向叶片为静止叶片，应力主要产生于气动应力及热应力，其中热应力是影响寿命的主要因素之一，因此，在设计涡轮叶片导向叶片冷却结构时，应当选取温度等级相类似的涡轮叶片冷却结构作为基准机型设计。E3 涡轮叶片导叶入口峰值温度为 1 739 ℃，动叶入口平均温度约为 1 699 K，导叶叶身冷气量约占核心机进口流量 6.1%(导叶总冷气量约为 9.24%)。

6.6.1　管网设计

图 6.67 给出了第 1 级导叶拓扑及内部冷却结构简图。导叶采用了两腔进气，第 1 腔由顶部进气，沿根部收缩，保证气流的流速；第 2 腔由根部进气，朝顶部收缩。叶身表面布置了 13 列气膜孔，孔径为 0.508 ～ 0.608。内腔前腔布置 270 个冲击孔，后腔布置 160 个冲击孔，孔径为 1.0，孔径向间距为 3 mm。尾缘布置三排扰流柱，扰流柱直径为1 mm。

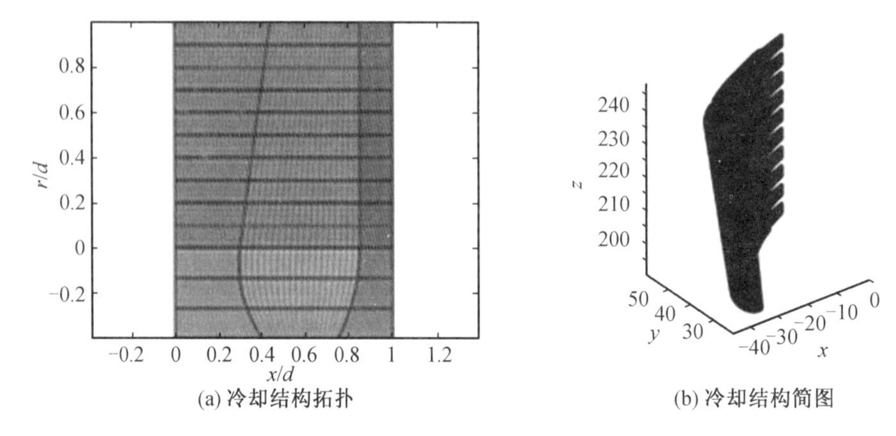

(a) 冷却结构拓扑　　(b) 冷却结构简图

图 6.67　第 1 级导叶拓扑及内部冷却结构简图

1. 一维参数

表 6.12 给出了第 1 级导叶方案导叶冷却结构设计一维参数。其中前腔冷气量较小，后腔相对较大。由于第 2 个腔室附近气膜孔数量少，所以可以看出对于流入第 2 个腔室的气体主要从尾缘流出。此时要保证尾缘出气的速度不能太快。

表 6.12　第 1 级导叶方案导叶冷却结构设计一维参数

总流量 /(g·s^{-1})	第 1 腔流量 /(g·s^{-1})	第 2 腔流量 /(g·s^{-1})	尾缝流量 /(g·s^{-1})	平均温度 /K	最高温度 /K
48.16	16.05	32.11	30.56	989.38	1 059.43

2. 管网网络图

通过管网计算可以得到气膜修正后燃气恢复温度、外壁温分布以及压力分布。图 6.18 给出了第 1 级导叶沿着流动方向的压力分布图。

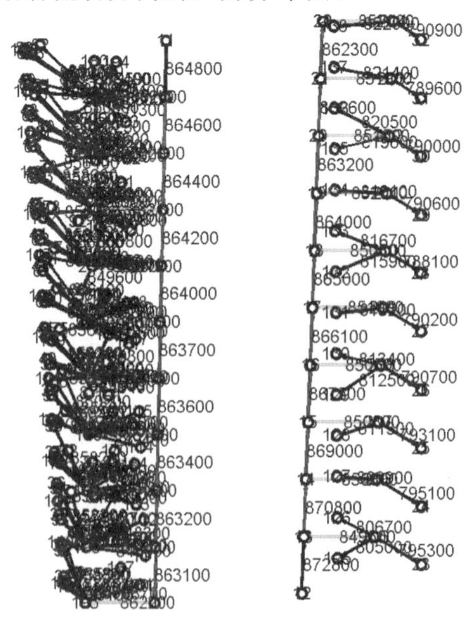

图 6.68　第 1 级导叶沿着流动方向的压力分布图

图 6.69 给出了第 1 级导叶管网计算燃气恢复温度分布云图。由于气膜孔开设得并不多，特别是压力侧气膜孔个数相对较少，因此压力侧燃气恢复温度较高，高温区主要集中在叶片中部地区。而吸力侧恢复温度相对较低，高温区主要集中在叶片尾缘附近。

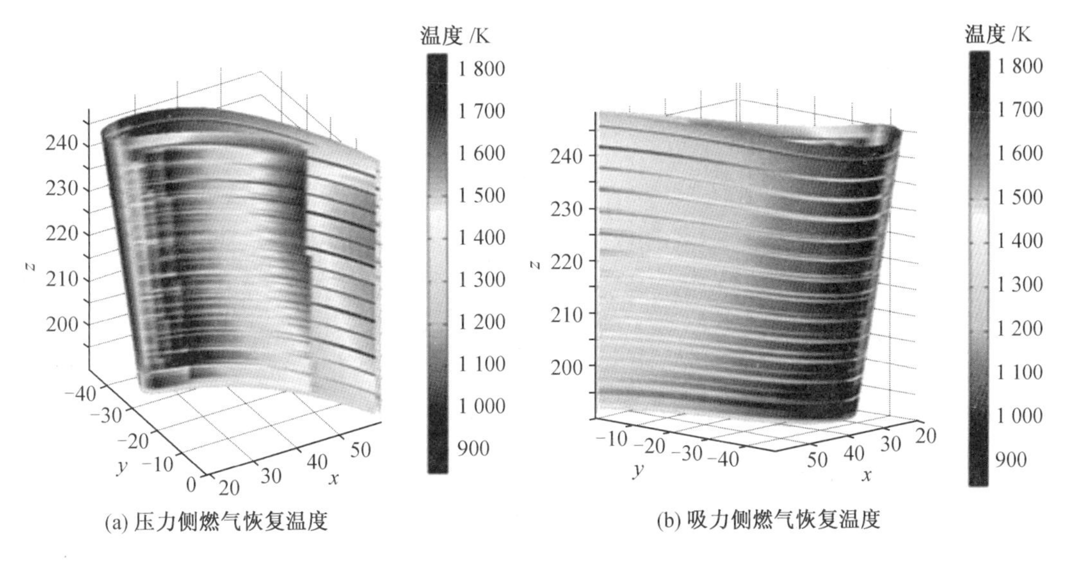

图 6.69　第 1 级导叶管网计算燃气恢复温度分布云图(彩图见附录)

图 6.70 所示第 1 级导叶温度分布云图。从图中可以看出，涡轮叶片吸力侧尾缘温度高，最高温度为 1 059.43 K。然而，由于管网计算将叶片分割成若干个小单元，单元表面温度进行了平均，并不能够发现局部高温点。压力侧的温度分布相对均匀。

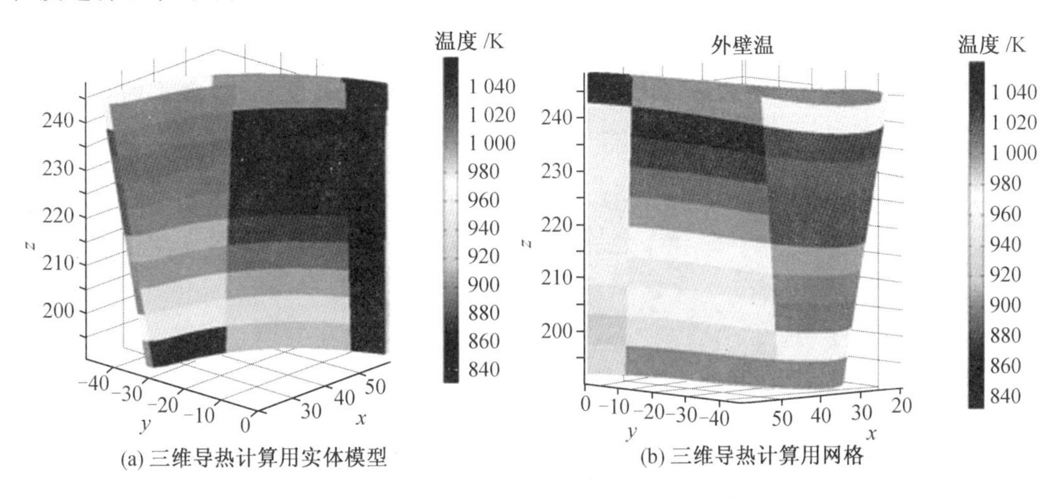

图 6.70　第 2 级导叶温度分布云图(彩图见附录)

6.6.2　三维导热计算

前面介绍了管网计算将单元内、外换热系数及温度进行了平均，无法获取局部高温点，为了获得更为详细的温度分布，有必要进行三维导热计算。由于采用了拓扑设计法，通过代数法即可通过插值获得涡轮叶片冷却结构固体域网格，网格数量为 60 000。依靠前面模块获得内外壁面温度及换热系数即可完成三维热分析。图 6.71 给出了维导热计算用模型及网格。

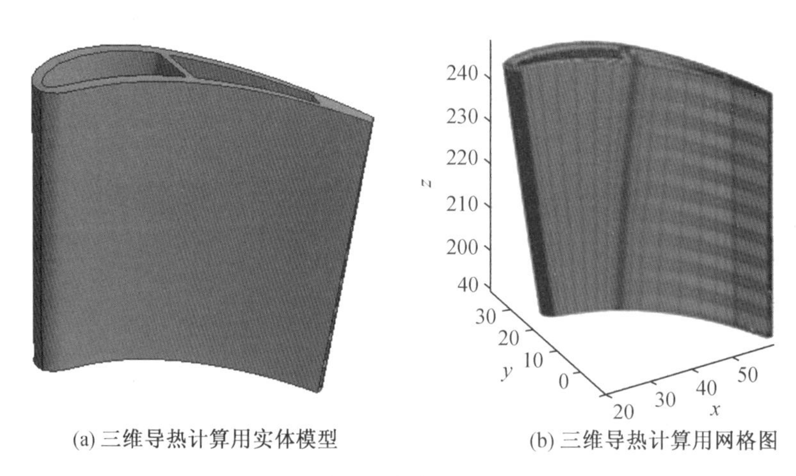

(a) 三维导热计算用实体模型　　(b) 三维导热计算用网格图

图 6.71　维导热计算用模型及网格图

图 6.72 给出了维导热计算获取的温度分布云图。从图中可以看出，采用该方案最高温度出现在叶片前缘位置，这主要是由于进口高温燃气冲击到叶片前沿位置导致该区域换热系数较强导致的。此外，前缘位置高温区主要在 40%～80%，未来进行详细设计时，可以增多前缘区域的冲击孔及气膜孔来解决这个问题。同时可以看出在吸力面有一个大范围的低温区，这主要是由该区域的气膜冷却造成的。

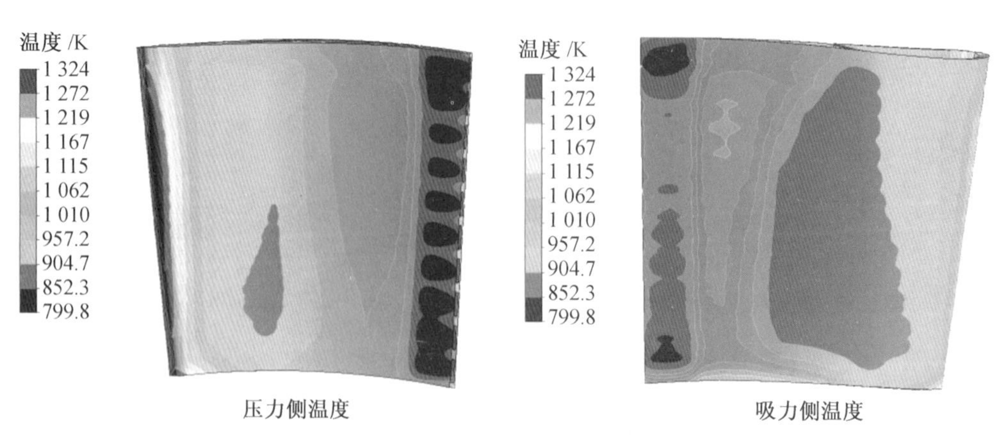

压力侧温度　　吸力侧温度

图 6.72　维导热计算获取的温度分布云图(彩图见附录)

图 6.73 给出了 10%、50%、90% 叶高位置叶片横截面的温度分布云图。从图中可以看出，各截面整体温度均低于 1 190 K，高温区主要出现在叶片的前缘位置，而叶片弦长中部位置，由于气膜冷却及冲击冷却的双重作用，温度较低。

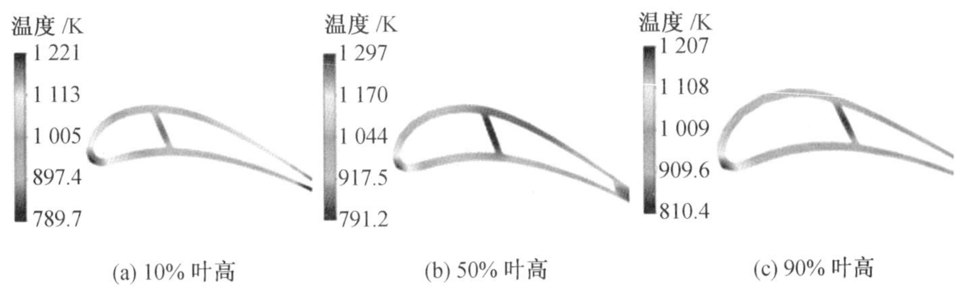

图 6.73　10%、50%、90% 叶高位置叶片横截面的温度分布云图

6.6.3　全三维气热耦合计算

根据前面的管网设计结果，用 UG 软件建立相应的三维模型，使用 ICEM 划分非结构化网格，使用 CFX 进行气热耦合计算。将三维计算结果、管网计算结果和导热计算结果对比，验证设计的可靠性。

1. 几何模型参数

(1) 冲击套筒参数。

第 1 级导叶的叶片前缘和中部地区采用冲击冷却。一共有两个冲击套筒，第 1 个冲击套筒的壁厚均为 0.8 mm，第 2 个冲击套筒的壁厚均为 0.7 mm，冲击套筒距叶片内表面的距离为 1 mm。孔均为圆柱形孔，孔的直径为 0.8 mm。第 1 个冲击套筒由于距离前缘比较近，热负荷高，因此冲击套筒上布置有 10 列冲击孔，冲击孔的直径为 0.8 mm。第 2 个冲击套筒上布置有 14 列冲击孔。对于冲击套筒上每列孔的位置由以下几个参数决定，每列孔根部无量纲起始位置，每列孔顶部无量纲起始位置，每列孔的个数。

第 1 个冲击套筒的几何模型如图 6.74 所示，具体位置如下：

第 1 列孔位于前缘，第一个孔距叶根 3.418 0 mm，最后一个孔距叶顶 2.213 8 mm，每列 18 个孔。

第 2 列，第一个孔距叶根 2.288 1 mm，最后一个孔距叶顶 3.149 8 mm，每一列有 18 个孔。

第 3 列，第一个孔距叶根 2.281 0 mm，最后一个孔距叶顶 3.164 4 mm，每一列有 18 个孔。

第 4 列，第一个孔距叶根 2.282 4 mm，最后一个孔距叶顶 3.170 9 mm，每一列有 18 个孔。

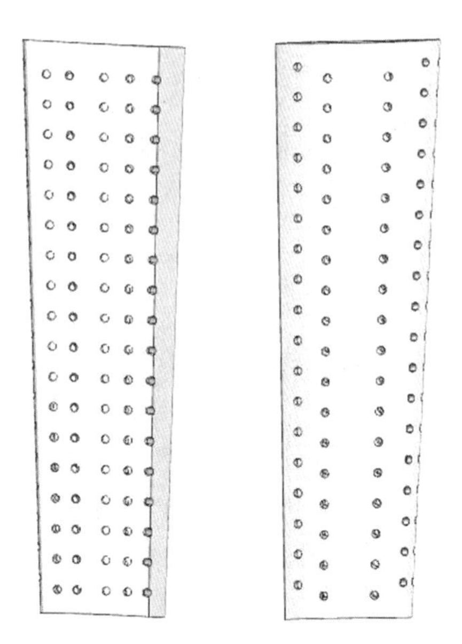

图 6.74　第 1 个冲击套筒的几何模型

第 5 列，第一个孔距叶根 2.283 1 mm，最后一个孔距叶顶 3.176 3 mm，每一列有 18 个孔。

第 6 列，第一个孔距叶根 2.297 6 mm，最后一个孔距叶顶 3.180 3 mm，每一列有 18 个孔。

第 7 列，第一个孔距叶根 3.238 2 mm，最后一个孔距叶顶 2.210 5 mm，每一列有 18 个孔。

第 8 列，第一个孔距叶根 2.148 3 mm，最后一个孔距叶顶 3.302 9 mm，每一列有 18 个孔。

第 9 列，第一个孔距叶根 2.155 6 mm，最后一个孔距叶顶 3.298 9 mm，每一列有 18 个孔。

第 10 列，第一个孔距叶根 3.318 6 mm，最后一个孔距叶顶 2.109 8 mm，每一列有 18 个孔。

第 2 个冲击套筒的上有 9 列孔。图 6.75 显示了第 2 个冲击套筒的几何模型，每个孔的位置如下：

第 1 列孔的第一个孔距叶根 3.673 1 mm，最后一个孔距叶顶 1.174 0 mm，分布有 21 个孔。

第 2 列孔的第一个孔距叶根 2.449 5 mm，最后一个孔距叶顶 2.538 2 mm，分布有 21 个孔。

第 3 列孔的第一个孔距叶根 3.635 1 mm，最后一个孔距叶顶 1.306 9 mm，分布有 21

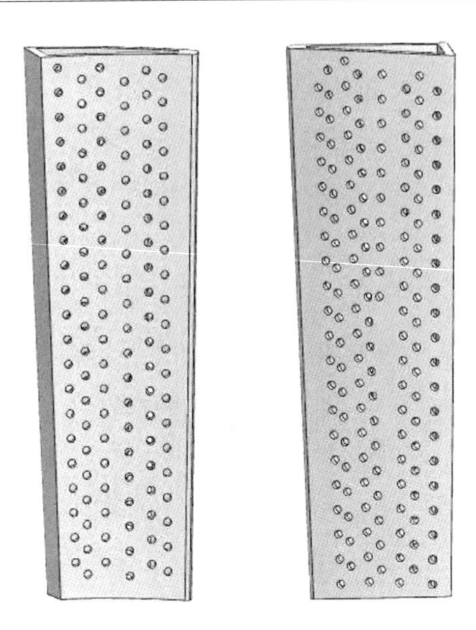

图 6.75　第 2 个冲击套筒的几何模型

个孔。

第 4 列孔的第一个孔距叶根 2.262 2 mm,最后一个孔距叶顶 2.773 6 mm,分布有 21 个孔。

第 5 列孔的第一个孔距叶根 3.477 6 mm,最后一个孔距叶顶 1.651 3 mm,分布有 21 个孔。

第 6 列孔的第一个孔距叶根 2.821 7 mm,最后一个孔距叶顶 2.384 9 mm,分布有 21 个孔。

第 7 列孔的第一个孔距叶根 1.487 6 mm,最后一个孔距叶顶 3.846 1 mm,分布有 21 个孔。

第 8 列孔的第一个孔距叶根 3.262 1 mm,最后一个孔距叶顶 2.031 4 mm,分布有 21 个孔。

第 9 列孔的第一个孔距叶根 1.680 4 mm,最后一个孔距叶顶 1.050 0 mm,分布有 22 个孔。

第 10 列孔的第一个孔距叶根 2.854 2 mm,最后一个孔距叶顶 2.332 2 mm,分布有 21 个孔。

第 11 列孔的第一个孔距叶根 30.395 7 mm,最后一个孔距叶顶 2.240 6 mm,分布有 10 个孔。

第 12 列孔的第一个孔距叶根 1.517 4 mm,最后一个孔距叶顶 3.590 8 mm,分布有 21 个孔。

第13列孔的第一个孔距叶根2.832 8 mm，最后一个孔距叶顶2.203 9 mm，分布有21个孔。

第14列孔的第一个孔距叶根1.270 0 mm，最后一个孔距叶顶3.679 5 mm，分布有21个孔。

(2) 尾缘圆柱扰流参数。

尾缘圆标示意图如图6.76所示。尾缘采用的是圆柱扰流的形式，一共3列，每列圆柱的直径均为1.5 mm，每列有20个圆柱，第1列孔位于相对弧长0.80处，沿叶高方向的无量纲位置范围为0.05～0.95；第2列圆柱位于相对弧长0.85处，沿叶高方向的无量纲位置范围为0.07～0.97；第3列圆柱位于相对弧长0.90处，沿叶高方向的无量纲位置范围为0.07～0.97。

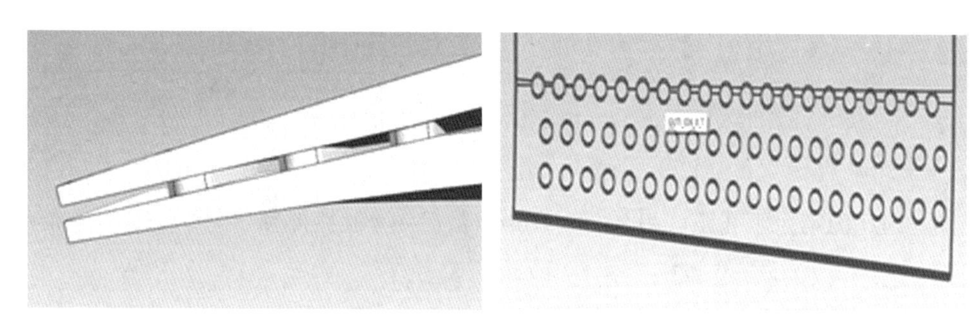

图6.76　尾缘圆柱示意图

(3) 气膜冷却参数。

气膜孔均为普通圆柱孔，如图6.77所示，一共有13列，每一列的位置如下：

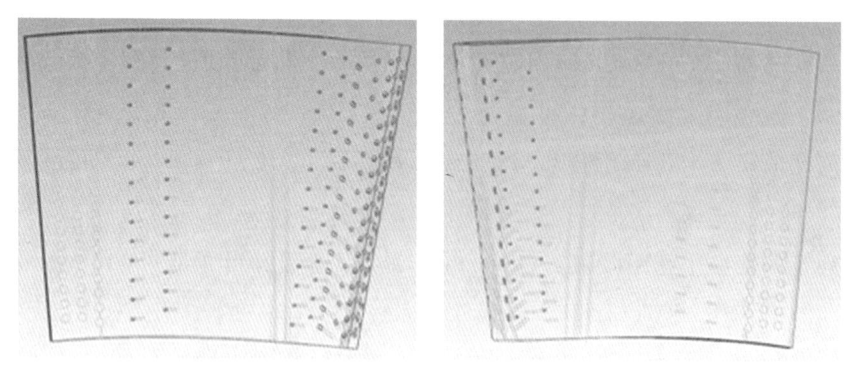

图6.77　气膜位置示意图

第1列位于压力侧，孔径为0.85 mm，位于相对弧长0.00处，沿叶高分布范围为0.05～0.93，一列由18个孔，弦向倾角为90°，径向倾角为25°。

第2列位于压力侧，孔径为0.85 mm，位于相对弧长0.01处，沿叶高分布范围为0.04～0.94，一列由18个孔，弦向倾角为90°，径向倾角为25°。

第 3 列位于压力侧，孔径为 0.75 mm，位于相对弧长 0.05 处，沿叶高分布范围为 0.08～0.94，一列由 15 个孔，弦向倾角为 90°，径向倾角为 25°。

第 4 列位于压力侧，孔径为 0.5 mm，位于相对弧长 0.1 处，沿叶高分布范围为 0.06～0.915，一列由 15 个孔，弦向倾角为 0°，径向倾角为 38°。

第 5 列位于压力侧，孔径为 0.5 mm，位于相对弧长 0.14 处，沿叶高分布范围为 0.09～0.94，一列由 15 个孔，弦向倾角为 0°，径向倾角为 38°。

第 6 列位于压力侧，孔径为 0.5 mm，位于相对弧长 0.2 处，沿叶高分布范围为 0.06～0.95，一列由 15 个孔，弦向倾角为 0°，径向倾角为 45°。

第 7 列位于压力侧，孔径为 0.5 mm，位于相对弧长 0.6 处，沿叶高分布范围为 0.09～0.94，一列由 15 个孔，弦向倾角为 0°，径向倾角为 35°。

第 8 列位于压力侧，孔径为 0.5 mm，位于相对弧长 0.7 处，沿叶高分布范围为 0.06～0.95，一列由 14 个孔，弦向倾角为 60°，径向倾角为 30°。

第 9 列位于压力侧，孔径为 0.85 mm，位于相对弧长 0.01 处，沿叶高分布范围为 0.05～0.94，一列由 18 个孔，弦向倾角为 65°，径向倾角为 35°。

第 10 列位于吸力侧，孔径为 0.5 mm，位于相对弧长 0.04 处，沿叶高分布范围为 0.08～0.94，一列由 15 个孔，弦向倾角为 0°，径向倾角为 25°。

第 11 列位于吸力侧，孔径为 0.5 mm，位于相对弧长 0.14 处，沿叶高分布范围为 0.08～0.94，一列由 15 个孔，弦向倾角为 0°，径向倾角为 30°。

第 12 列位于吸力侧，孔径为 0.5 mm，位于相对弧长 0.17 处，沿叶高分布范围为 0.08～0.94，一列由 15 个孔，弦向倾角为 30°，径向倾角为 25°。

第 13 列位于吸力侧，孔径为 0.5 mm，位于相对弧长 0.25 处，沿叶高分布范围为 0.1～0.90，一列由 15 个孔，弦向倾角为 30°，径向倾角为 30°。

2. UG 模型与网格示意图

根据上面的几何参数，采用 UG 10.0 进行建模。首先得到的是固体域的几何模型。然后根据上下端壁和叶片数得到流体域的几何模型，具体如图 6.78 和图 6.79 所示。

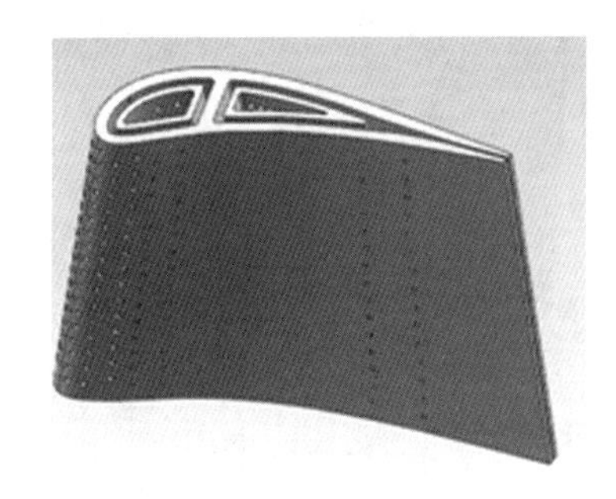
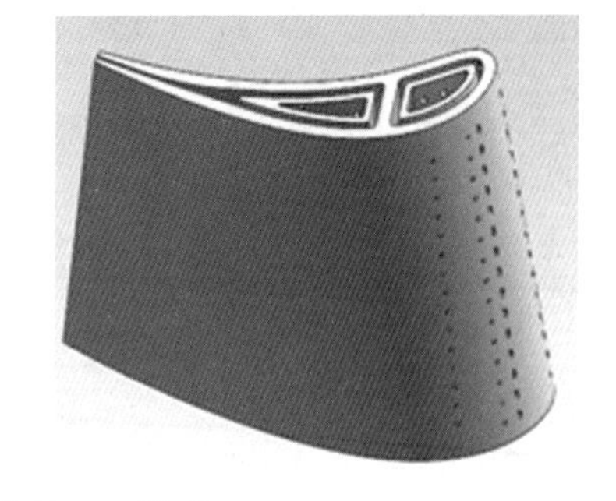

图 6.78　固体域 UG 模型

图 6.79　流体域 UG 模型

得到几何模型后，使用 ICEM15 对网格进行划分，最后流体域的网格数量在3 100 万左右，同时考虑附面层的影响，添加边界层。网格质量大于 0。同时生成固体域网格，固体域网格数量为 300 万左右。流体域网格示意图如图 6.80 所示。

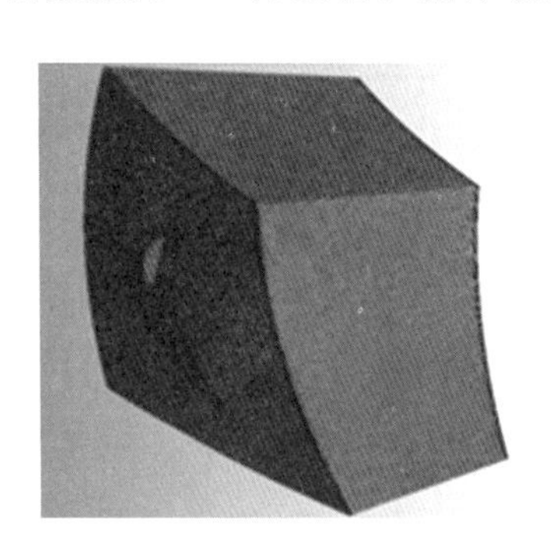
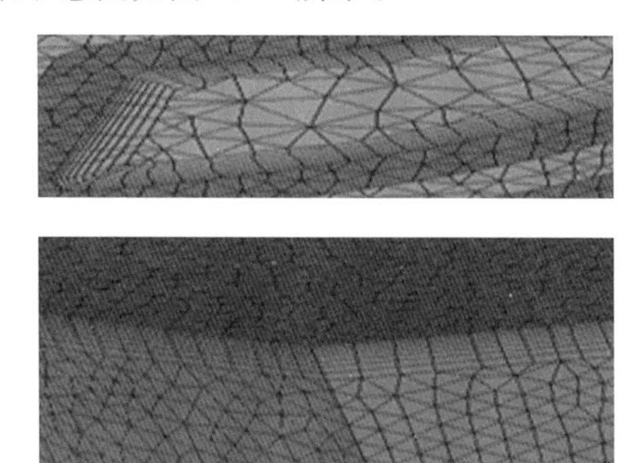

图 6.80　流体域网格示意图

3. 流场及温度场分析

图 6.81 为叶片表面极限流线分布图。此分布同气动计算得到的流场类似，同时流动没有发生倒灌，表明流阻设计是符合设计要求的。

图 6.81　叶片表面极限流线分布图

图6.82为叶片表面壁面温度分布图。由图中可以看出，在大部分区域的温度都是符合要求的，只是在叶片根部地区出现了一个高温区域。这部分产生的原因是此次没有考虑端壁冷却的效应。如果采用端壁冷却，这部分的温度应该会下降。同时可以看出在叶片后半部分出现了一个高温区，这个可能是由于入口热斑迁移产生的影响。

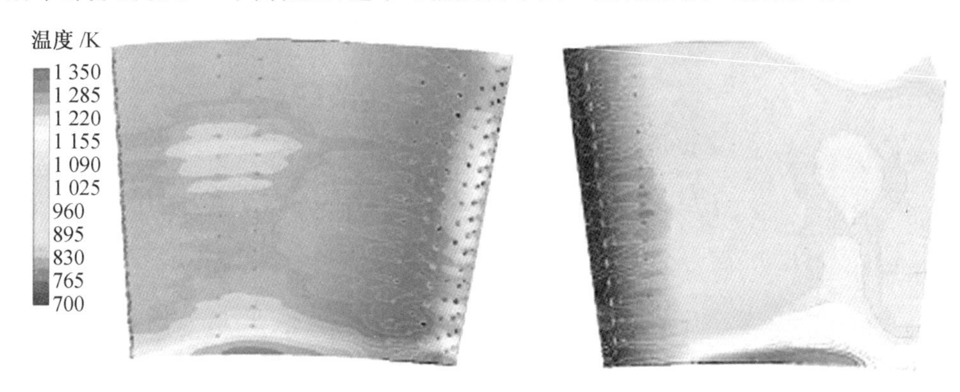

图6.82　叶片表面壁面温度分布图(彩图见附录)

图6.83给出了不同截面的温度分布云图。从图中可以看出，由于气膜布置比较多，叶片前缘的温度相对较低。对于根部截面而言，靠近尾缘处的温度较高。而对于其他截面，温度值都低且分布比较均匀，完全符合设计要求。

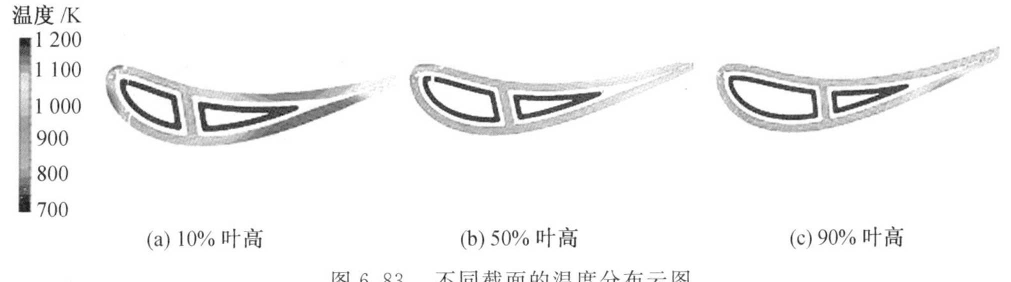

(a) 10%叶高　(b) 50%叶高　(c) 90%叶高

图6.83　不同截面的温度分布云图

名词索引

B

半球形凹坑　4.6.2

壁厚分布　6.4.2

壁面极限流线　6.5.4

边界条件　5.8

表面粗糙度　2.3.3

C

Cusoed 椭圆凹坑　4.6.2

槽缝射流　3.2

层板冷却技术　4.6.1

冲击传热　4.4.2

冲击冷却　4.4

冲击套筒参数　6.6.3

除尘孔　6.4.5

吹风比　3.2

D

单元分割　5.3.1

导流片　4.5.2

导叶冷却结构　1.3.1

低温区　6.4.5

第三类边界　6.3.3

第 1 级动叶　6.4.2

第 1 腔结构　6.4.3

动叶冷却结构　1.3.2

端壁换热　2.2

E

二次涡　6.2.4

F

冯卡门常数　5.7.2

G

高温函数　1.4

高温区　6.4.5

高压涡轮　6.4.2

固体域　6.5.4

管网计算模块　5.5

管网流量图　6.3.2

H

横向槽　3.2

后处理　5.8

换热系数分布　6.3.2

核心机　6.6

J

计算流线分布　6.2.3

间隙流　2.4.2

间歇因子输运方程　5.7.2

节点控制方程　5.5.3

节流孔　6.4.5

节圆直径比　3.2

结构化网格 6.4.3
径向倾角 6.6.3

K

康达效应 3.2
控制方程 5.4.2
扩张比 3.2

L

肋片 6.5.4
冷却方法 1.5
冷却孔型 3.2
冷却通道参数化 5.3.1
流量分布 6.5.2
流体域 6.5.4
流阻函数 1.4

O

OTDF 因素 6.3.2
耦合计算模块 5.7

P

PIV 粒子测量 3.5

Q

气膜冷却 3.1
倾斜肋 6.5.4

R

燃气恢复温度 6.5.2
燃气轮机 1.1
燃烧室 1.1
扰流肋换热特性 4.3.1
扰流肋冷却 4.1
扰流柱换热特性 4.2.3
扰流柱冷却 4.1
热流密度 6.5.3
热应力分析 5.8

S

S1 流面 5.1
STAN5 程序 5.4.1
S 型肋 4.6.2
三角形肋 4.3.1
三维导热计算模块 5.6
设计流程 5.2
设计平台 5.8
肾型涡 3.2
实体模型 5.8
双层壁结构 4.6.1
斯坦顿数 2.4.3
栅格 2.3.3

T

突片结构 3.2
湍流强度 2.3.2
湍流模型 5.7.2
拓扑设计 5.3.1

U

UG 模型 6.3.3
U 型通道换热特性 4.5.2
U 型通道冷却 4.5

W

外换热计算方法 5.4.1
尾缘 3.5
涡结构 3.3

涡轮　1.1

涡轮冷却技术　1.2.2

涡轮气动效率　2.3.3

涡轮入口温度　6.4.1

涡轴冷却叶片设计　6.2

无量纲温度　6.2.2

X

吸力面　6.2.3

弦向倾角　6.6.3

楔形肋　4.3.1

泄漏流　2.4.1

Y

压力面　6.2.3

压气机　1.1

沿程流动损失　6.3.1

叶顶流线　2.4.2

叶片顶部换热　2.4

叶身换热　2.3

一维数据　6.3.3

Z

Z 型肋　4.6.2

转捩　2.3.2

附录　部分彩图

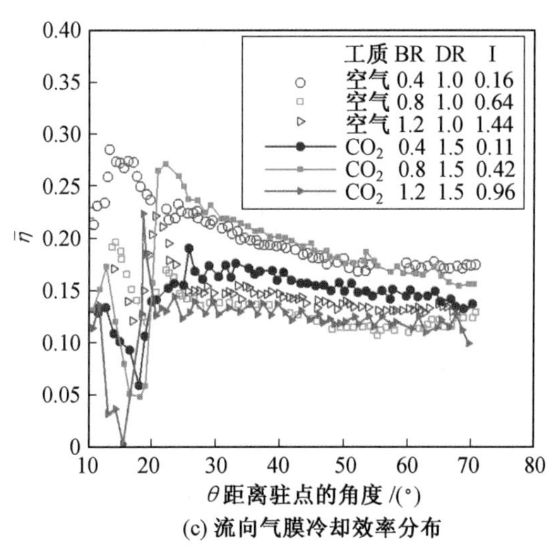

(c) 流向气膜冷却效率分布

图 3.12　不同参数对气膜冷却效率的影响

(资料来源:Ekkad 等,1998)

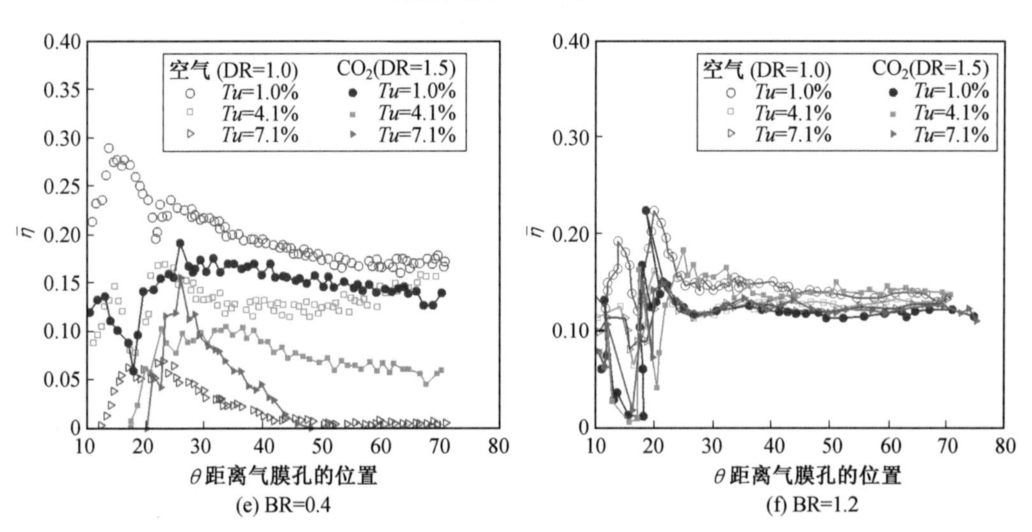

(e) BR=0.4　(f) BR=1.2

图 3.13　来流湍流强度对气膜冷却效率的影响

(资料来源:Ekkad 等,1998)

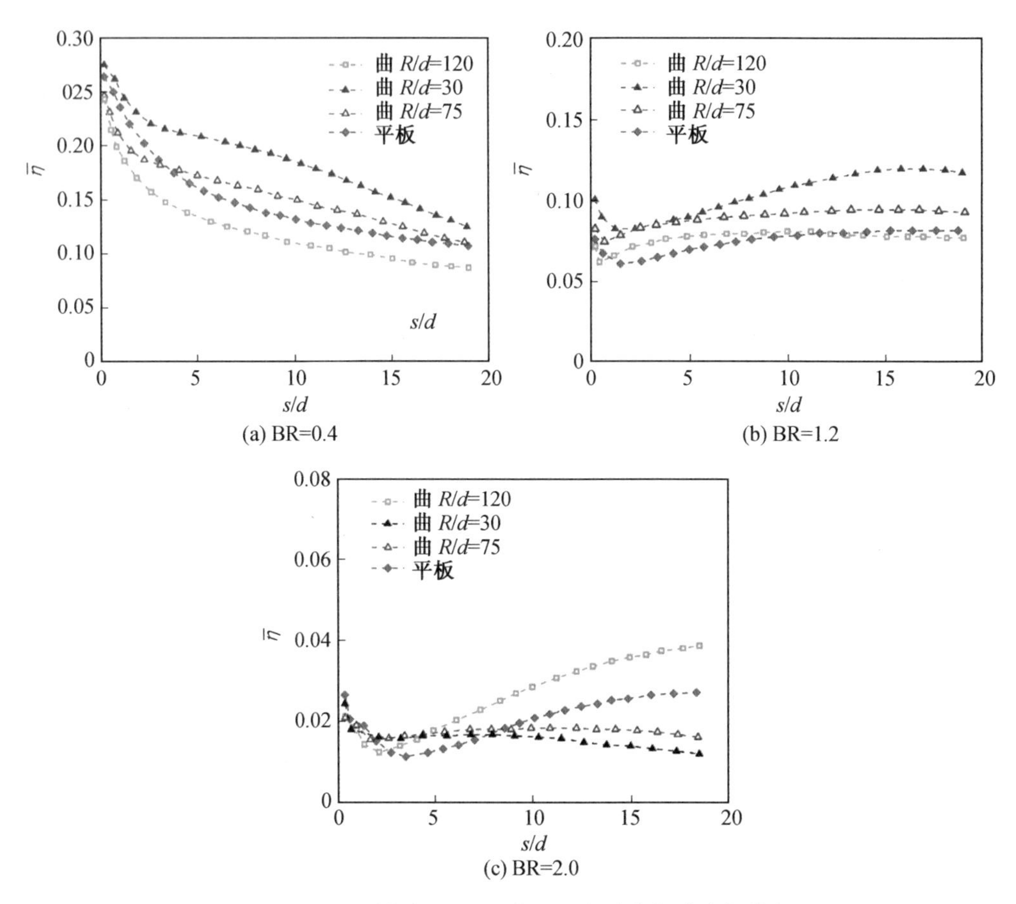

图 3.17　不同曲率、吹风比情况下的平均气膜冷却效率

(资料来源:黄逸等,2012)

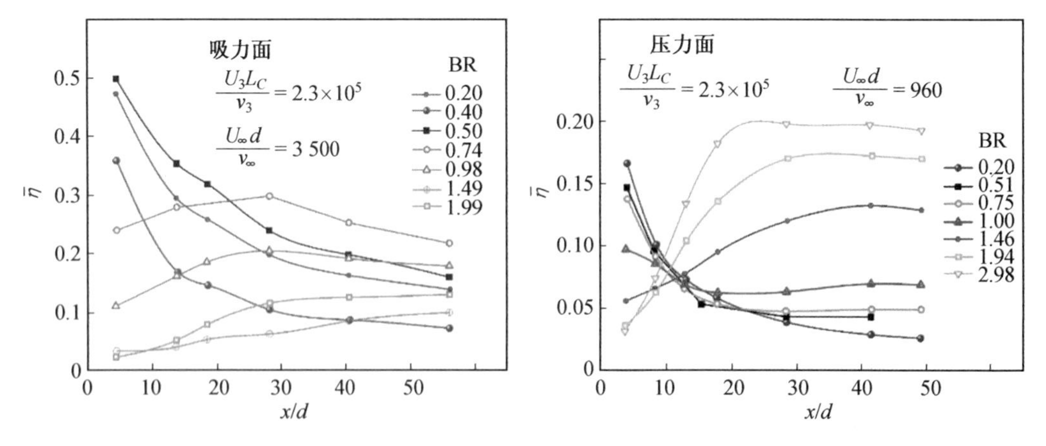

图 3.18　吸力面及压力面上气膜冷却效率分布

(资料来源:Ito 等,1978)

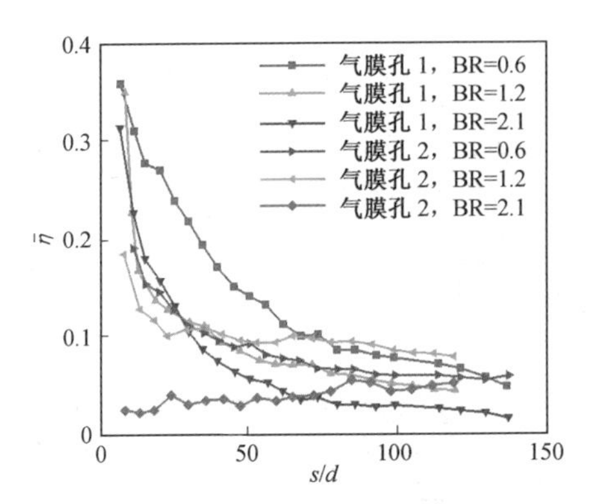

图 3.19　吹风比、气膜孔位置对冷却效率的影响

（资料来源：王克菲等，2017）

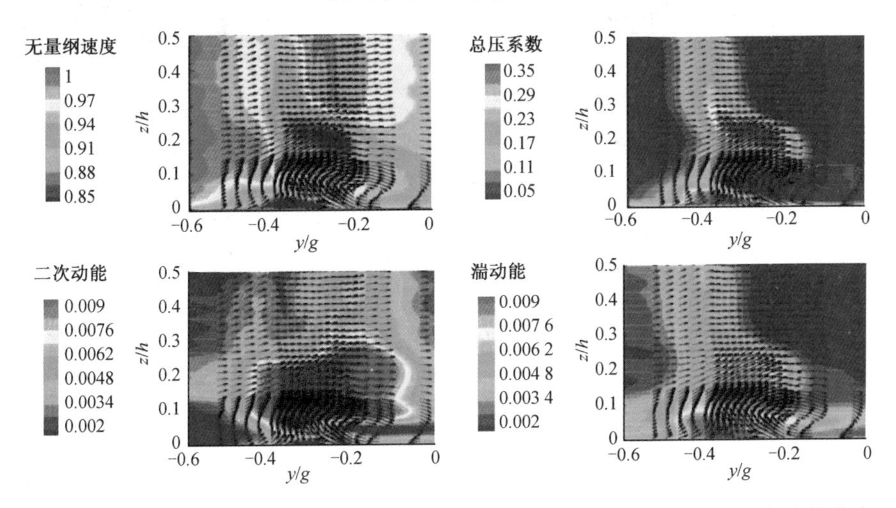

图 3.25　BR = 0 时通道中间截面上的主流速度、总压系数、二次动能及湍动能分布

（资料来源：Sacchi 等，2010）

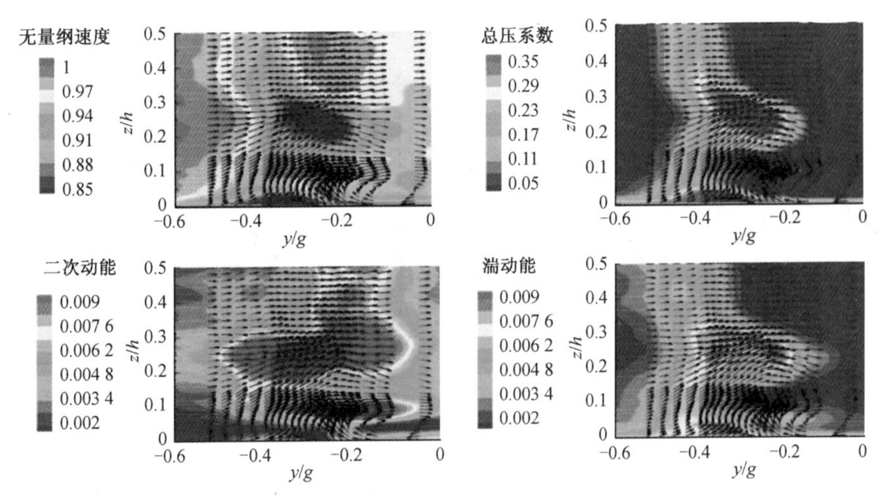

图 3.26　BR = 0.75 时通道中间截面上的主流速度、总压系数、二次动能及湍动能分布

（资料来源：Sacchi 等，2010）

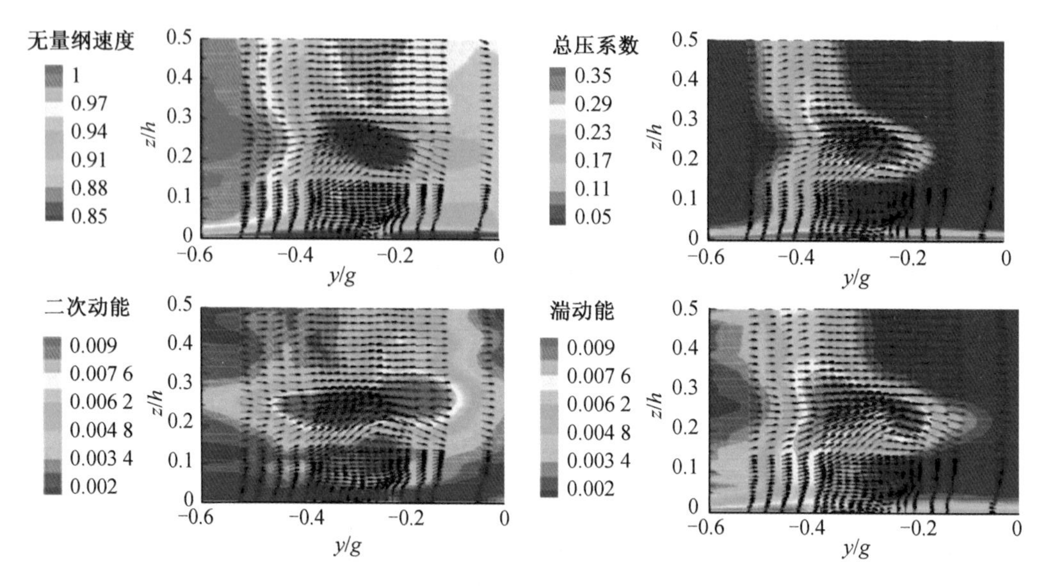

图 3.27　BR = 0.98 时通道中间截面上的主流速度、总压系数、二次动能及湍动能分布

（资料来源：Sacchi 等，2010）

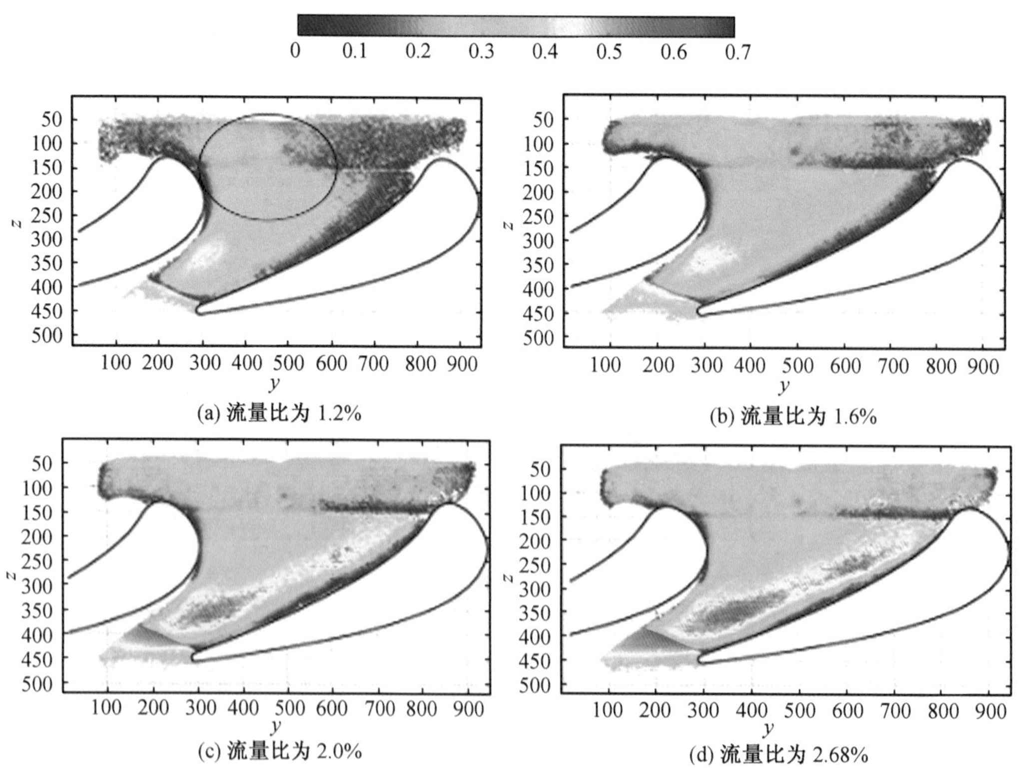

图 3.28　端壁冷却效率分布云图

（资料来源：Facchini 等，2010）

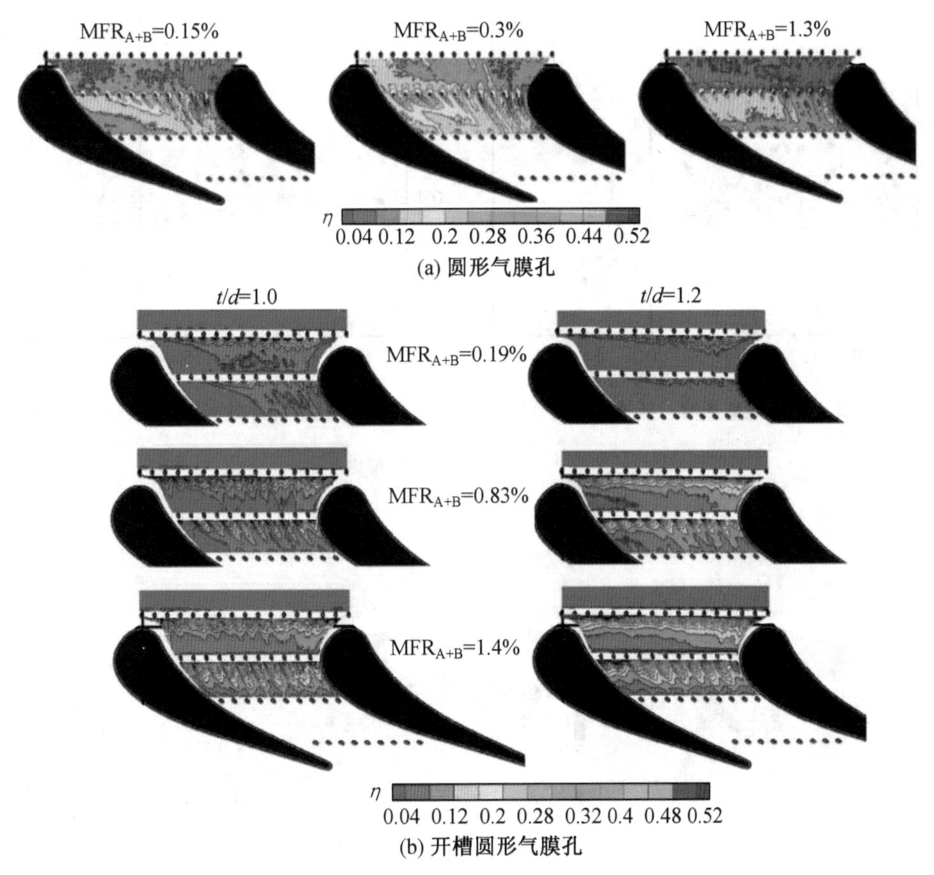

(a) 圆形气膜孔

(b) 开槽圆形气膜孔

图 3.29　端壁冷却效率分布云图

（资料来源：Barigozzi 等，2012）

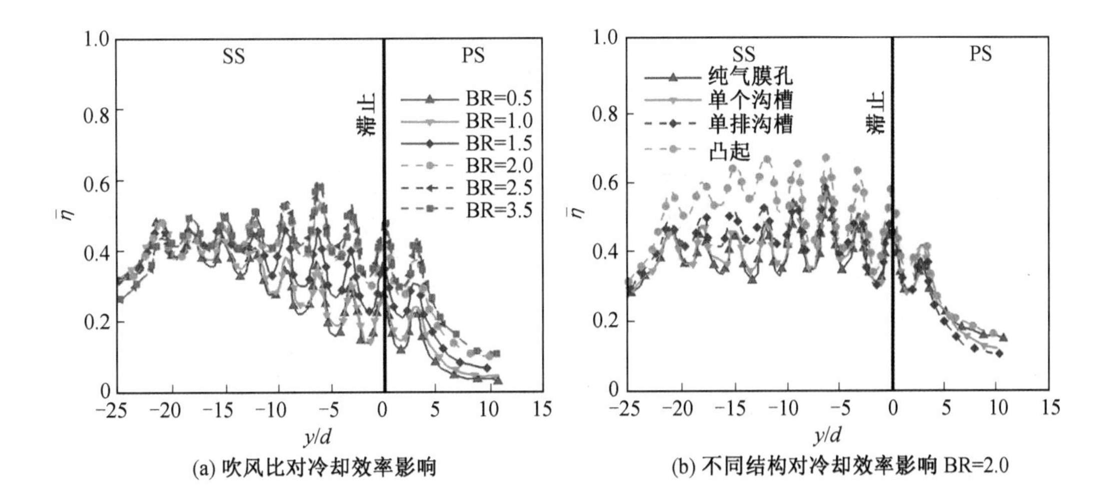

(a) 吹风比对冷却效率影响

(b) 不同结构对冷却效率影响 BR=2.0

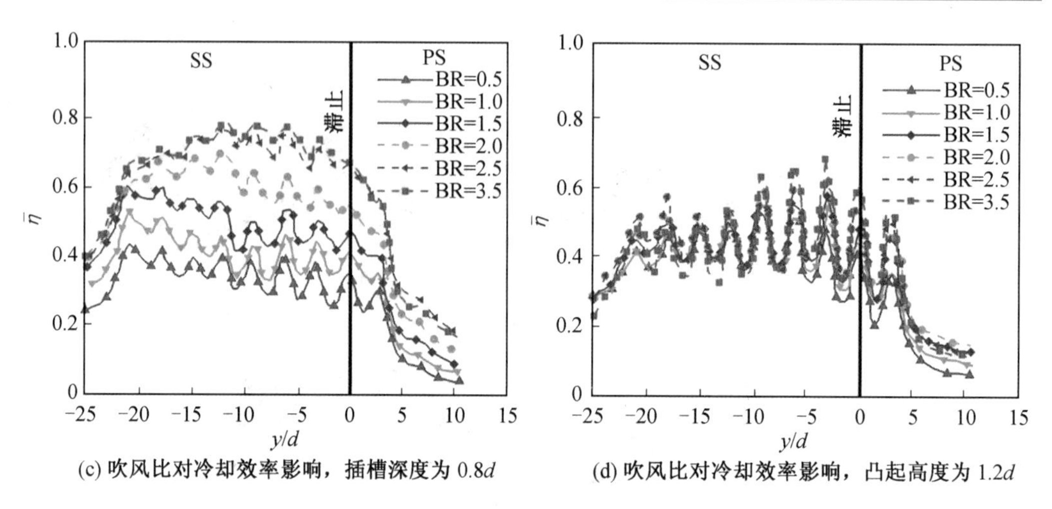

(c) 吹风比对冷却效率影响，插槽深度为 0.8*d*　　(d) 吹风比对冷却效率影响，凸起高度为 1.2*d*

图 3.30　冷却效率分布图

（资料来源：Sundaram，2008；Thole，2009）

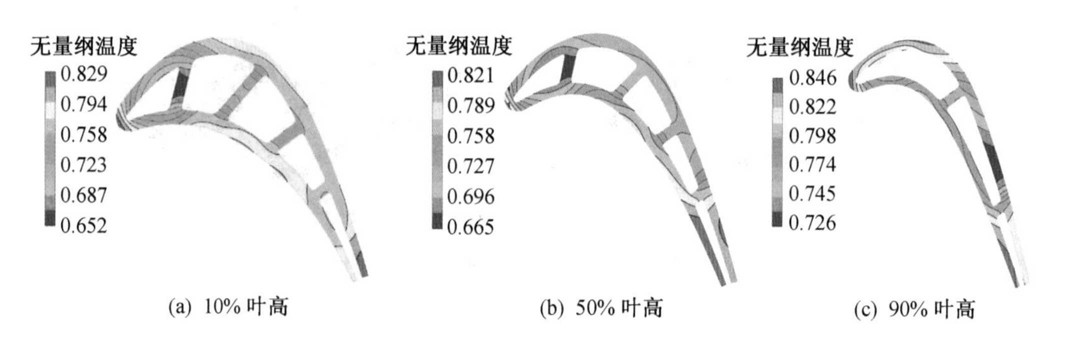

(a) 10% 叶高　　(b) 50% 叶高　　(c) 90% 叶高

图 6.3　三维温度场计算的 3 个截面无量纲温度分布云图

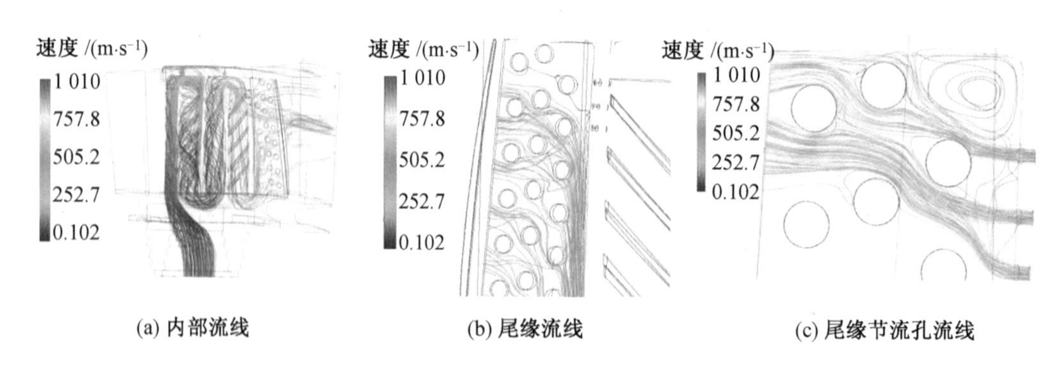

(a) 内部流线　　(b) 尾缘流线　　(c) 尾缘节流孔流线

图 6.4　气热耦合计算流线分布云图

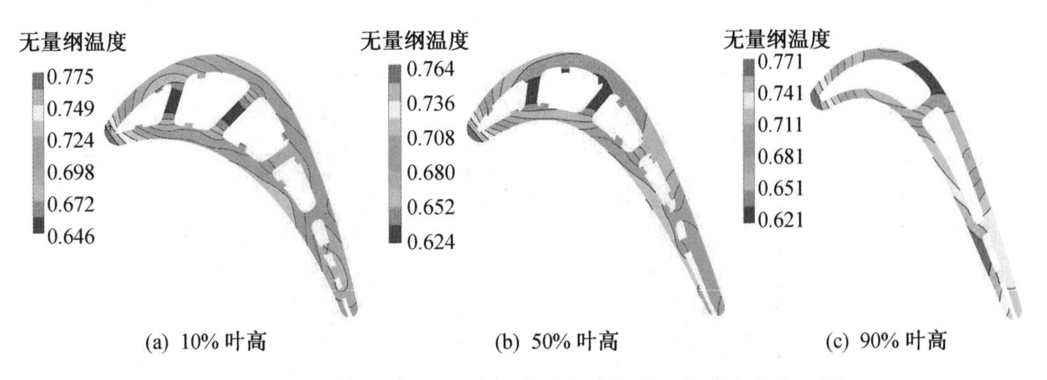

图 6.5 10%、50% 及 90% 叶高处叶片各截面的温度分布云图

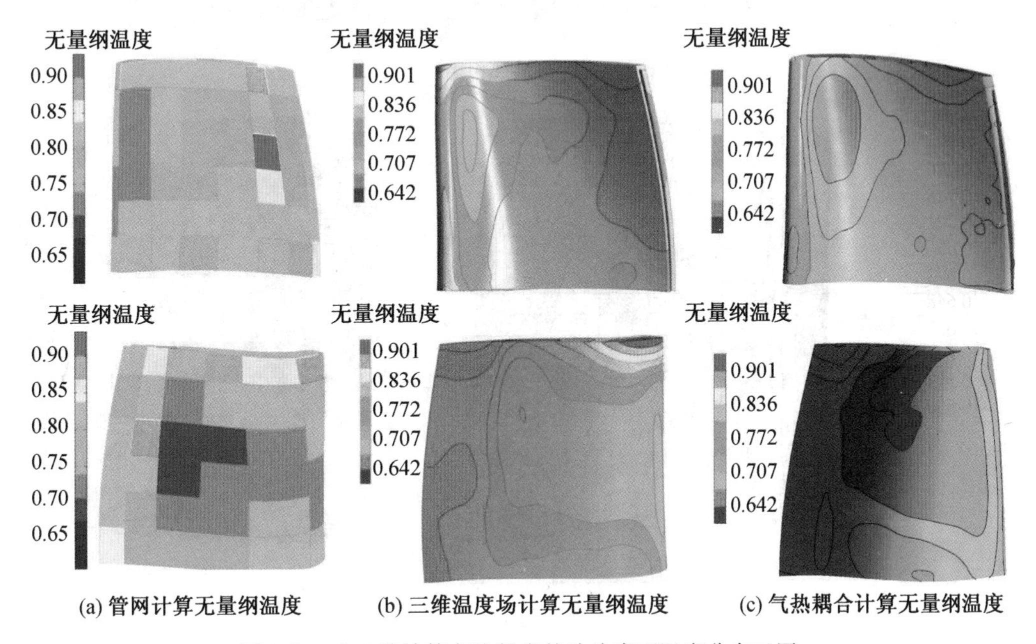

图 6.7 由 3 种计算方法得出的叶片表面温度分布云图

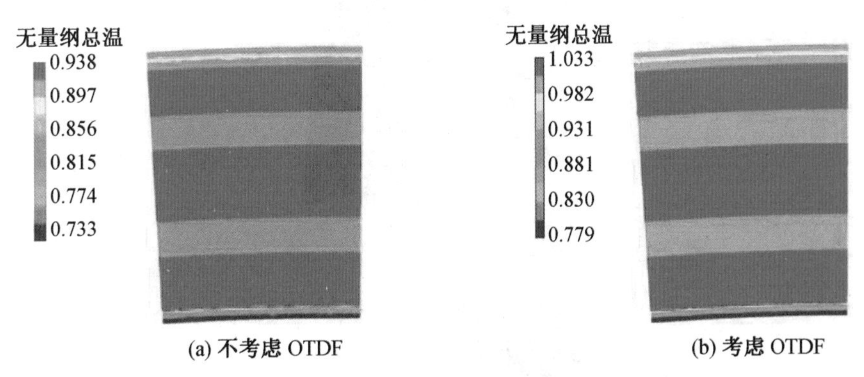

图 6.10 进口考虑 OTDF 和不考虑 OTDF 两种工艺下的叶片总温云图对比

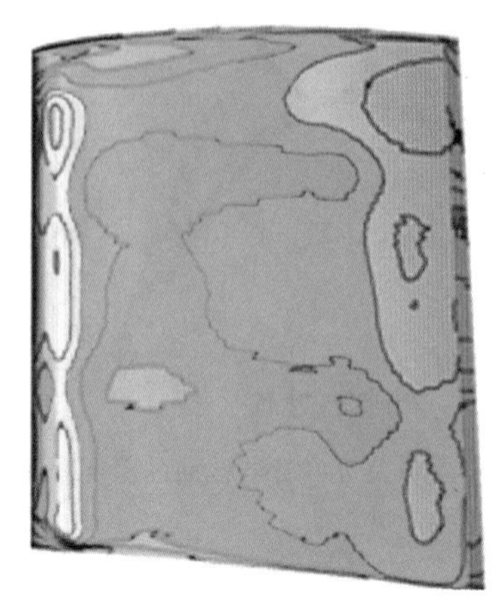

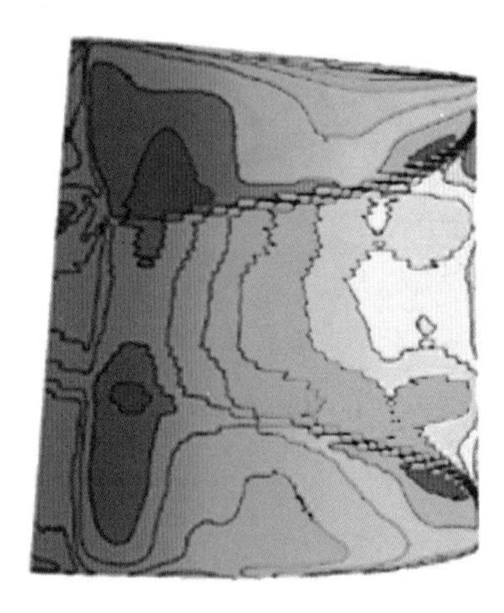

图 6.11　壁面换热系数分布云图

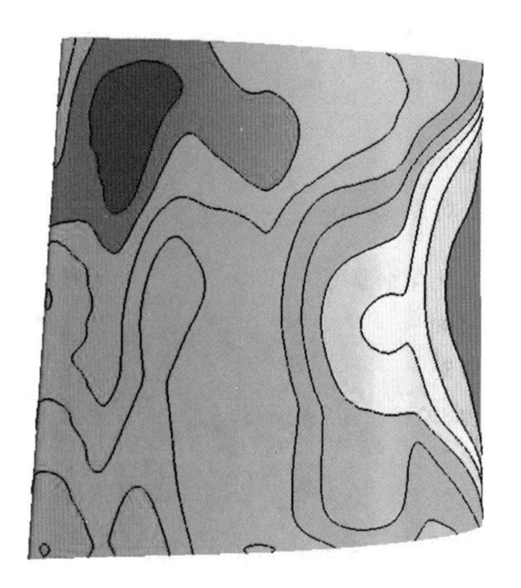

图 6.12　无冷却情况下壁面温度分布云图

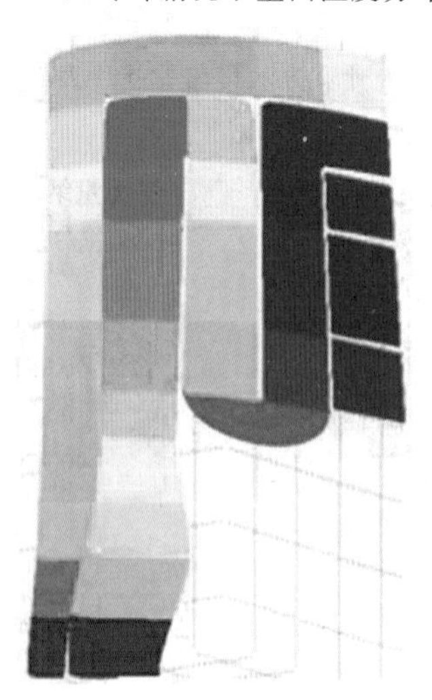

图 6.13　不考虑 OTDF 情况的冷却结构内部示意图

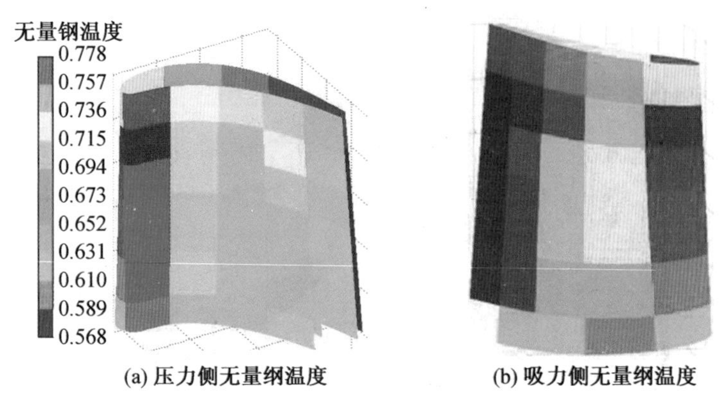

(a) 压力侧无量纲温度　　(b) 吸力侧无量纲温度

图 6.15　管网计算温度场分布云图

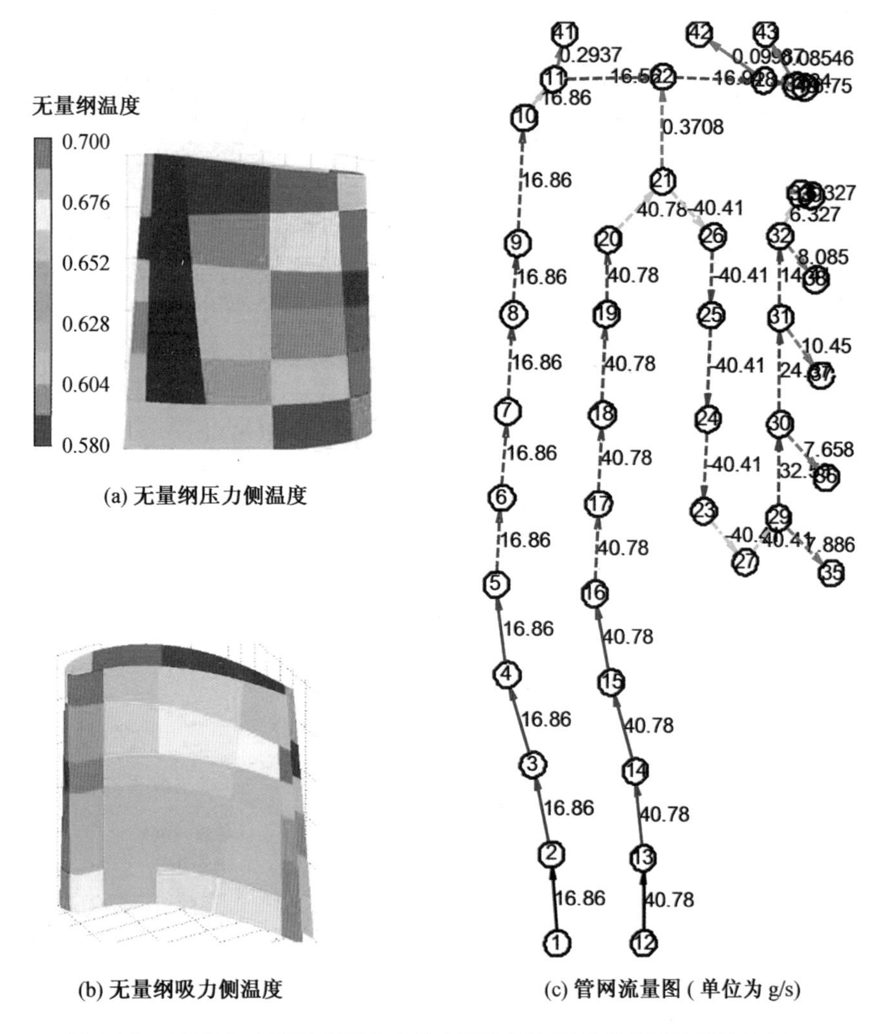

(a) 无量纲压力侧温度

(b) 无量纲吸力侧温度　　(c) 管网流量图(单位为 g/s)

图 6.17　不考虑 OTDF 情况的改进方案的温度场分布云图及流量分布

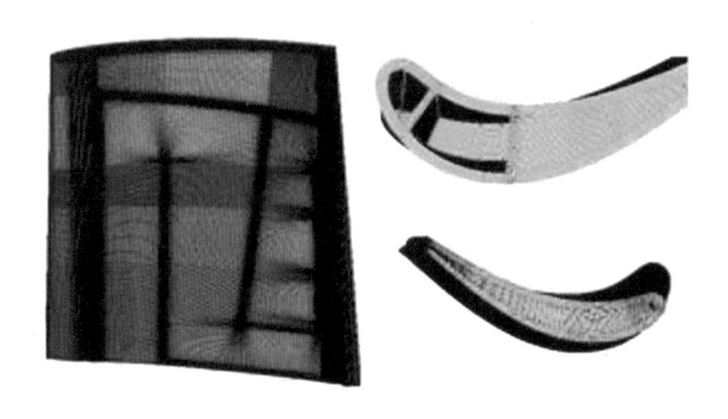

图 6.18　不考虑 OTDF 情况的三维导热计算网格

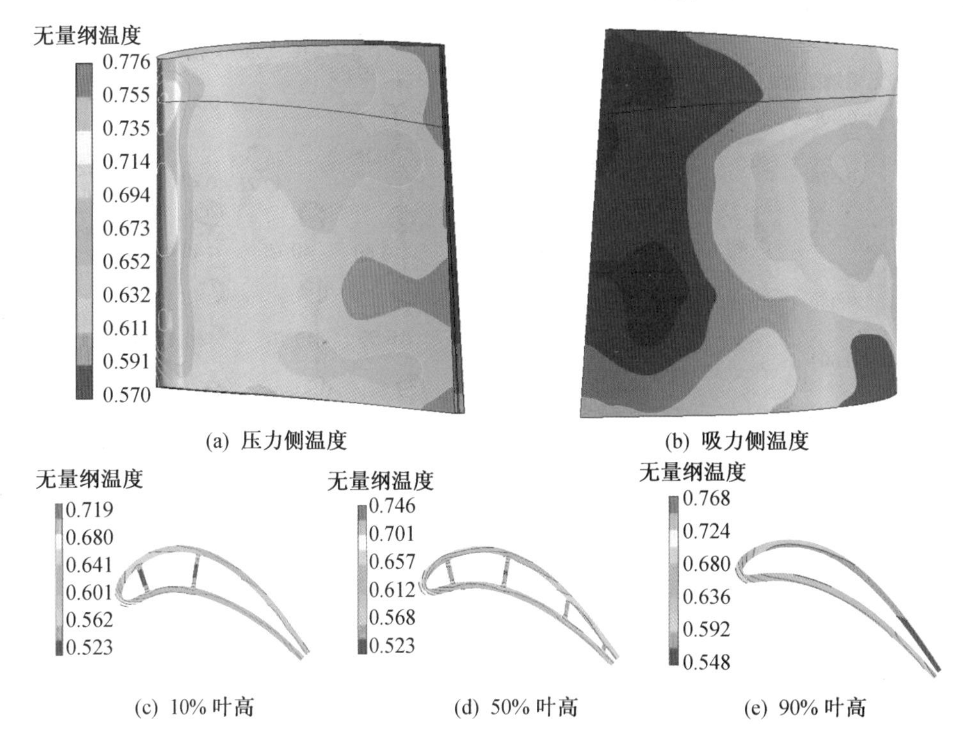

图 6.19　不考虑 OTDF 情况的三维导热计算得出的温度场分布云图

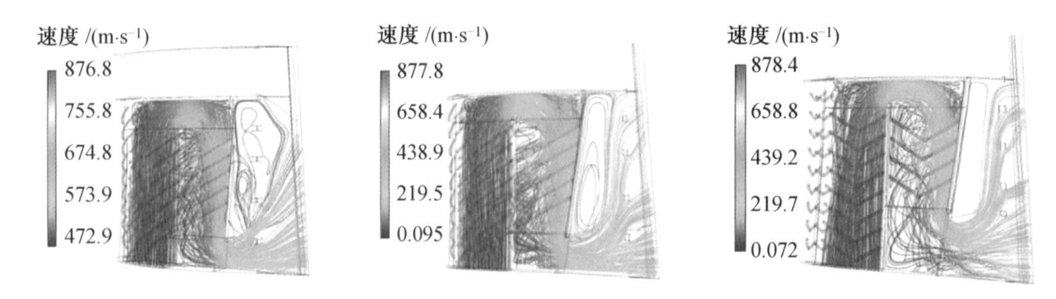

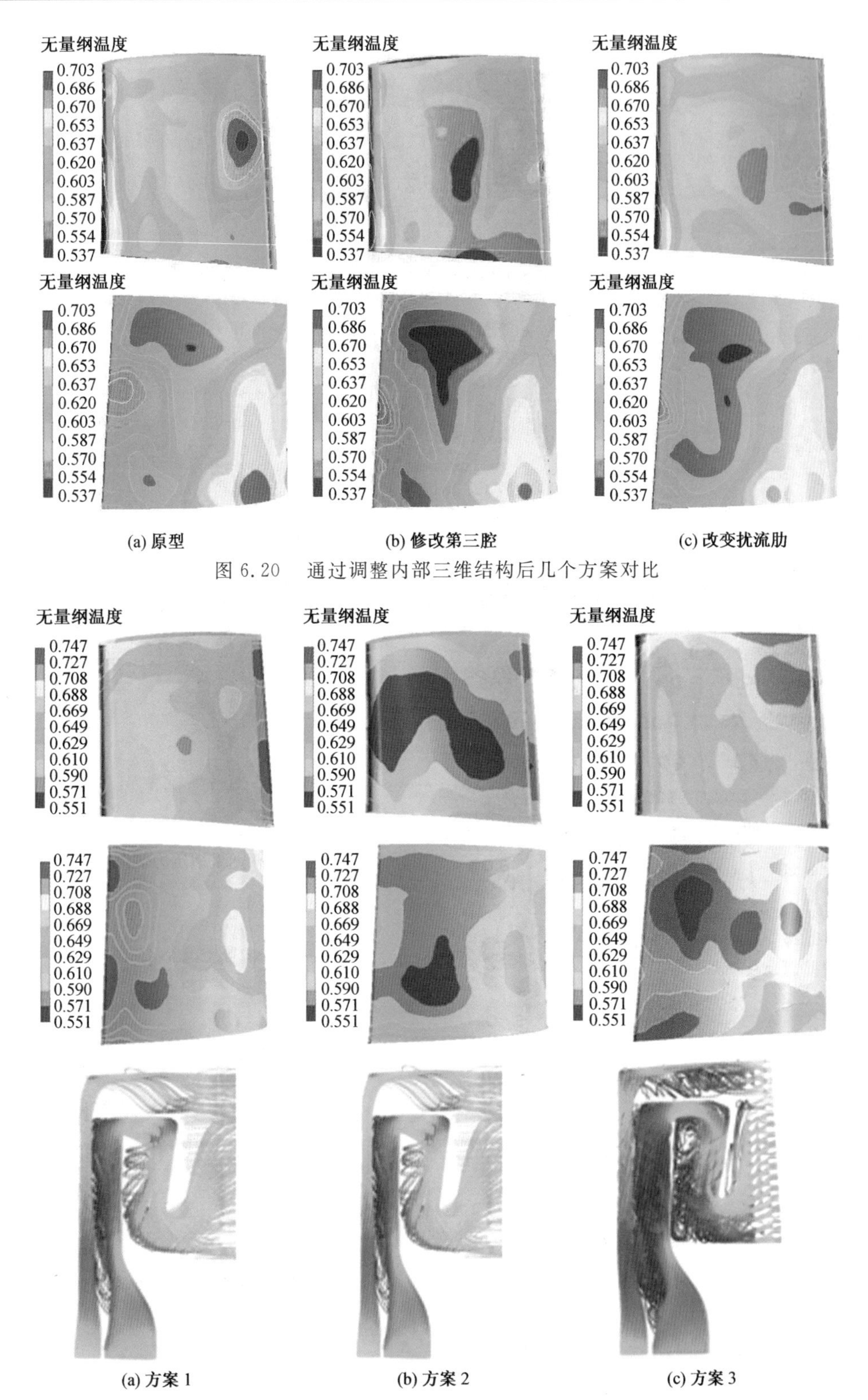

图 6.20　通过调整内部三维结构后几个方案对比

(a) 方案 1　　(b) 方案 2　　(c) 方案 3

图 6.22　不考虑 OTDF 情况的 3 个方案全三维气热耦合计算温度场云图及内部流线对比图

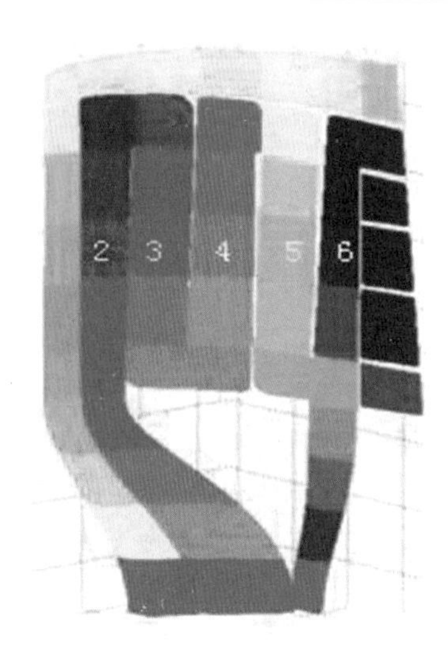

图 6.23　考虑 OTDF 情况的冷却结构示意图

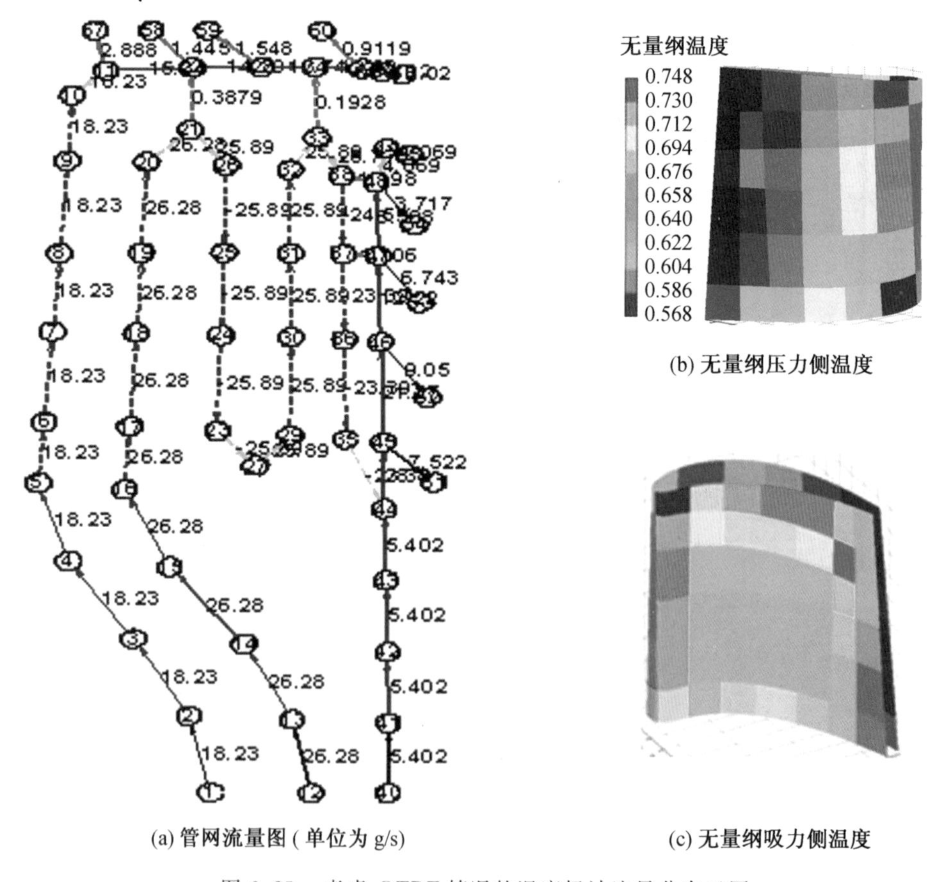

(a) 管网流量图 (单位为 g/s)

(b) 无量纲压力侧温度

(c) 无量纲吸力侧温度

图 6.25　考虑 OTDF 情况的温度场计流量分布云图

图 6.26　考虑 OTDF 情况的三维导热计算网格

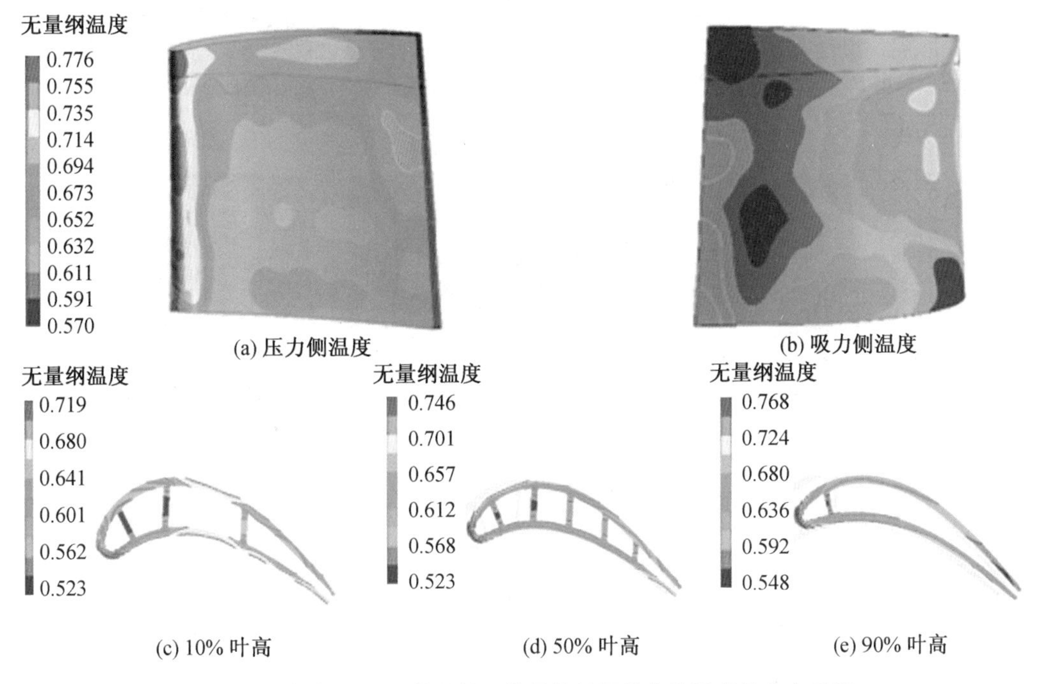

图 6.27　考虑 OTDF 情况的三维导热计算得出的温度场分布云图

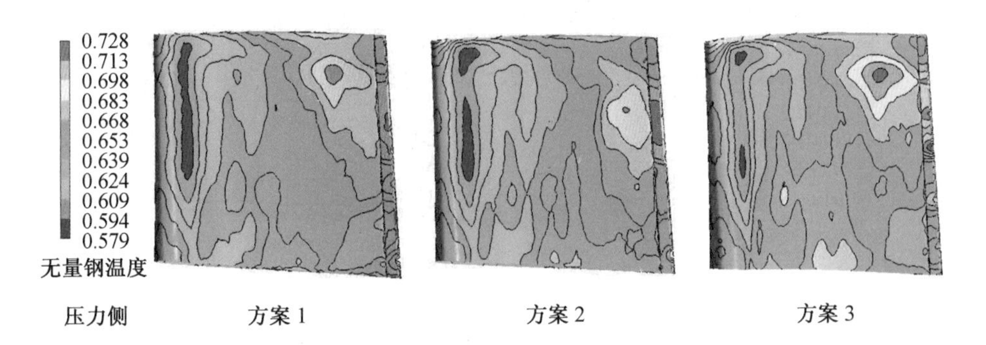

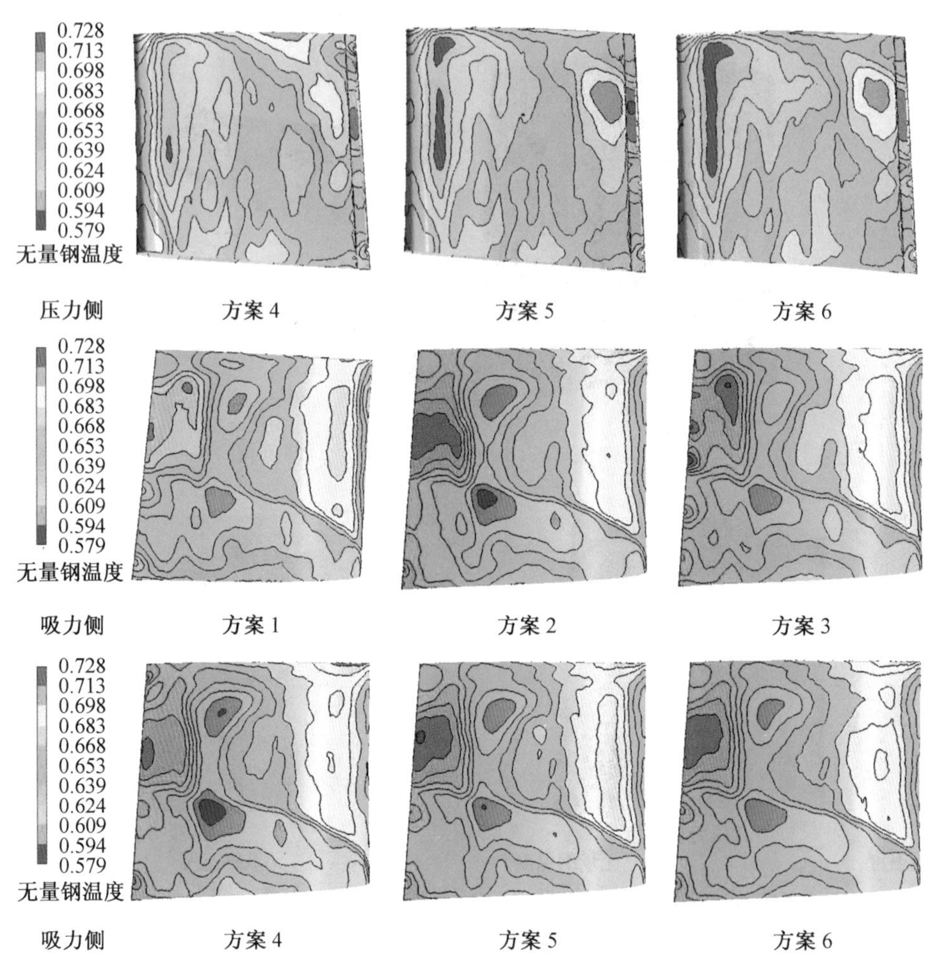

图 6.29　考虑 OTDF 情况的全三维气热耦合计算结果(压力侧及吸力侧温度云图)

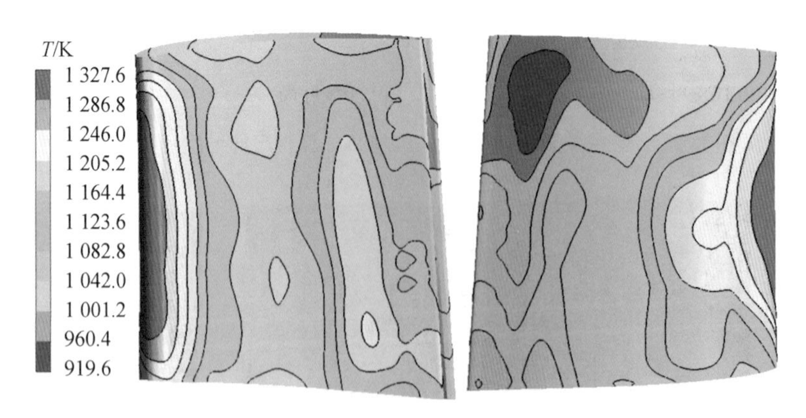

图 6.32　叶片表面温度分布图

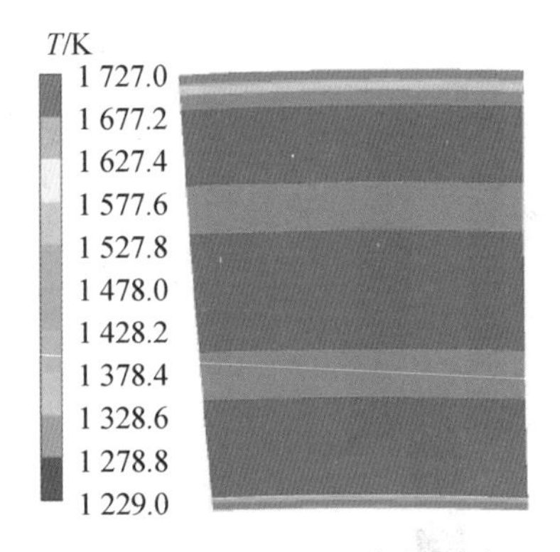

图 6.33 进口总温分布云图

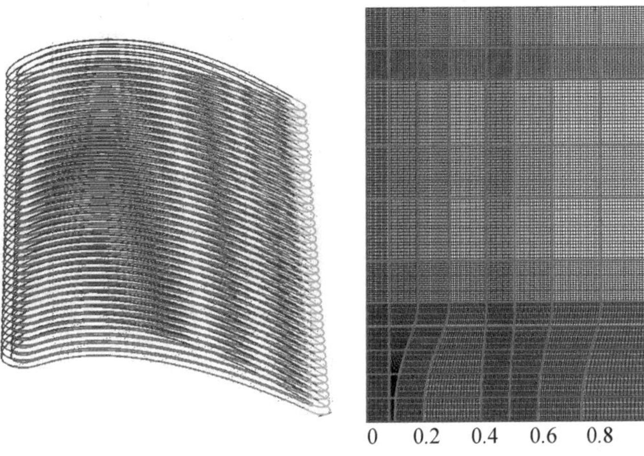

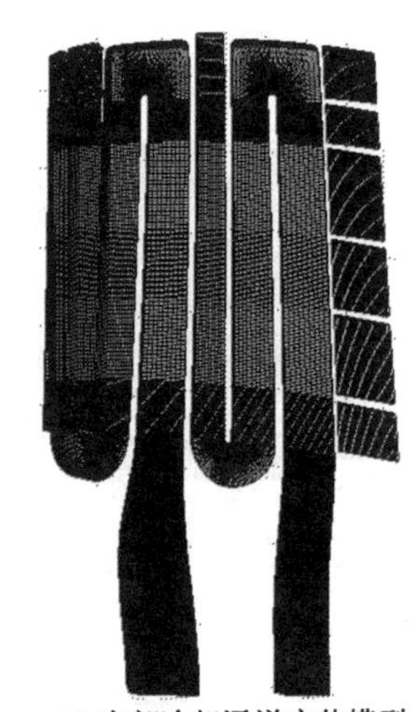

(a) 厚度分布　(b) 拓扑结构　(c) 内部冷却通道实体模型

图 6.35 E3 方案管网计算冷却结构拓扑及内部冷却通道实体模型

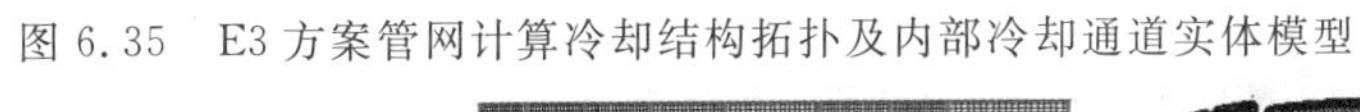

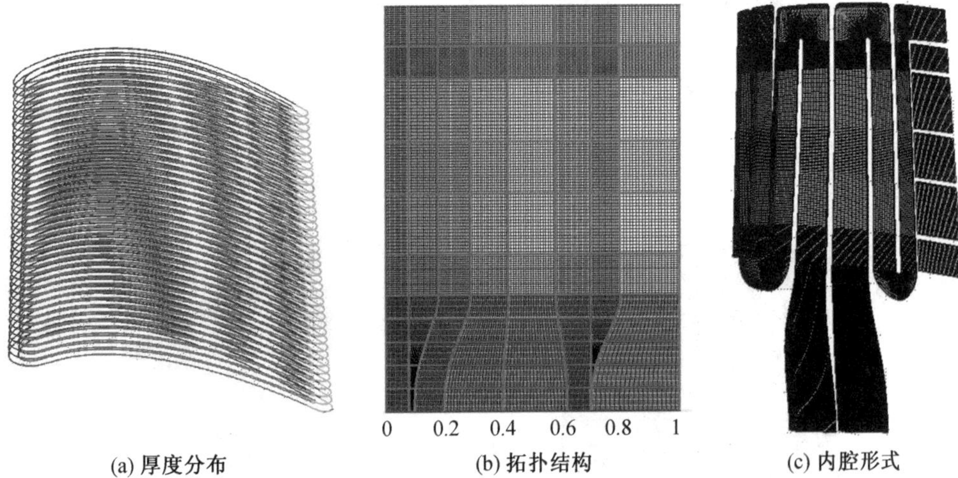

(a) 厚度分布　(b) 拓扑结构　(c) 内腔形式

图 6.36 MX 方案管网计算拓扑结构及其内腔形式

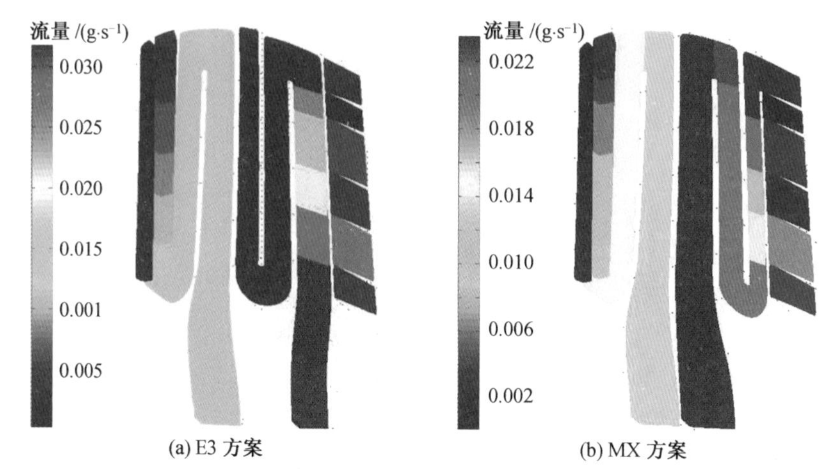

图 6.37　E3 方案和 MX 方案管网计算流量分布图

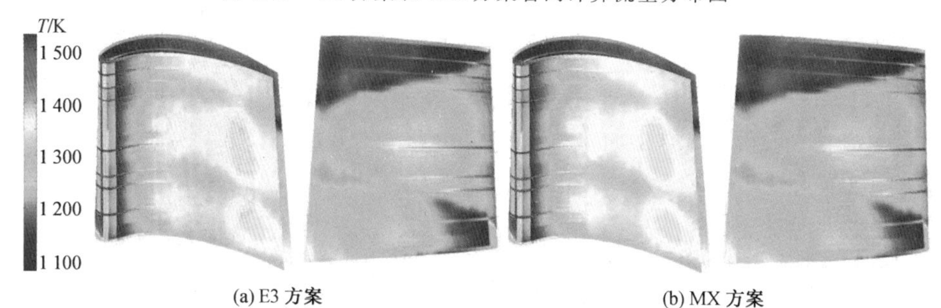

图 6.38　E3 方案和 MX 方案管网计算燃气恢复温度分布图

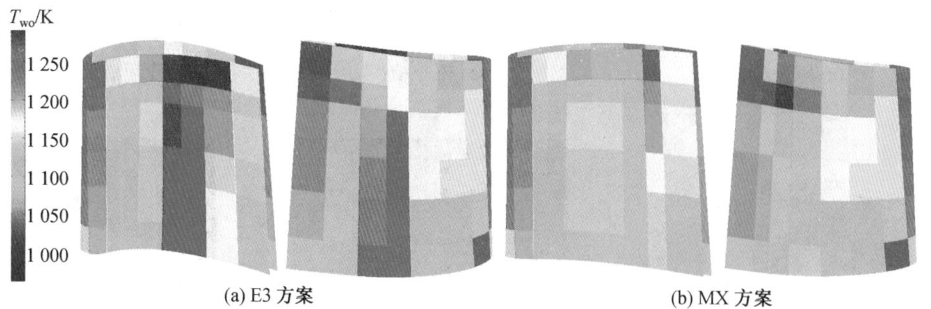

图 6.39　E3 方案和 MX 方案管网计算外壁温度分布图

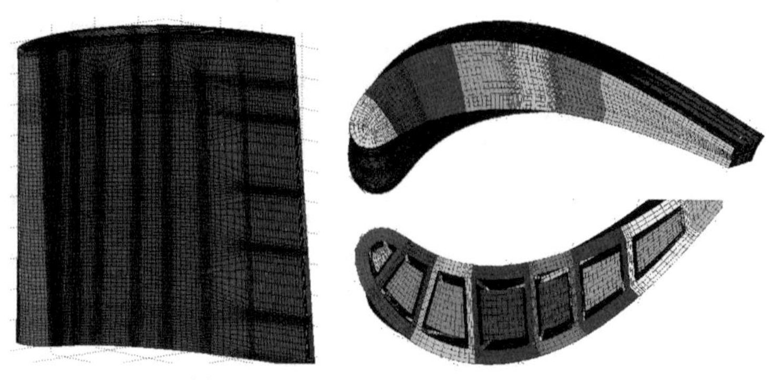

图 6.40　E3 方案固体域结构化网格

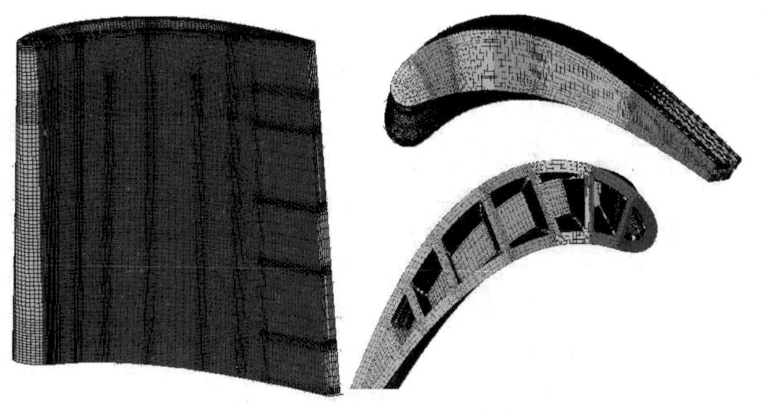

图 6.41　MX 方案固体域结构化网格

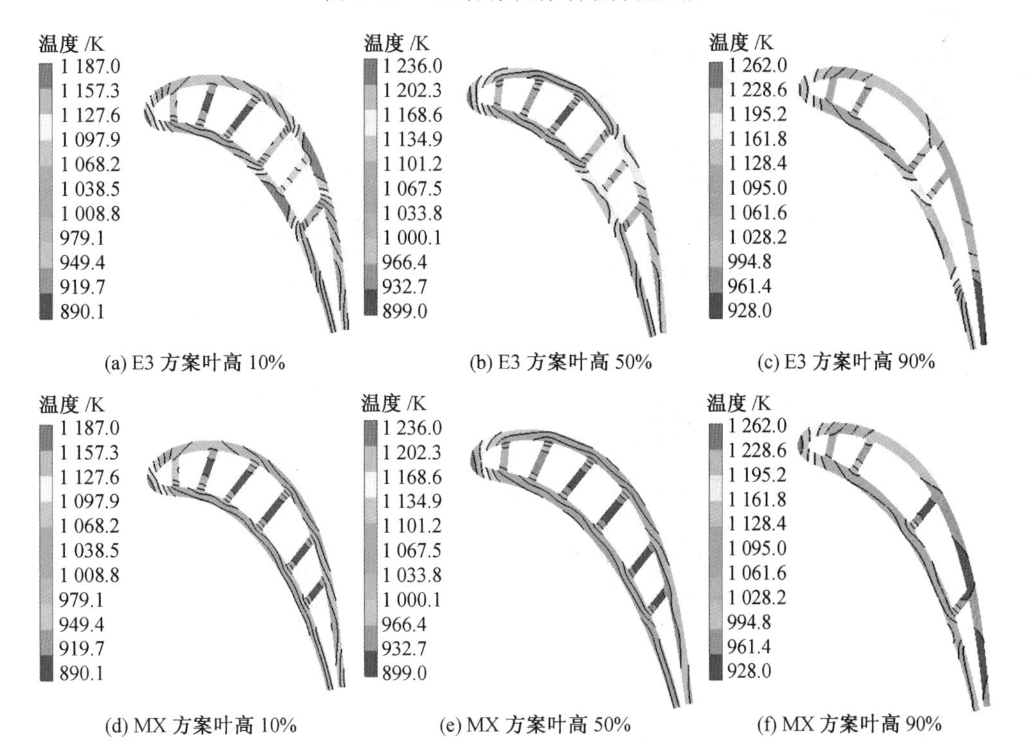

(a) E3 方案叶高 10%　(b) E3 方案叶高 50%　(c) E3 方案叶高 90%

(d) MX 方案叶高 10%　(e) MX 方案叶高 50%　(f) MX 方案叶高 90%

图 6.42　E3 方案、MX 方案三维导热计算叶根、中径、叶顶温度分布以及叶片表面三维温度场分布图

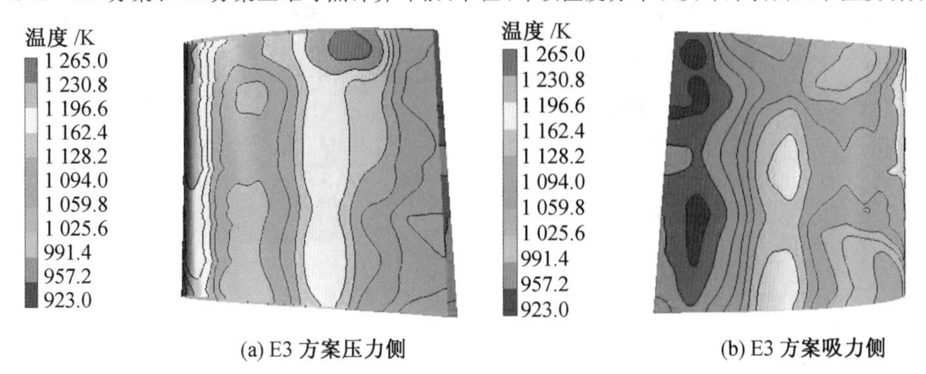

(a) E3 方案压力侧　(b) E3 方案吸力侧

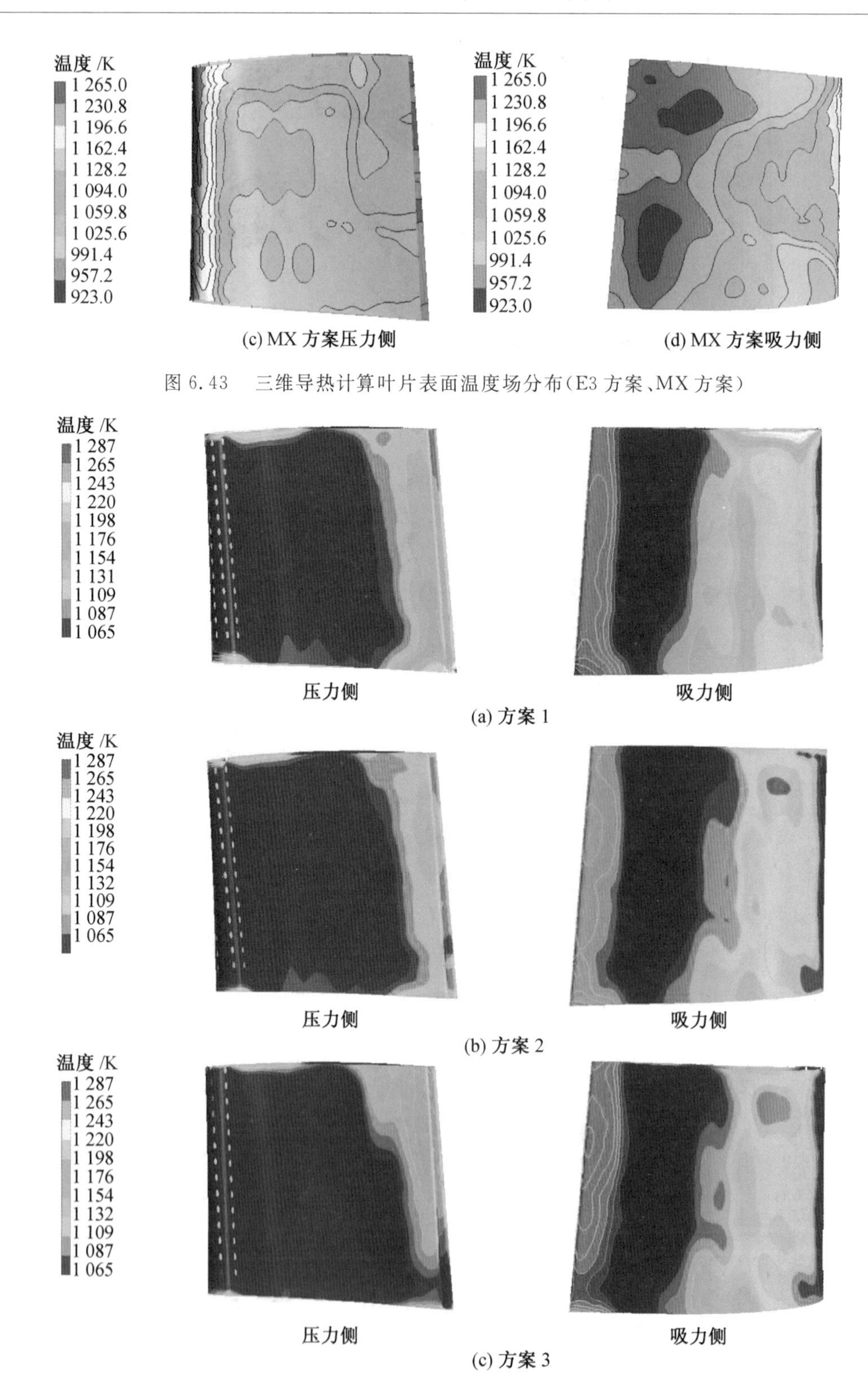

图 6.43　三维导热计算叶片表面温度场分布(E3 方案、MX 方案)

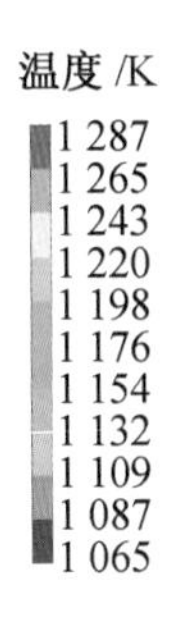

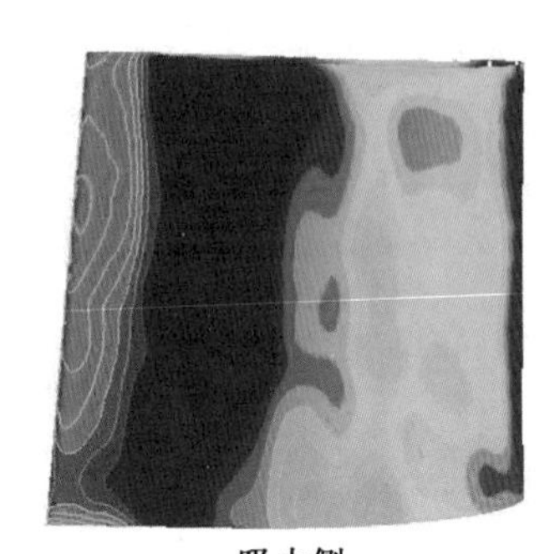

压力侧　　吸力侧

(d) 方案 4

图 6.45　方案 1 ～ 4 叶片表面温度分布云图

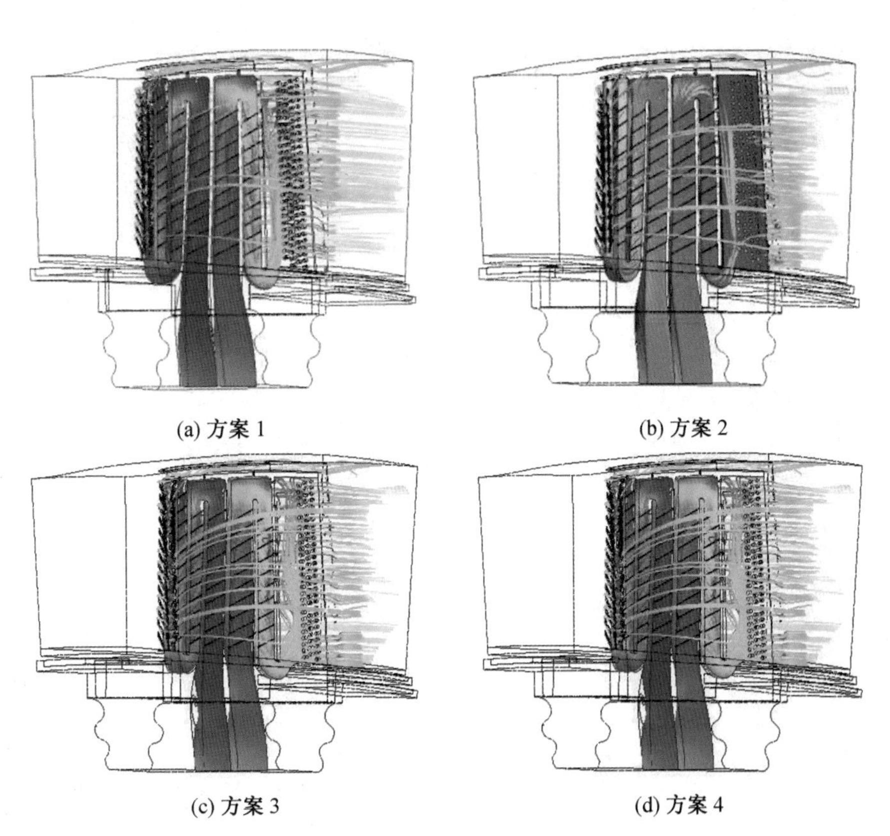

图 6.46　全三维气热耦合计算的流线及内部冷却结构图

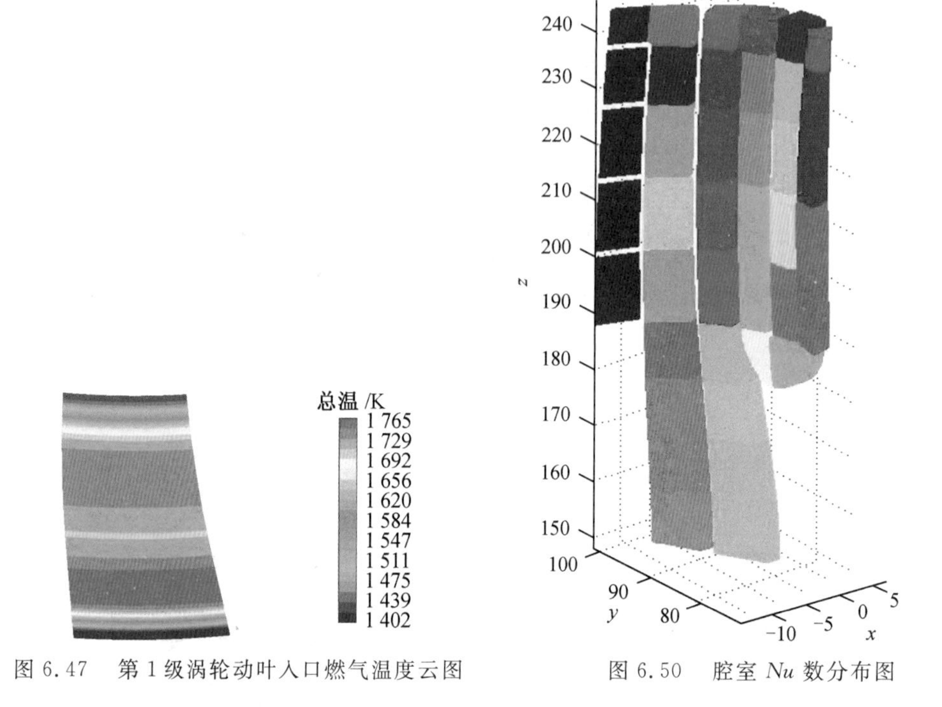

图 6.47　第 1 级涡轮动叶入口燃气温度云图

图 6.50　腔室 Nu 数分布图

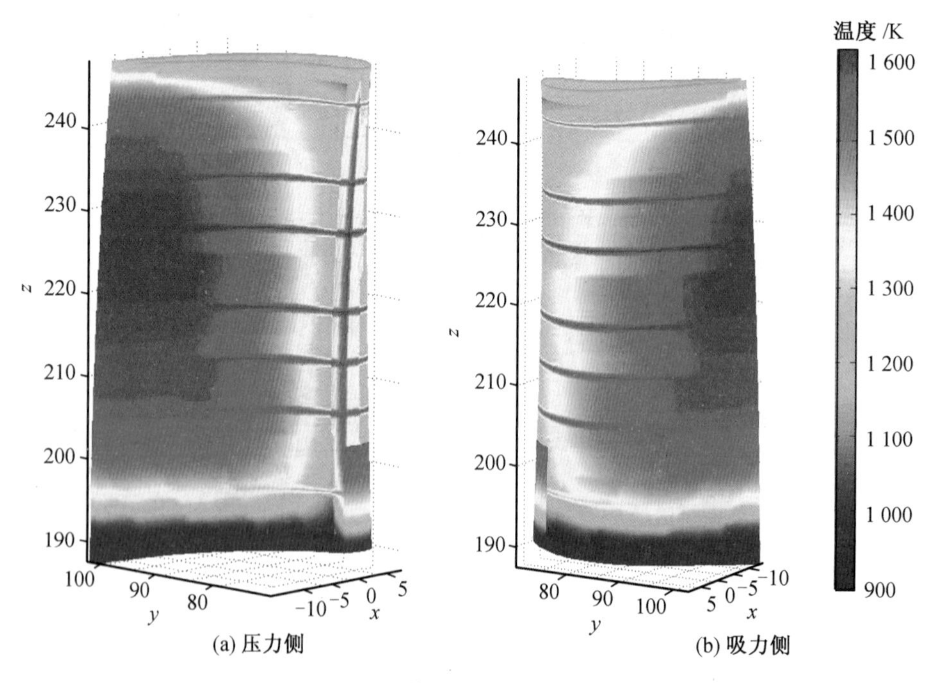

图 6.51　第 1 级动叶燃气恢复温度

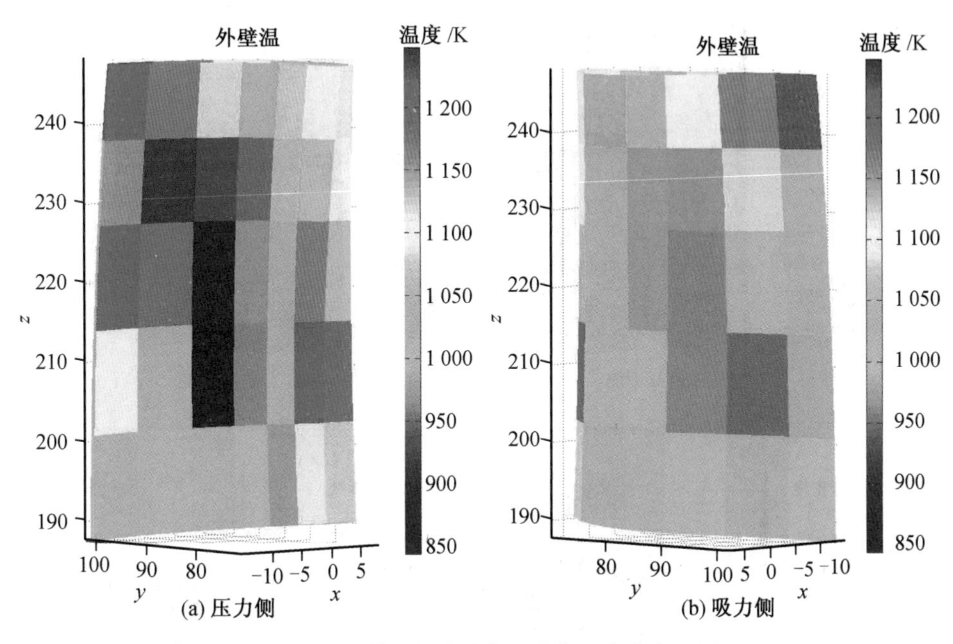

图 6.52　第 1 级动叶管网计算温度分布云图

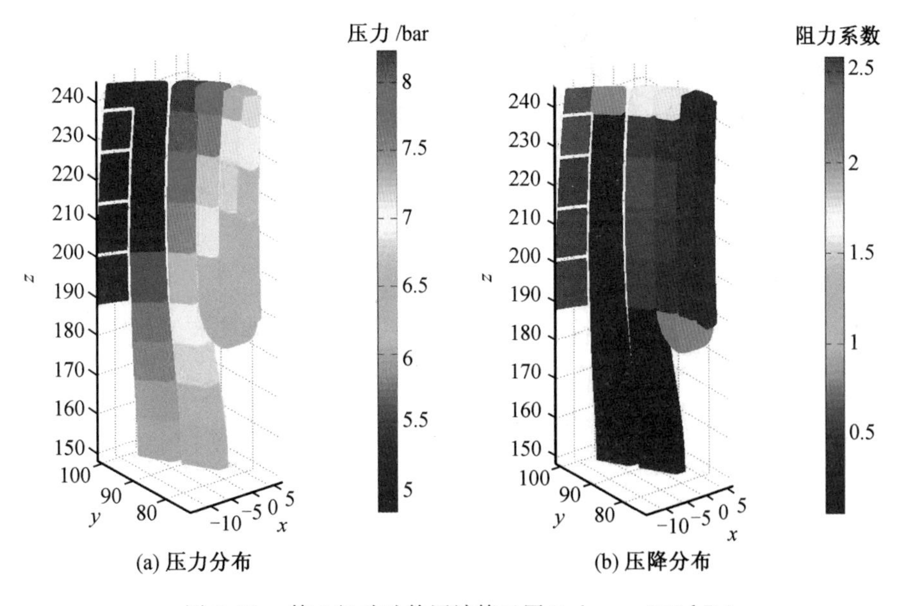

图 6.53　第 1 级动叶管网计算云图(1 bar = 100 kPa)

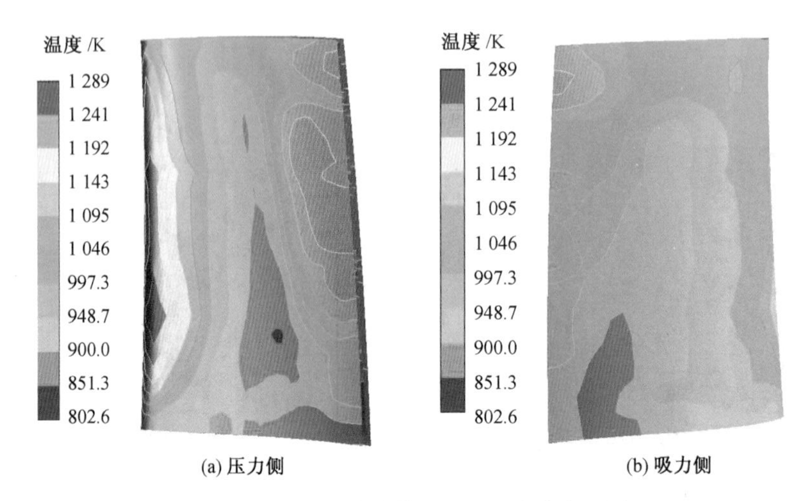

(a) 压力侧　　(b) 吸力侧

图 6.55　三维导热计算得出的温度分布云图

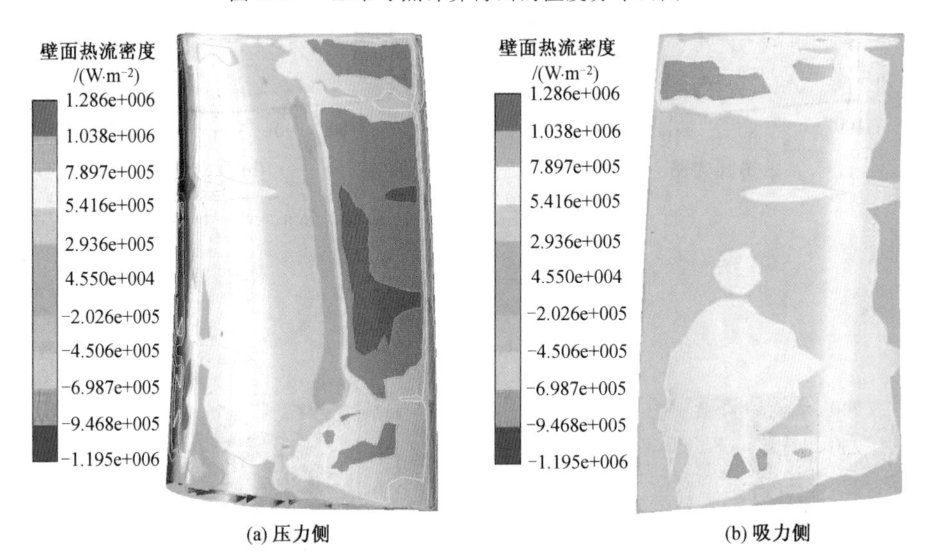

(a) 压力侧　　(b) 吸力侧

图 6.56　三维导热计算热流密度分布云图

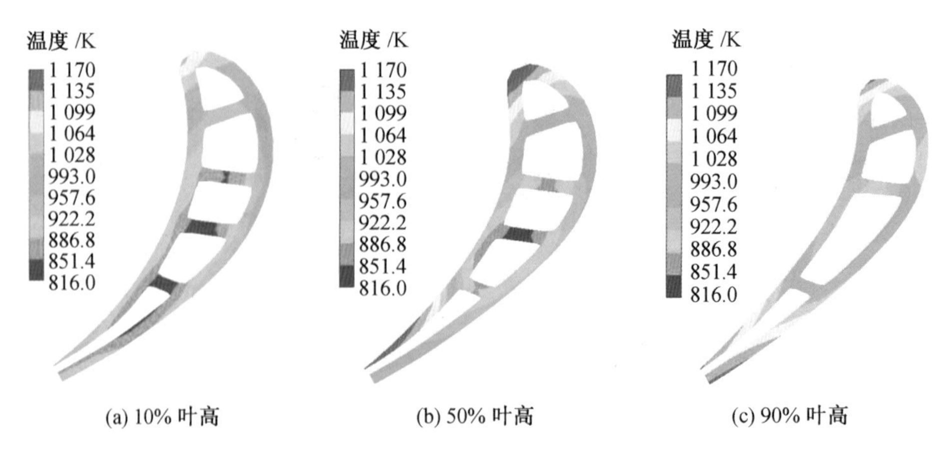

(a) 10% 叶高　　(b) 50% 叶高　　(c) 90% 叶高

图 6.57　三维导热计算温度分布云图

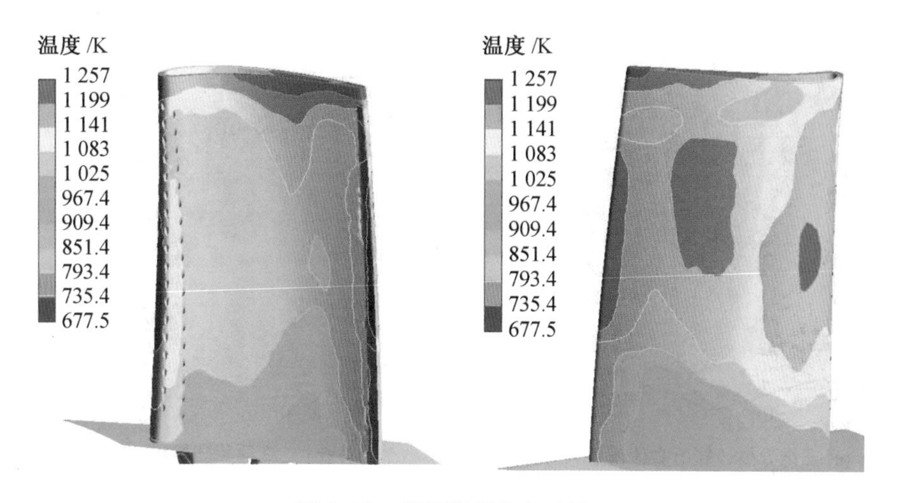

图 6.65　壁面温度分布云图

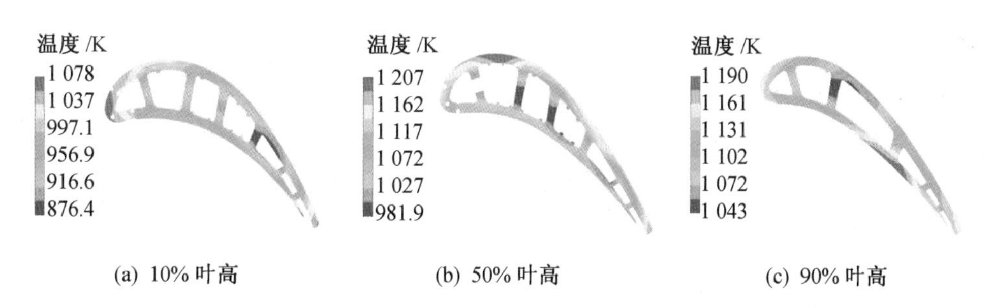

(a) 10%叶高　(b) 50%叶高　(c) 90%叶高

图 6.66　不同截面的温度分布云图

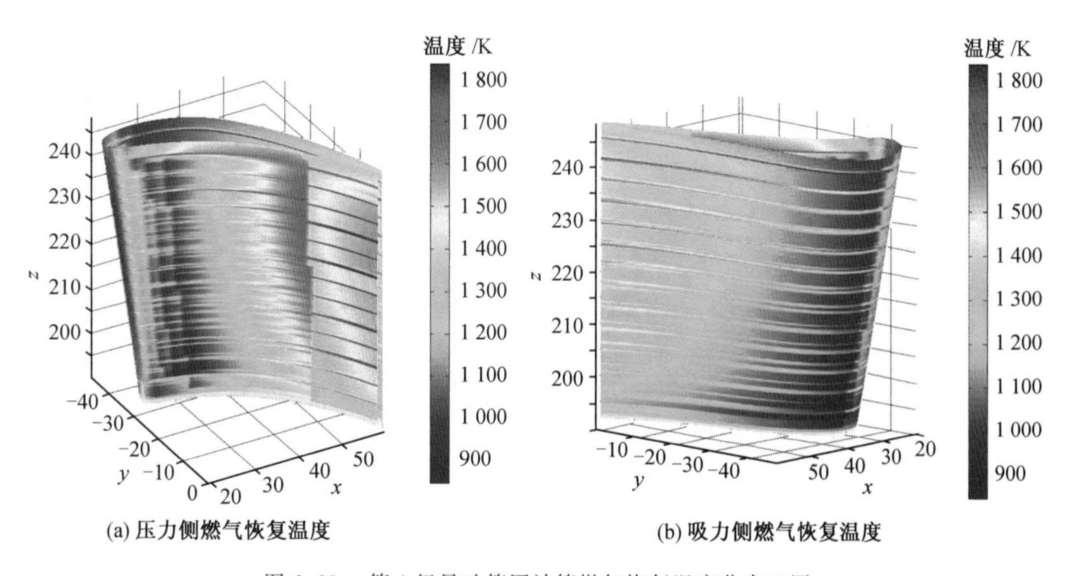

(a) 压力侧燃气恢复温度　(b) 吸力侧燃气恢复温度

图 6.69　第 1 级导叶管网计算燃气恢复温度分布云图

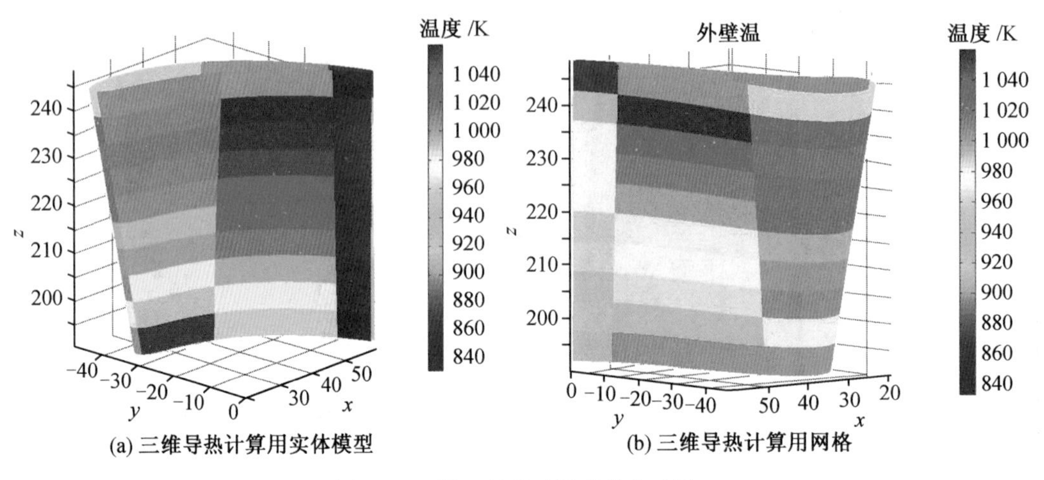

(a) 三维导热计算用实体模型　　(b) 三维导热计算用网格

图 6.70　第 2 级导叶温度分布云图

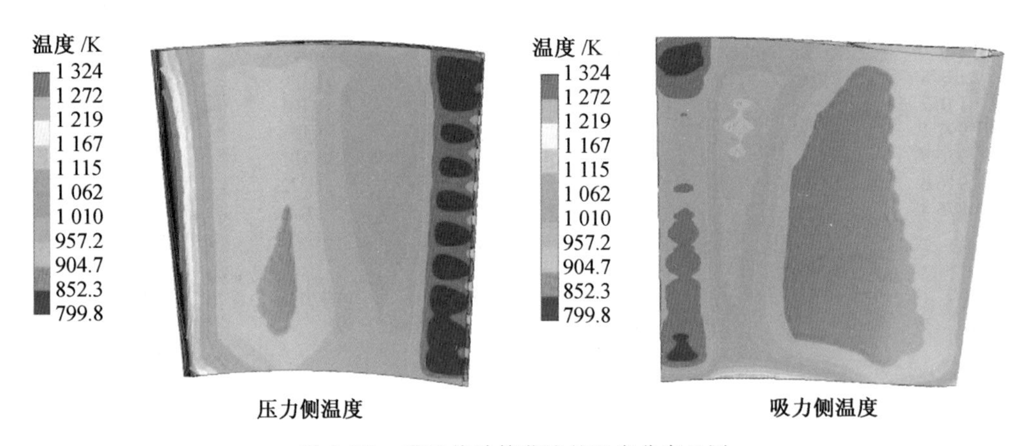

压力侧温度　　吸力侧温度

图 6.72　维导热计算获取的温度分布云图

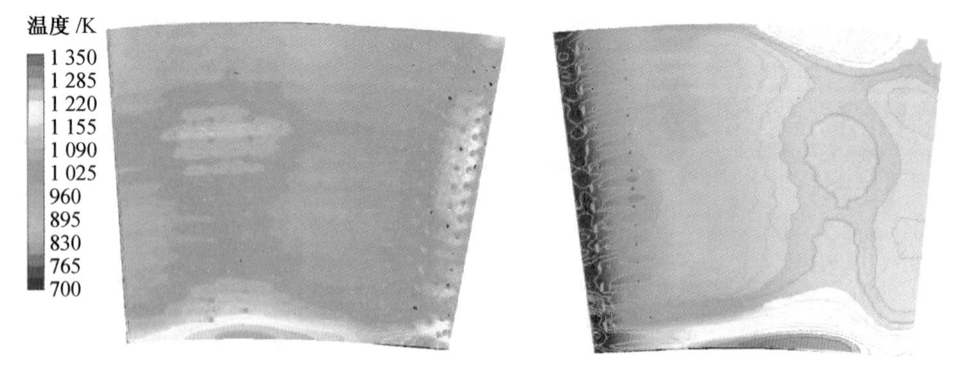

图 6.82　叶片表面壁面温度分布图